전기이론 &
시퀀스제어

황의천 · 김정호 공저

electricity theory and sequence control

 일진사

머리말

　산업 현장의 모든 분야에서 전기는 없어서는 안 될 필요한 교과목이며 시퀀스 제어 기술 또한 전기 및 자동화의 기초 기술로서 중요한 분야의 하나라고 할 수 있다.

　전기이론이나 시퀀스 제어 기술은 그 범위가 매우 방대하나 대부분의 전기 관련 시스템은 기본 회로들로 구성되어 있는 경우가 많으므로 이들을 쉽게 이해하고 보다 빨리 접근할 수 있는 효율적인 방법은 기본 회로를 이해하는 것이다.

　필자들은 오랜 세월 대학에서 전기회로를 강의해 오면서 최근 산업체 현장에서 많이 사용하는 기본 회로들이 무엇인지 그리고 학생들이 특히 어려워하고 부족한 부분이 무엇인지를 파악하여 보다 실용적인 전기 및 시퀀스 회로 지침서를 만들고자 본 집필을 시작하였다.

　본 교재는 전기 전공 학생들은 물론 전기를 전공으로 하지 않는 기계, 금속, 자동화 등 기계 계열 학생들까지 전기의 기본적인 지식을 이해하여 기계, 정비, 자동화 산업 기사 문제에 대비할 수 있도록 하였으며, 현장에서 실무 능력 향상을 위한 기본적인 시퀀스 제어의 이론과 실습을 겸하여 익힐 수 있도록 다음과 같은 내용에 중점을 두고 정리하였다.

　첫째, 전기의 물리적인 본질을 이해함으로써 전기회로의 기초 개념을 확립하고 전기 자기의 기본적인 이론에 바탕을 두어 각종 시험에도 대비할 수 있도록 하였다.
　둘째, 전기 문제를 푸는데 필요한 벡터에 대하여 기본적인 사항을 다루었으며, 벡터의 개념을 이해하도록 하였다.
　셋째, 예제 문제와 익힘 문제를 통해 이해를 쉽게 하고 시험에 대비할 수 있는 능력을 키우도록 하였다.

　모든 학문이 그렇듯 전기회로나 시퀀스 제어 기술 역시 기본 개념이 중요하며, 이를 위해 많은 그림과 예제를 삽입하여 독자의 쉬운 이해를 도왔다. 이 책을 통하여 전기 이론과 시퀀스의 기본적인 내용을 이해하고 관련된 자격증 시험에 대비함은 물론 전기에 대한 이해의 폭을 넓힐 수 있기를 바란다.
　끝으로, 이 책을 출판하는데 도움을 주신 **일진사** 직원 여러분께 감사드린다.

저자 씀

차 례

Part 2 ••• 시퀀스 제어

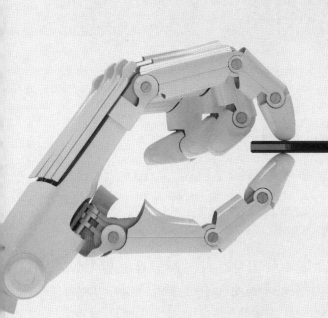

Part 01

전기이론

제1장 **직류회로**

1. 전기의 본질

1.1 물질과 전기

물질을 구성하는 입자를 미세하게 분할하면 물질의 성질을 띠는 가장 작은 입자에 도달하는데 이를 분자(molecule)라고 한다. 분자를 더 쪼개면 그 물질의 성질을 잃어 버리게 되는 더 작은 입자의 원자(atom)가 되는데, 물질에 따라 그 성질이 다른 것은 물질을 이루고 있는 원자의 종류나 수 및 구성이 다르기 때문이다.

원자는 그 중심에 원자핵(atomic nucleus)을 가지며 그 둘레를 음의 전기성질을 가 진 전자(electron)가 회전하고 있다. 원자핵은 양의 전기성질을 가지고 있는 양성자 (proton)와 전기를 갖지 않는 중성자(neutron) 입자로 구성되어 있다.

전자의 수를 원자번호라고 하며, 원자 내의 양성자와 전자의 수는 같으므로 외부에 서 에너지가 공급되지 않으면 원자 전체는 양과 음의 전기적 성질이 중화되어 전기적 으로 중성 상태가 되어 어떠한 전기적 작용도 하지 않게 된다. 양의 전기를 띤 입자를 양전하(positive charge), 음의 전기를 띤 입자를 음전하(negative charge)라고 하며 중성 상태에서 전하는 전기적 성질이 없으므로 0이 된다.

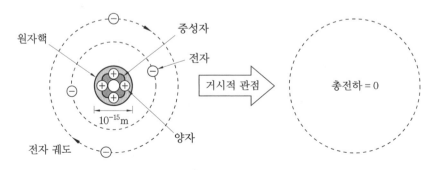

[그림 1-1] 원자번호 4번(Be : 베릴륨)의 원자구조

궤도 이론(orbital theory)에 의하면, 원자핵 주위를 돌고 있는 전자들은 정해진 궤도에 $2n^2$개(n : 궤도 번호 1, 2, 3···)의 일정 수의 전자만이 존재 할 수 있고, 가장 바깥 쪽 궤도를 돌고 있는 전자를 가전자(valence electron)라고 하는데, 최외각 궤도에는 8개의 가전자를 가질 때 가장 안정한 상태가 된다.

가전자는 원자핵과의 결합력이 약하므로 외부 에너지의 유입으로 쉽게 원자핵의 구속력에서 벗어 날 수 있는데 이러한 전자를 자유전자(free electron)라고 한다.

원자번호 29번인 구리 원자의 경우 각 궤도에는 $2n^2$의 전자 개수가 채워지므로 1번 궤도에 2개, 2번 궤도에 8개, 3번 궤도에 18개, 그리고 최외각 궤도에 나머지 1개의 가전자로 채워진다. 궤도 이론에 의하면 최외각 궤도에는 전자 8개가 안정상태가 되는데 구리의 경우는 1개의 가전자만 궤도에 있으므로 약간의 외부 에너지의 유입으로도 1개의 가전자는 떨어져 나가고 18개의 전자는 다시 10개와 8개로 재배치되어 최외각 궤도에는 8개의 전자를 갖게 된다.

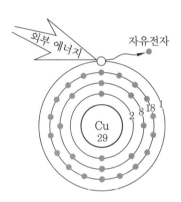

[그림1-2] 구리(Cu) 원자구조

1.2 ○ 전기의 발생

보통 상태에서의 물질은 같은 수의 양성자와 전자를 가지고 있으므로 서로 중화되어 외부로는 전기적 성질이 나타나지 않으며 [그림 1-3(a)]와 같이 중성 상태에 있다.

[그림 1-3(b)]에서와 같이 물질 중의 외각 전자가 어떤 원인으로 물질의 바깥으로 나가 자유전자가 되면 물질은 양전기(positive electricity)를 띠게 되고 이 상태를 양이온(positive ion)이라 한다. [그림 1-3(c)]와 같이 외부에서 자유전자가 물질 내부로 들어오게 되면 물질은 음전기(negative electricity)를 띠게 되며 이 상태를 음이온(negative ion)이라 한다.

이와 같이 물질이 전자가 부족하거나 과잉된 상태에서 양전기나 음전기를 띄게 되는데 이와 같은 특정한 전기적 발생은 자유전자의 이동 때문이다.

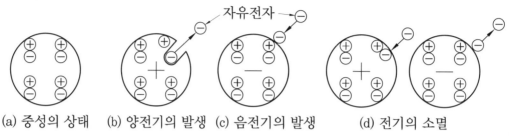

(a) 중성의 상태 (b) 양전기의 발생 (c) 음전기의 발생 (d) 전기의 소멸

[그림 1-3] 전기의 발생과 소멸

1.3 자유전자의 이동

[그림 1-4]와 같이 물체 A는 양으로 물체 B는 음으로 대전된 상태에서 두 물체를 금속선으로 연결하면 A는 전자가 부족한 상태이고 B는 전자가 과잉 상태가 되므로 B의 자유전자가 금속선을 통하여 A로 이동하여 중화된다. 이때 A, B의 전기량이 같다면 최종적으로 A, B는 모두 중성 상태로 되나 어느 한쪽의 전기량이 많을 경우에는 중화되지 않고 남은 양전기나 음전기가 양쪽 물체에 균일하게 분산된다. 물체 A는 전자가 과부족 상태이므로 근접한 금속선의 자유전자를 흡인하고 물체 B는 전자가 과잉 상태이므로 이 전자들의 반발에 의하여 근접한 금속선으로 자유전자를 방출하게 된다. 이것은 금속선 내에서도 일어나며, 이와 같은 연쇄적인 현상에 의하여 금속선의 모든 부분에서 동시에 전자가 이동하게 된다.

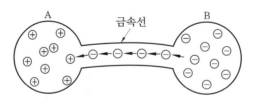

[그림 1-4] 물질 내에서 전자의 이동

1.4 도체, 부도체, 반도체

금속이나 흑연과 같이 전기가 잘 통하는 물체를 도체(conductor)라 하고 수소나 헬륨, 공기, 플라스틱, 고무등과 같이 전기가 거의 통하지 않는 물체를 부도체(nonconductor) 또는 절연체(insulator)라 한다. 또한 실리콘(Si)이나 게르마늄(Ge)과 같이 도체와 부도체의 양쪽 성질을 갖는 물체를 반도체(semi-conductor)라 한다.

도체는 금속과 같이 원자가 규칙적으로 열을 지어서 결합된 결정으로 되어 있으며 대부분의 금속은 양호한 도체이며 이는 음(-)전기를 띤 전자가 많고 부도체에 비하여 자유전자가 많다. 금(Au), 은(Ag), 구리(Cu), 알루미늄(Al)등이 있다.

부도체는 원자핵과 전자의 결합이 강하여 전자가 원자핵으로부터 벗어나지 못하고 자신의 궤도에 머물러 있기 때문에 쉽게 움직일 수 없으므로 최외각 전자가 8개의 상태를 유지하며 외부에서 에너지를 가해도 전하의 이동이 어려워 전류가 잘 흐르지 않는다. 유리, 플라스틱, 고무, 종이, 운모 등이 있다.

반도체는 최외각 전자가 4개인 물질로 불순물이 들어가지 않은 순수한 상태에서는 자유전자의 이동이 없어 전기가 통하지 않지만, 인위적인 조작을 가하면 도체처럼 전기가 흐른다. 규소(Si), 게르마늄(Ge), 셀렌(Se) 등이 있다.

2. 전기적인 양의 정의

2.1 전하(electric charge)

입자가 가진 전기량을 전하라고 하며, 전기에너지는 음전하(자유전자)의 운동에 의해서 만들어진다.

임의의 점에서 전하를 이동시키려면 외부에서 전하에 일을 해주어야 하는데 일해준 만큼 에너지 보존 법칙에 의해 전하는 전기적 에너지를 갖게 된다.

즉, 임의의 점에서 전하를 옮기는데 필요한 일의 양을 그 점에서의 전위라 한다.

전하의 기호는 Q를 사용하며, 단위는 쿨롱(Coulomb, [C])을 사용한다.

2.2 전류(current)

전하가 모여서 특정 방향으로 이동하는 것을 전류라고 하며 전류가 흐르는 길을 전기회로 또는 회로(circuit)라고 한다. 회로에 전류가 흐를 때는 반드시 에너지의 전송이 일어난다. 전류(전하의 이동)의 크기는 회로의 단면을 $t[s]$ 동안에 $Q[C]$의 전하가 이동할 때 통과하는 전하의 양으로 정의한다. 기호는 I(Intensity of electorn flow)로 나타내며 단위는 암페어(ampere), 기호는 [A]를 사용한다.

$$I = \frac{Q}{t}[A], \quad Q = It[C] \quad \cdots\cdots\cdots\cdots\cdots\cdots\cdots\cdots\cdots\cdots\cdots\cdots\cdots\cdots\cdots\cdots\cdots\cdots (1-1)$$

[그림 1-5(a)]와 같이 시간에 따라 전류의 크기와 방향이 일정한 전류를 직류(DC, direct current)라 하며 (b)와 같이 시간에 따라 크기와 방향이 주기적으로 변하는 전류를 교류(AC, alternating current)라고 한다.

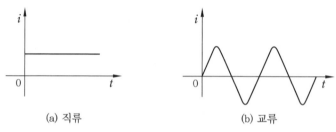

(a) 직류   (b) 교류

[그림 1-5] 직류와 교류

Q 예제 1.1

어떤 전기회로에서 1분 동안에 900 C의 전하가 이동하였다면 전류는 몇 A인가 ?

풀이 $I = \dfrac{Q}{t} = \dfrac{900\,C}{60\,s} = 15\,A$

2.3 ● 전위차(전압, 기전력)

[그림 1-6]과 같이 물은 수위가 높은 곳에서 낮은 곳으로 흐르는데, 두 지점 사이의 수위차가 클수록 물의 속도는 커지며 흐르는 유량도 많아진다.

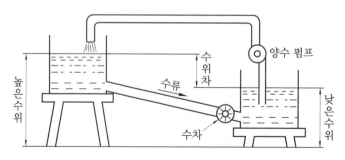

[그림 1-6] 수류와 수위차

전류를 흐르게 하는 힘을 기전력이라 하며, 기전력을 발생하기 위해서는 전기적 위치 에너지의 차이가 생겨야 하는데, 전기적 위치에너지의 차를 전위차(electric potential difference) 또는 전압(voltage)이라 한다. 전지나 발전기는 전위차를 이용해서 기전력 을 내는 장치인데, 이들을 전원(power source)이라고 한다.

전압의 기호는 V로 나타내며, 전압의 단위는 볼트(volt, [V])를 사용한다. Q[C]의 전하가 어느 두 점 사이를 이동해서 W[J]의 일을 하고 이때 그 두 점 사이에 V[V]의 전위차가 생겼다면, 이들 사이에는 식 (1-2)와 같은 관계가 성립한다.

$$V = \frac{W}{Q}[V], \quad W = QV[J] \quad \cdots\cdots (1-2)$$

즉, 1 V는 1 C의 전하가 두 점 사이를 이동할 때 얻거나 잃는 에너지가 1 J이 되는 두 점 간의 전위차이다.

Q 예제 1.2

15 C의 전기량이 두 점 사이를 이동하여 60 J의 일을 하였다면 두 점 사이의 전위차 는 얼마인가?

풀이 $V = \frac{W}{Q} = \frac{60\,J}{15\,C} = 4\,V$

2.4 • 전력

전력은 전기회로에 의해 단위 시간당 전달되는 전기에너지로, 전력의 기호는 P를 사 용하며, 단위는 와트(Watt, [W])를 사용한다.

전기에너지란 전하의 위치에너지나 운동에너지로부터 파생된 에너지로, Q[C]의 전 하를 전위차 V를 가진 전선에서 t초 동안 이동시키면 전하는 QV의 전기에너지를 얻 을 수 있는데, 이를 단위시간 동안으로 계산하면 아래와 같다.

$$P = \frac{QV}{t} = \frac{Q}{t}V = IV[W] \quad \cdots\cdots (1-3)$$

3. 전기회로의 요소

3.1 ○ 전기회로의 3요소

① 전원(power source) : 전위차에 의한 전기에너지 발생
② 회로(electric circuit) : 전기에너지 전달 유도 통로
③ 부하(load) : 전류를 공급받아 일을 하는 곳으로 전기에너지를 다른 에너지로 바꾸는 것

3.2 ○ 전원에 대한 기호표기

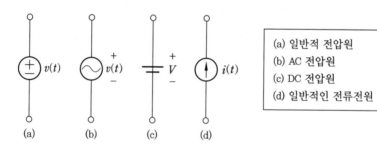

(a) 일반적 전압원
(b) AC 전압원
(c) DC 전압원
(d) 일반적인 전류전원

[그림 1-7] 전원 기호

4. 회로소자 및 저항

4.1 ○ 회로소자

① 수동소자(passive element, passive component) : 공급된 전력(에너지)을 단지 소비·축적·방출하는 소자로 대표적인 수동소자로는 저항, 커패시터, 인덕터가 있다.

② 능동소자(active element, active component) : 입력과 출력을 갖추고 있으며
작은 전력을 입력에 넣어 큰 출력으로 변화시킬 수 있는 소자로 트랜지스터,
OP-Amp 등이 있다.

4.2 ● 저항

회로에 흐른 전류의 흐름을 억제하거나 제한하는 역할을 하는 회로소자를 전기저항
(electric resistance) 또는 간단히 저항(resistance)이라고 한다.

저항에는 저렴한 권선형태의 탄소피막 저항(carbon film resistor)과 무 유도성의
카본 컴포지션 저항(carbon composition resistor), 정밀도가 뛰어난 메탈필름 저항
(metal film rsistor), 고전력을 위한 산화금속피막 저항(metal oxide resistor), 권선
저항(wire-wounded), 시멘트 저항(cement rsistor)이 있다.

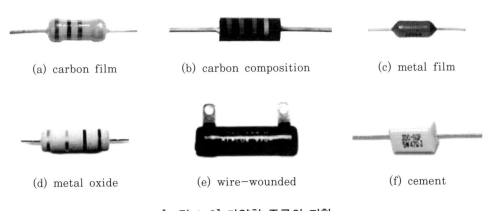

| (a) carbon film | (b) carbon composition | (c) metal film |

| (d) metal oxide | (e) wire-wounded | (f) cement |

[그림 1-8] 다양한 종류의 저항

저항의 기호는 R, 단위는 옴(ohm), 기호는 Ω으로 나타낸다. 전기저항은 도체의 길
이에 비례하고, 도체의 단면적에 반비례 한다.

도체의 길이가 l[m]이고, 단면적이 A[m^2]일 때 도체의 저항 R[Ω]은

$$R = \rho \frac{l}{A} [\Omega] \quad \text{...} \quad (1-4)$$

여기서, 비례상수 ρ는 저항률(resistivity) 또는 고유저항(specific resistance)이라
고 하며, 단위는 $\Omega \cdot$m를 사용하는데 도체의 재질에 따라 고유한 값을 가진다.

Q 예제 1.3

지름 0.4 mm, 길이 20 m인 어떤 도체의 저항이 56 Ω이라 한다. 이 도체의 단면적 및 고유저항을 구하여라.

풀이 단면적

$$A = \pi r^2 = 3.14 \times (0.2 \times 10^{-3})^2 = 1.256 \times 10^{-7}\,\mathrm{m}^2$$

고유저항은 $R = \rho \dfrac{l}{A}$ 에서

$\rho = R \dfrac{A}{l}$ 이므로

$$\rho = R \frac{A}{l} = 56 \times \frac{1.256 \times 10^{-7}}{20} \fallingdotseq 3.52 \times 10^{-7}\,\Omega \cdot \mathrm{m}$$

[그림 1-9]와 같이 저항의 크기는 저항기에 표시된 색띠를 판독해서 알 수 있다. 저항의 색띠는 크게 4개의 색띠를 가진 일반 저항과 5개의 색띠를 가진 정밀 저항으로 나뉜다.

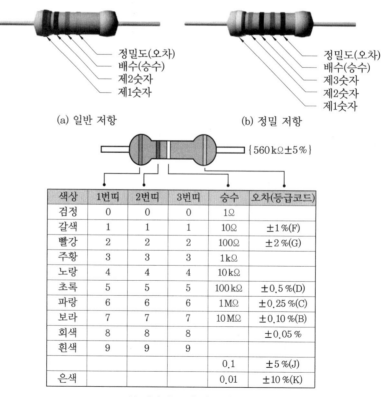

(a) 일반 저항
- 정밀도(오차)
- 배수(승수)
- 제2숫자
- 제1숫자

(b) 정밀 저항
- 정밀도(오차)
- 배수(승수)
- 제3숫자
- 제2숫자
- 제1숫자

{560 kΩ±5%}

색상	1번띠	2번띠	3번띠	승수	오차(등급코드)
검정	0	0	0	1Ω	
갈색	1	1	1	10Ω	±1 %(F)
빨강	2	2	2	100Ω	±2 %(G)
주황	3	3	3	1kΩ	
노랑	4	4	4	10kΩ	
초록	5	5	5	100kΩ	±0.5 %(D)
파랑	6	6	6	1MΩ	±0.25 %(C)
보라	7	7	7	10MΩ	±0.10 %(B)
회색	8	8	8		±0.05 %
흰색	9	9	9		
금색				0.1	±5 %(J)
은색				0.01	±10 %(K)

(c) 저항의 크기 읽는 법

[그림 1-9] 저항의 크기의 판독

5. 전기회로의 기본 법칙

5.1 ● 옴의 법칙(Ohm's law)

　저항에 전압을 가하면 전기회로에 전류가 흐르는데, 도체(conductor)를 흐르는 전류의 크기는 도체의 양끝에 가한 전압에 비례하고 그 도체의 전기저항에 반비례한다. 이와 같은 전압, 전류, 저항의 관계를 나타낸 것을 옴의 법칙(ohm's law)이라 하며, 이 법칙은 전기회로의 가장 기본이 되는 법칙이다. 도체에 가한 전압의 단위를 볼트(V), 도체의 저항의 단위는 옴(Ω), 도체에 흐르는 전류의 단위를 암페어(A)로 하면, 다음과 같은 식이 성립된다.

$$I = \frac{V}{R}[A] \quad\cdots\cdots (1-5)$$

따라서 (1-5)는

$$V = IR[V], \quad R = \frac{V}{I}[\Omega] \quad\cdots\cdots (1-6)$$

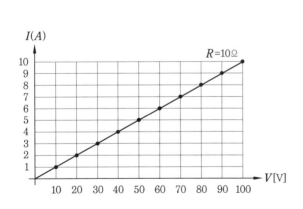
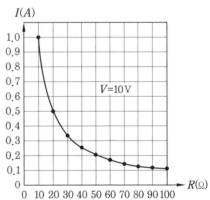

[그림 1-10] 그래프로 나타낸 옴의 법칙

　저항에 관해 중요한 사항 중 하나는 저항에 전류가 흐르면 반드시 전압강하(voltage drop)가 일어난다는 것이다. 전압강하란 전류가 저항을 흐를 때 전압의 크기가 낮아지는 현상으로 전류 I가 저항 R에 흐를 때 전압강하량 V는 $I \times R$만큼 발생하게 된다.

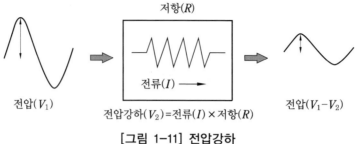

전압(V_1)
전압강하(V_2)=전류(I)×저항(R)
전압(V_1-V_2)

[그림 1-11] 전압강하

Q 예제 1.4

어떤 저항에 120 V의 전압을 가하니 12 A의 전류가 흘렀다. 이 저항에 90 V의 전압을 가하면 몇 A의 전류가 흐르는가?

풀이 $R = \dfrac{V}{I} = \dfrac{120}{12} = 10\ \Omega$

따라서, 10 Ω의 저항에 90 V의 전압을 가하면 전류는 다음과 같다.

$I = \dfrac{V}{R} = \dfrac{90}{10} = 9\ A$

5.2 ◦ 이상적인 전원

(1) 전압원(voltage source)

그림 [1-12(a)]에 전압원을 제 1근사 해석을 적용하여 이상적으로 해석하였다. 전압원의 전압 10V는 회로에 저항이 1개 이므로 모두 부하 저항에서 전압강하로 나타난다. 하지만 실제 회로에서 전압원은 그림 [1-12(b)]와 같이 회로에 직렬 저항(R_S)을 가지므로 2개의 저항에 전압강하로 전압이 배분된다. 전원은 부하를 위해 제공되는 전압이므로 직렬 저항에 전압을 무시하기 위해서는 저항의 크기가 매우 작아야 한다.

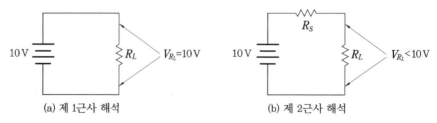

(a) 제 1근사 해석

(b) 제 2근사 해석

[그림 1-12] 전압원의 해석

• 안정 전압원(stiff voltage source)

부하 저항이 전원 저항보다 100배 이상인 조건을 만족하는 전원을 안정 전압원이라
하며, 이 경우 직렬 전원 저항(R_S)을 무시할 수 있다.

$$R_{L(\min)} \geq 100\,R_S \quad\cdots\cdots\cdots\cdots\cdots\cdots\cdots\cdots\cdots\cdots\cdots\cdots\cdots\cdots\cdots\cdots\cdots\cdots\cdots (1\text{--}7)$$

(2) 전류원(Current Source)

그림 [1-13(a)]에 전류원을 제 1근사 해석을 적용하여 이상적으로 해석하였다. 전류
원의 전류 1A는 회로에 전류 통로(path)가 1개뿐이므로 모두 부하 저항으로 흐른다.
하지만 실제 회로에서 전류원은 그림 [1-13(b)]와 같이 회로에 병렬 저항(R_S)을 가지
므로 2개의 통로가 생겨 전류가 분류된다. 전류원은 부하를 위해 제공되는 전류이므로
병렬 저항으로 흐르는 전류를 무시하기 위해서는 병렬 저항의 크기가 매우 커야 한다.

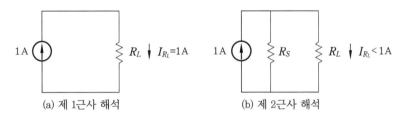

(a) 제 1근사 해석 (b) 제 2근사 해석

[그림 1-13] 전류원의 해석

• 안정 전류원(stiff current source)

전류원의 전원 저항이 부하 저항보다 100배 이상인 조건을 만족하는 전원을 안정 전
류원이라 하며, 이 경우 전원 저항(R_S)을 무시할 수 있다.

$$R_S \geq 100\,R_L \quad\cdots\cdots\cdots\cdots\cdots\cdots\cdots\cdots\cdots\cdots\cdots\cdots\cdots\cdots\cdots\cdots\cdots\cdots\cdots (1\text{--}8)$$

5.3 ○ 저항의 접속

전기회로에서 2개 이상의 저항을 전원에 접속하는 방법에는 직렬접속(series connection)
과 병렬접속(parallel connection)이 있으며, 또한 직렬접속과 병렬접속을 혼합한 직·
병렬 접속(series-parallel connection)이 있다.

(1) 저항의 직렬접속

[그림 1-14]와 같이 3개의 저항 R_1, R_2, R_3[Ω]을 직렬로 접속하고 전압 V[V]를 가

했을 때 I[A]의 전류가 흐르고 있다면, 각 저항 양단의 전압 V_1, V_2, V_3[V]는 옴의 법칙에 의하여 다음과 같이 된다.

$$V_1 = R_1 I[\text{V}], \quad V_2 = R_2 I[\text{V}], \quad V_3 = R_3 I[\text{V}] \quad\cdots\cdots (1\text{-}9)$$

이때 전 전압 V는 이들 전압의 합이 되므로 다음과 같다.

$$V = V_1 + V_2 + V_3 [\text{V}] \quad\cdots\cdots (1\text{-}10)$$

식 (1-9)와 (1-10)으로부터

$$V = R_1 I + R_2 I + R_3 I = I(R_1 + R_2 + R_3)[\text{V}] \quad\cdots\cdots (1\text{-}11)$$

식 (1-11)에서

$$\frac{V}{I} = R_1 + R_2 + R_3 = R[\Omega] \quad\cdots\cdots (1\text{-}12)$$

식 (1-12)의 R은 회로 전체에 가하는 전 전압 V와 전 전류 I의 비이므로 이 회로의 합성 저항(combind resistance)이라고 하며 각 저항의 합이 된다.

그러므로 n개의 저항 R_1, R_2, R_3, ……, R_n이 직렬로 접속되어 있을 때 합성 저항 $R[\Omega]$은 다음 식과 같다.

$$R = R_1 + R_2 + R_3 + \cdots\cdots + R_n [\Omega] \quad\cdots\cdots (1\text{-}13)$$

[그림 1-14]에서 각 저항 양단 사이의 전압비는 다음과 같다.

$$V_1 : V_2 : V_3 = R_1 I : R_2 I : R_3 I = R_1 : R_2 : R_3 \quad\cdots\cdots (1\text{-}14)$$

따라서 각 저항에 분배된 전압 V_1, V_2, V_3는 다음과 같다.

$$V_1 = \frac{R_1}{R} V[\text{V}], \quad V_2 = \frac{R_2}{R} V[\text{V}], \quad V_3 = \frac{R_3}{R} V[\text{V}] \quad\cdots\cdots (1\text{-}15)$$

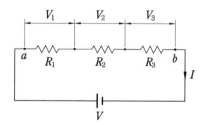

[그림 1-14] 저항의 직렬접속

Q 예제 1.5

[그림 1-14]에서 3개의 저항 $R_1 = 10$, $R_2 = 15$, $R_3 = 25\,\Omega$이고 전압 $V = 100\,\text{V}$인 경우 합성 저항 R, 전류 I 및 전압 V_1, V_2, V_3는 얼마인가?

풀이 합성 저항 $R = R_1 + R_2 + R_3\,[\Omega]$에서

$R = 10 + 15 + 25 = 50\,\Omega$

전류 $I = \dfrac{V}{R}\,[\text{A}] = \dfrac{100}{50} = 2\,\text{A}$, 전압 $V_1 = IR_1 = 2 \times 10 = 20\,\text{V}$

$V_2 = IR_2 = 2 \times 15 = 30\,\text{V}$, $V_3 = IR_3 = 2 \times 25 = 50\,\text{V}$

(2) 저항의 병렬접속

[그림 1-15]와 같이 3개의 저항 R_1, R_2, $R_3\,[\Omega]$을 병렬로 접속하고 전압 $V\,[\text{V}]$를 가했을 때 각 저항에 흐르는 전류 I_1, I_2, $I_3\,[\text{A}]$는 다음과 같다.

$$I_1 = \frac{V}{R_1}[\text{A}],\ I_2 = \frac{V}{R_2}[\text{A}],\ I_3 = \frac{V}{R_3}[\text{A}] \quad \text{······················(1-16)}$$

전체 전류 $I\,[\text{A}]$는 다음과 같다.

$$I = I_1 + I_2 + I_3\,[\text{A}] \quad \text{······························(1-17)}$$

식 (1-16)과 (1-17)로부터

$$I = \frac{V}{R_1} + \frac{V}{R_2} + \frac{V}{R_3} = V\left(\frac{1}{R_2} + \frac{1}{R_2} + \frac{1}{R_3}\right)[\text{A}] \quad \text{···········(1-18)}$$

식 (1-18)을 변형하면 다음과 같다.

$$\therefore\ R = \frac{V}{I} = \frac{V}{V\left(\dfrac{1}{R_1} + \dfrac{1}{R_2} + \dfrac{1}{R_3}\right)} = \frac{1}{\dfrac{1}{R_1} + \dfrac{1}{R_2} + \dfrac{1}{R_3}}\,[\Omega] \quad \text{········(1-19)}$$

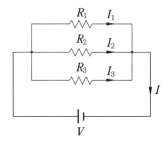

[그림 1-15] 저항의 병렬접속

그러므로 n개의 저항 R_1, R_2, R_3, ……, R_n이 병렬로 접속되어 있을 때 합성 저항 $R[\Omega]$은

$$\therefore R = \frac{1}{\dfrac{1}{R_1} + \dfrac{1}{R_2} + \dfrac{1}{R_3} + \cdots\cdots + \dfrac{1}{R_n}} [\Omega] \quad\cdots\cdots (1\text{-}20)$$

각 저항의 병렬접속 회로의 각 분로에 흐르는 전류의 비는 각 저항값에 반비례하여 흐르고 각 분로에 흐르는 전류는 다음과 같이 된다.

$$I_1 = \frac{R}{R_1}I[A], \quad I_2 = \frac{R}{R_2}I[A], \quad I_3 = \frac{R}{R_3}I[A] \quad\cdots\cdots (1\text{-}21)$$

Q 예제 1.6

[그림 1-15]에서 3개의 저항 $R_1 = 5$, $R_2 = 10$, $R_3 = 15\ \Omega$이고, 전압 $V = 30\,V$인 경우 합성 저항 R과 전류 I_1, I_2, I_3 및 전체 전류 I는 얼마인가?

풀이 합성 저항

$$\therefore R = \frac{1}{\dfrac{1}{R_1} + \dfrac{1}{R_2} + \dfrac{1}{R_3}} [\Omega] 에서$$

$$R = \frac{1}{\dfrac{1}{5} + \dfrac{1}{10} + \dfrac{1}{15}} = \frac{1}{\dfrac{6+3+2}{30}} = \frac{30}{11}\ \Omega$$

전류 $I_1 = \dfrac{V}{R_1} = \dfrac{30}{5} = 6\,A$

$I_2 = \dfrac{V}{R_2} = \dfrac{30}{10} = 3\,A$

$I_3 = \dfrac{V}{R_3} = \dfrac{30}{15} = 2\,A$

따라서 전 전류 $I = 6 + 3 + 2 = 11\,A$

(3) 직·병렬 접속

[그림 1-16(a)]와 같이 저항 R_1, R_2, $R_3[\Omega]$을 직렬과 병렬로 혼합하여 접속하면 ab 사이의 합성 저항은 $R' = \dfrac{R_1 R_2}{R_1 + R_2}[\Omega]$이 된다.

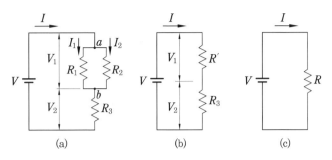

[그림 1-16] 저항의 직 · 병렬 접속

(a)의 회로를 (b)와 같이 R'와 R_3의 등가 직렬접속 회로로 했을 때 그 합성 저항 R은 다음과 같이 된다.

$$R = R' + R_3 = \frac{R_1 R_2}{R_1 + R_2} + R_3 [\Omega] \quad \cdots\cdots\cdots\cdots\cdots\cdots\cdots\cdots\cdots\cdots\cdots\cdots\cdots\cdots (1\text{-}22)$$

Q 예제 1.7

[그림 1-17]의 직 · 병렬 회로에서 다음을 각각 구하여라.

(1) a–c 사이의 합성 저항은 몇 Ω인가?

(2) 전 전류 I 및 분로 전류 I_1, I_2는 몇 A가 되는가?

(3) a–b 사이의 전압 V_1 및 b–c 사이의 전압 V_2를 구하여라.

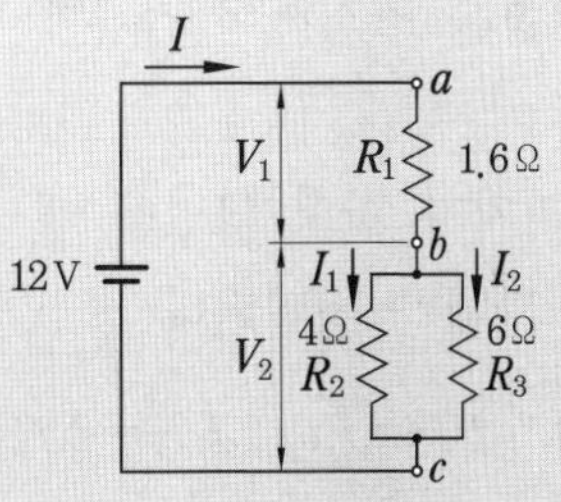

[그림 1-17]

풀이 (1) $R = R_1 + \dfrac{R_2 R_3}{R_2 + R_3} = 1.6 + \dfrac{4 \times 6}{4 + 6} = 4\ \Omega$

(2) $I = \dfrac{V}{R} = \dfrac{12}{4} = 3\ \text{A}$

$I_1 = \dfrac{\dfrac{R_2 R_3}{R_2 + R_3}}{R_2} I = \dfrac{R_3}{R_2 + R_3} I = \dfrac{6}{4 + 6} \times 3 = 1.8\ \text{A}$

$I_2 = \dfrac{R_2}{R_2 + R_3} I = \dfrac{4}{4 + 6} \times 3 = 1.2\ \text{A}$

(3) $V_1 = R_1 I = 1.6 \times 3 = 4.8\ \text{V}$

$V_2 = R_2 I = 4 \times 1.8 = 7.2\ \text{V}$

5.4 • 휘트스톤 브리지 회로

저항을 측정하기 위해 4개의 저항과 검류계(galvanometer) G를 [그림 1-18]과 같이 브리지로 접속한 회로를 이용하는데 이를 휘트스톤 브리지(Wheatstone bridge) 회로라고 한다. 주로 $0.5{\sim}10^5\,\Omega$ 정도의 중저항 측정에 많이 이용된다.

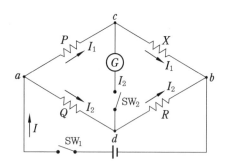

[그림 1-18] 휘트스톤 브리지 회로

저항 P, Q, R과 측정하고자 하는 미지의 저항 X를 [그림 1-18]과 같이 접속하고 각 저항을 조정하여 검류계 G가 전류가 흐르지 않았을 때 브리지가 평형이 되었다고 한다.

브리지가 평형 되었을 때 $a{-}c$ 사이와 $a{-}d$ 사이의 전압강하는 같게 되므로 다음과 같은 관계가 성립된다.

$$I_1 P = I_2 Q, \ \ I_1 X = I_2 R \ \text{...} (1\text{-}23)$$

식 (1-23)으로부터 다음과 같은 관계를 얻을 수 있는데 이를 브리지 회로의 평형 조건이라고 한다.

$$PR = QX, \ \ X = \frac{P}{Q} R \ \text{...} (1\text{-}24)$$

Q 예제 1.8

[그림 1-18]에서 $P = 100\,\Omega$, $Q = 10\,\Omega$이고, X를 조정하여 검류계가 0을 지시하도록 하였다. 이때의 $R = 30\,\Omega$이었다면 측정하고자 하는 X는 얼마인가?

풀이 브리지의 평형 조건으로부터

$$X = \frac{P}{Q} R = \frac{100}{10} \times 30 = 300 \ \Omega$$

5.5 ● 키르히호프의 법칙(kirchhoff's law)

간단한 회로에서 전압, 전류, 저항을 계산하는 데는 옴의 법칙으로 가능하나 회로망과 같이 여러 개의 기전력을 포함하는 복잡한 회로를 해석하는 데는 옴의 법칙만으로 해결하기 어렵다. 따라서 복잡한 회로를 해석하는 데는 키르히호프의 법칙(kirchhoff's law)을 적용하는데 제1법칙인 전류법칙과 제2법칙인 전압법칙이 있다.

(1) 키르히호프의 제1법칙(전류평형의 법칙)

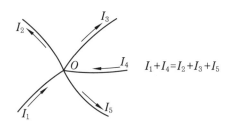

[그림 1-19] 키르히호프의 전류법칙

[그림 1-19]에서 $I_1 + I_4 = I_2 + I_3 + I_5$

$$\therefore I_1 - I_2 - I_3 + I_4 - I_5 = 0 \quad \cdots\cdots (1-25)$$

"회로 내의 임의의 접속점에 유입하는 전류와 유출하는 전류의 대수합은 0이다." 이것을 키르히호프의 제1법칙(kirchhoff's first law)이라 한다.

$$\sum I = 0 \quad \cdots\cdots (1-26)$$

Q 예제 1.9

[그림 1-20]에서 전류계 A1과 A2의 측정값을 구하여라.

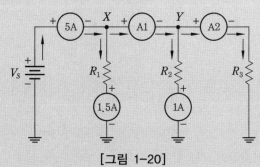

[그림 1-20]

> **풀이** 접합점 X로 유입되는 전류는 5A, 유출되는 전류는 (A1+1.5 A)이다. 총합은 0이므
> 로, A1에 검출되는 전류는 3.5 A이다. 같은 방법으로 접합점 Y로 유입되는 전류는
> 3.5 A, 유출전류(A2+1A)가 되어 A2는 2.5A가 됨을 알 수 있다. 따라서 A1 = 3.5 A,
> A2 = 2.5 A이다.

(2) 키르히호프의 제2법칙(전압평형의 법칙)

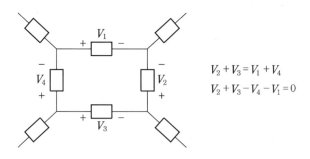

[그림 1-21] 키르히호프 전압법칙

[그림 1-21]의 회로에서 "회로 내의 임의의 폐회로를 따라 한 방향으로 일주하면서
취한 전압상승의 대수적 합은 전압강하의 대수의 합과 같다."

$$\sum V = \sum IR \quad\text{(1-27)}$$

Q 예제 ▶ **1.10**

키르히호프의 법칙을 사용하여 [그림 1-22]와 같은 회로의 각 분로 전류 I_1, I_2, I_3
를 구하여라.

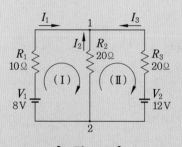

[그림 1-22]

> **풀이** 각 분로의 전류 I_1, I_2, I_3의 방향을 [그림 1-24]와 같이 가정하고 접속점 1에서
> 키르히호프의 제1법칙을 적용하면

$I_1 + I_2 + I_3 = 0$ ··· ①

폐회로 (I)와 (II)에서 키르히호프의 제2법칙을 적용하면

$V_1 = R_1 I_1 - R_2 I_2$ ··· ②

$- V_2 = R_2 I_2 - R_3 I_3$ ··· ③

식 ①, ③에서 I_3를 소거하면

$- V_2 = R_3 I_1 + (R_2 + R_3) I_2$ ······································· ④

식 ②, ④에 저항값과 전원의 전압값을 대입하면

$8 = 10 I_1 - 20 I_2$ ·· ⑤

$- 12 = 20 I_1 + 40 I_2$ ·· ⑥

식 ⑤, ⑥을 연립하며 풀면

$I_1 = 0.1\,\text{A}$

$I_2 = - 0.35\,\text{A}$

I_1, I_2의 값을 식 ①에 대입하면

$I_3 = 0.25\,\text{A}$

5.6 ◦ 전지의 접속

(1) 직렬접속

[그림 1-24(a)]와 같이 기전력이 각각 E_1, E_2, E_3[V]이고 내부 저항이 r_1, r_2, r_3[Ω]인 전지 3개를 접속하고 이것에 R[Ω]의 부하 저항을 연결하였을 때 회로에 흐르는 전류를 I[A]라 하고 점선의 화살표 방향에 키르히호프의 제2법칙을 적용하면 다음과 같이 된다.

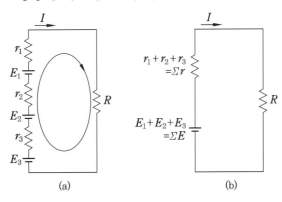

[그림 1-24] 전지의 직렬접속

$E_1 + E_2 + E_3 = r_1 I + r_2 I + r_3 I + R I\,[\text{V}]$ ······································ (1-28)

$$\therefore\ I = \frac{E_1 + E_2 + E_3}{r_1 + r_2 + r_3 + R}[\text{A}] \cdots\cdots\cdots\cdots\cdots\cdots\cdots\cdots\cdots\cdots\cdots\cdots\cdots (1\text{-}29)$$

따라서 $E_1 + E_2 + E_3 = \Sigma r[\text{V}]$

$r_1 + r_2 + r_3 = \Sigma r[\Omega]$이라 하면 [그림 1-24]의 (a)는 (b)와 같은 등가회로로 대치할 수 있다.

일반적으로 기전력 $E[\text{V}]$, 내부 저항 $r[\Omega]$인 전지 n개를 직렬로 접속하면 다음과 같이 된다.

$$nE = (nr + R)I$$

$$\therefore\ I = \frac{nE}{nr + R}[\text{A}] \cdots\cdots\cdots\cdots\cdots\cdots\cdots\cdots\cdots\cdots\cdots\cdots\cdots\cdots (1\text{-}30)$$

Q 예제 **1.11**

[그림 1-24]에서와 같이 기전력이 1.5 V이고 내부 저항이 0.1 Ω인 건전지 5개를 직렬로 연결한 직류 전원에 5 Ω의 부하를 접속한 경우 부하에 흐르는 전류는 얼마인가?

풀이 $I = \dfrac{nE}{nr + R}[\text{A}]$에서

$$I = \frac{5 \times 1.5}{5 \times 0.1 + 5} = \frac{7.5}{5.5} \fallingdotseq 1.36\ \text{A}$$

(2) 병렬접속

[그림 1-25]과 같이 기전력 $E[\text{V}]$, 내부 저항 $r[\Omega]$인 같은 전지 N개를 병렬로 접속하고, 이것에 부하 저항 $R[\Omega]$을 연결하였을 때 회로에 흐르는 전류를 $I[\text{A}]$라 하면 전지의 기전력과 내부 저항이 똑같으므로 각 전지에는 $\dfrac{I}{N}[\text{A}]$의 전류가 흐른다.

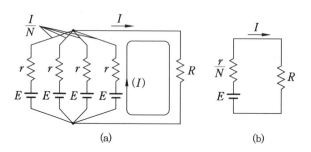

[그림 1-25] 전지의 병렬접속

키르히호프의 제2법칙을 적용하면 다음과 같다.

$$\frac{r}{N} I + RI = E$$

$$\therefore \ I = \frac{E}{\frac{r}{N} + R}$$ .... (1-31)

Q 예제 **1.12**

[그림 1-25]와 같은 회로에서 기전력 1.5 V, 내부 저항 0.2 Ω의 전지 20개가 있다. 1 Ω의 부하 저항에 흐르는 전류는 몇 A가 되겠는가?

풀이 $I = \dfrac{E}{\frac{r}{N} + R} = \dfrac{1.5}{\frac{0.2}{20} + 1} ≒ 1.485 \ A$

(3) 직·병렬접속

[그림 1-26(a)]와 같이 기전력 E[V], 내부 저항 r[Ω]인 전지 n개를 직렬로 접속한 것을 N조 병렬로 접속하고 이것에 R[Ω]의 부하를 연결 하였다. 여기서 n개 직렬로 접속한 전지의 합성 기전력은 nE[V], 합성 내부 저항은 nr[Ω]이므로 [그림 1-26]의 (a)는 (b), (c)와 같은 등가회로로 대치할 수 있다.

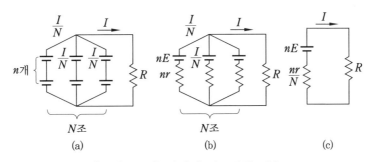

[그림 1-26] 전지의 직·병렬 접속

따라서 부하전류 I는 다음과 같이 된다.

$$I = \frac{nE}{\frac{nr}{N} + R} \ [A]$$ .... (1-32)

Q 예제 1.13

[그림 1-26]의 회로에서 기전력 1.5 V, 내부 저항 0.5 Ω인 전지 10개를 직렬로 접속한 것을 다시 5개 병렬로 한 양 끝에 1.5 Ω의 부하 저항을 접속했을 때의 부하 전류는 몇 A가 되는가?

풀이 $I = \dfrac{nE}{\dfrac{nr}{N} + R} = \dfrac{10 \times 1.5}{\dfrac{10 \times 0.5}{5} + 1.5} = 6 \text{ A}$

5.7 회로 해석법

이제까지 취급한 회로는 직·병렬 구조의 다소 간단한 회로였으나 실제로 접하는 시스템의 회로는 그 구조가 복잡하다. 이러한 복잡한 회로를 조직적으로 해석하기 위한 방법은

① 절점 해석 방법
② 가지전류 해석 방법
③ 망 해석 방법이 대표적이다.

이 가운데 비교적 쉽게 회로 해석을 할 수 있는 망 해석법을 사용하여 복잡한 회로를 해석하기로 한다.

(1) 망 해석법(mesh analysis method)

아래의 회로에서 망 해석 방법의 원리를 잘 보여준다.

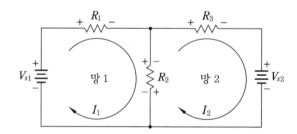

[그림 1-27] 망 해석법을 적용하기 위한 회로

① 망 전류의 방향은 임의 방향으로 해도 되나 일관성을 위해 각 폐로 망의 전류를 시계 방향으로 설정한다.
② 설정된 전류의 방향에 따라 각 망에서 전압강하의 극성을 위의 그림과 같이 표시

한다. R_2는 두 개 망의 공통소자이고 R_2에 흐르는 전류 I_1과 I_2는 서로 방향이 반대이다.

③ 각 폐로 망을 따라 키르히호프의 전압법칙(KVL)을 적용하여 각각의 망에 대하여 하나씩 방정식을 만든다.

$$\text{망 } 1 \rightarrow V_{s1} = R_1 I_1 + R_2 (I_1 - I_2) \quad \cdots\cdots\cdots\cdots\cdots\cdots\cdots\cdots\cdots\cdots\cdots\cdots (1\text{-}33)$$

$$\text{망 } 2 \rightarrow -V_{s2} = R_3 I_2 + R_2 (I_2 - I_1) \quad \cdots\cdots\cdots\cdots\cdots\cdots\cdots\cdots\cdots\cdots (1\text{-}34)$$

④ 계산이 용이하도록 방정식에서 I_1과 I_2로 같은 항들을 모으고 재배치시킨다.

$$\text{망 } 1 \rightarrow (R_1 + R_2)I_1 - R_2 I_2 = V_{s1} \quad \cdots\cdots\cdots\cdots\cdots\cdots\cdots\cdots\cdots\cdots (1\text{-}35)$$

$$\text{망 } 2 \rightarrow -R_2 I_1 + (R_2 + R_3)I_2 = -V_{s2} \quad \cdots\cdots\cdots\cdots\cdots\cdots\cdots\cdots (1\text{-}36)$$

⑤ 연립방정식을 풀어 미지의 값을 구한다.

$$2I_1 + I_2 = 7$$
$$I_1 - I_2 = -1$$

두 식을 더하면 $3I_1 = 6 \rightarrow I_1 = 2\,\text{A}, \ I_2 = 3\,\text{A}$

참고 행렬식을 이용하면 연립방정식을 쉽게 풀 수 있다.

$$ax + by = c$$
$$px + qy = k$$

$$x = \frac{\begin{vmatrix} c & b \\ k & q \end{vmatrix}}{\begin{vmatrix} a & b \\ p & q \end{vmatrix}} = \frac{cq - bk}{aq - bp}, \quad y = \frac{\begin{vmatrix} a & c \\ p & k \end{vmatrix}}{\begin{vmatrix} a & b \\ p & q \end{vmatrix}} = = \frac{ak - cp}{aq - bp}$$

[예제] $2I_1 + I_2 = 7$
$\qquad\quad I_1 - I_2 = -1$

$$I_1 = \frac{\begin{vmatrix} 7 & 1 \\ -1 & -1 \end{vmatrix}}{\begin{vmatrix} 2 & 1 \\ 1 & -1 \end{vmatrix}} = \frac{-7 + 1}{-2 - 1} = 2\,\text{A}, \quad I_2 = \frac{\begin{vmatrix} 2 & 7 \\ 1 & -1 \end{vmatrix}}{\begin{vmatrix} 2 & 1 \\ 1 & -1 \end{vmatrix}} = \frac{-2 - 7}{-2 - 1} = 3\,\text{A}$$

---

⑥ 실제의 각 저항을 흐르는 전류를 구한다.

$I_{R1} = I_1$, $I_{R3} = I_2$, 전류 I_1과 I_2는 반대로 흐르므로 $I_{R2} = I_1 - I_2$

Q 예제 1.14

망 해석법을 사용하여 [그림 1-28]의 회로에서 각 저항을 흐르는 전류를 구하시오.

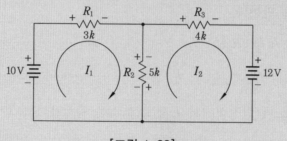

[그림 1-28]

풀이 ① $10\,\mathrm{V} = 3kI_1 + 5k(I_1 - I_2) \rightarrow 8kI_1 - 5kI_2 = 10\,\mathrm{V}$

② $-12\,\mathrm{V} = 4kI_2 + 5k(I_2 - I_1) \rightarrow -5kI_1 + 9kI_2 = -12\,\mathrm{V}$

$$I_1 = \frac{\begin{vmatrix} 10 & -5k \\ -12 & 9k \end{vmatrix}}{\begin{vmatrix} 8k & -5k \\ -5k & 9k \end{vmatrix}} = \frac{90k - 60k}{72k^2 - 25k^2} = \frac{30k}{47k^2} = 0.64\,\mathrm{mA}$$

$$I_2 = \frac{\begin{vmatrix} 8k & 10 \\ -5k & -12 \end{vmatrix}}{\begin{vmatrix} 8k & -5k \\ -5k & 9k \end{vmatrix}} = \frac{-96k + 50k}{72k^2 - 25k^2} = \frac{-46k}{47k^2} = -0.98\,\mathrm{mA}$$

I_2가 (−)가 나오므로 실제 전류의 방향은 반시계 방향이다.

5.8 ● 테브난(Thevenin)과 노튼(Norton) 정리

테브난 정리와 노튼 정리는 복잡한 회로를 간단한 등가회로로 만들어주는 매우 유용한 회로 법칙이다. 테브난 등가회로와 노튼 등가회로는 서로 회로의 형태는 달라도 부하에 흐르는 전류와 전압이 같은 등가회로 관계가 성립하므로 두 정리 중 하나를 적용하면 나머지는 등가회로 관계를 이용하여 쉽게 구할 수 있다.

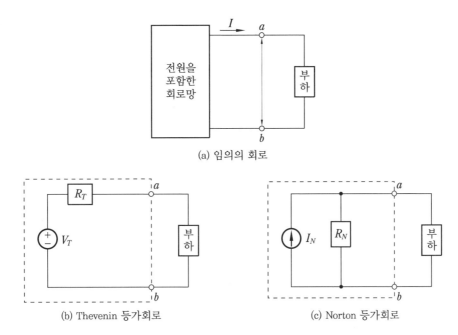

(a) 임의의 회로

(b) Thevenin 등가회로

(c) Norton 등가회로

[그림 1-29] 테브난, 노튼 등가회로

[그림 1-29(a)]의 여러 개의 전원과 저항들이 복잡하게 연결된 임의의 회로를 테브난 정리는 하나의 전압원(V_{th})과 직렬 저항(R_{th})만의 등가회로로 [그림 1-29(b)]와 같이 간략하게 구성할 수 있게 해준다. 노튼 정리는 여러 개의 전원과 저항들이 복잡하게 연결된 회로를 하나의 전류원(I_N)과 하나의 병렬 저항(R_N)만의 등가회로로 [그림 1-29(c)]와 같이 간략하게 구성할 수 있게 해준다.

(1) 테브난 등가회로 만드는 방법

[그림 1-30]에 테브난 등가회로를 만드는 법을 도식적으로 나타내었다.

① 부하 저항을 제거한다. 테브난 등가회로는 부하와는 무관하며, 부하를 제외한 나머지 전원 및 회로망에 적용한다. 이를 위해서 부하를 먼저 제거한다.

② 부하를 제거한 개방회로의 전압이 V_{th}이다.

③ 전원을 제거하고 개방 단자 A, B에서 본 합성 저항을 구하면 이 저항이 R_{th}가 된다. 전원을 제거한다는 것은 전압원인 경우, $V = 0$으로 만드는 것이므로 이것은 저항으로 보면 $R = 0$이고, 회로로 볼 때는 쇼트(short)인 경우이다. 전류원을 제거한다는 것은 $I = 0$이므로 이것은 저항으로 보면 $R = \infty$이고, 회로로 볼 때는 오픈(open)인 경우이다.

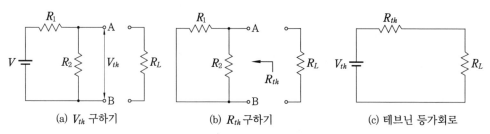

(a) V_{th} 구하기   (b) R_{th} 구하기   (c) 테브닌 등가회로

[그림 1-30] 테브닌 등가회로 만드는 방법

Q 예제 1.15

[그림 1-31] 회로에서 테브닌 등가회로를 이용하여 부하 저항에 흐르는 전류와 부하 전압을 각각 구하여라.

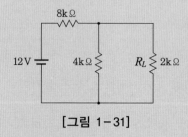

[그림 1-31]

풀이 ① [그림 1-32]와 같이 부하 저항을 제거한다.(개방)

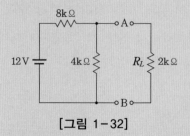

[그림 1-32]

② [그림 1-33]과 같이 개방 단자 전압 V_{th}를 구한다.

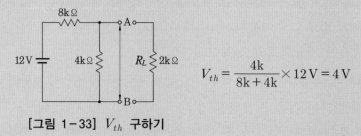

$$V_{th} = \frac{4\text{k}}{8\text{k} + 4\text{k}} \times 12\,\text{V} = 4\,\text{V}$$

[그림 1-33] V_{th} 구하기

③ [그림 1-34]과 같이 전원을 제거하고(전압원 단락, 전류원 개방) 개방 단자 AB 에서 본 합성 저항 R_{th}를 구한다.

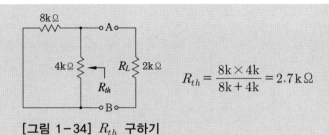

$$R_{th} = \frac{8k \times 4k}{8k + 4k} = 2.7\,k\Omega$$

[그림 1-34] R_{th} 구하기

④ [그림 1-35]와 같이 V_{th}와 R_{th}로 대치된 테브난 등가회로를 그린 후 부하 전압과 부하에 흐르는 전류를 구한다.

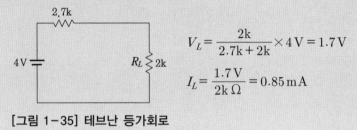

$$V_L = \frac{2k}{2.7k + 2k} \times 4\,V = 1.7\,V$$

$$I_L = \frac{1.7\,V}{2k\,\Omega} = 0.85\,mA$$

[그림 1-35] 테브난 등가회로

Q 예제 1.16

아래의 [그림 1-36]의 회로에서 테브난 등가회로를 이용하여 부하 저항에 흐르는 전류와 부하 전압을 각각 구하여라.

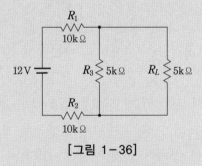

[그림 1-36]

풀이 ① 부하를 개방하고, 측정한 전압 V_{th}를 구하면

$$V_{th} = \frac{R_3}{(R_1 + R_2 + R_3)} \times 12\,V = \frac{5k}{25k} \times 12\,V = 2.4\,V$$

② 전원을 제거하고(단락), 부하를 개방된 곳에서 쳐다본 합성 저항 R_{th}를 구하면

$$R_{th} = \frac{10k + 10k}{5k} = 4\,\Omega$$

③ [그림 1-37]과 같은 테브난 등가회로를 얻는다.

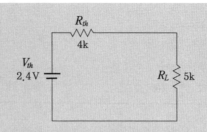

[그림 1-37] 테브난 등가회로

④ 부하에 흐르는 전류와 전압을 구한다.

$$V_L = \frac{5k}{4k+5k} \times 2.4\,V = 1.33\,V$$

$$I_L = \frac{1.3\,V}{5k\,\Omega} = 0.26\,mA$$

5.9 ● 중첩의 정리(superposition theorem)

다수의 전원을 포함하는 선형 회로망에 있어서 회로 내의 특정 가지를 흐르는 전류 또는 임의의 두 점 간의 전압은 개개의 전원이 개별적으로 작용할 때에 그 점에 흐르는 전류 또는 두 점 간의 전압을 합한 것과 같다. 이것을 중첩의 원리(principle of superposition)라 한다. 여기서, 전원이 개별적으로 작용한다는 것은 다른 전원을 제거한다는 것을 의미하며, 이때 전압원은 단락하고 전류원은 개방한다는 것을 말한다.

[그림 1-38(a)]의 회로에서 저항 R_2에 흐르는 전류 I_2는 전압원 V_{S1}과 V_{S2} 모두의 영향을 받으므로 한 번에 구하기가 어렵다. 중첩의 원리를 사용하면 개개의 전원에 의한 전류를 구하고 최종적으로 합하여 쉽게 구할 수 있다.

[그림 1-38(b,c,d)]에 V_{S1}에 의한 전류 $I_{2(S1)}$을 구하는 방법을 기술하였다.

마찬가지 방법으로 [그림 1-39(a, b, c)]에 다른 쪽 전압원 V_{S2}에 의한 전류 $I_{2(S2)}$를 구하는 방법을 기술하였다. [그림 1-39(d)]는 각각 구한 전류 $I_{2(S1)}$과 $I_{2(S2)}$를 합하여 실제 구하고자 하는 전류 I_2를 얻는 과정이다.

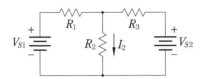

(a) I_2 구하기

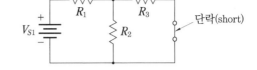

(b) 전원 V_{S2}를 제거한다.(단락)

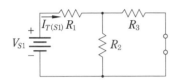

(c) 전원 V_{S1}에 의한 R_T와 I_T를 구한다.

$R_{T(S1)} = R_1 + R_2 \parallel R_3$

$I_{T(S1)} = V_{S1}/R_{T(S1)}$

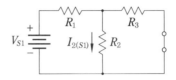

(d) 전류 분배법칙에 의해 V_{S1}에 의한 I_2를 구한다.

$I_{2(S1)} = \left(\dfrac{R_3}{R_2 + R_3}\right)I_{T(S1)}$

[그림 1-38] 중첩의 원리(1)

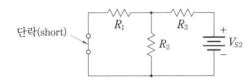

(a) 전원 V_{S1}을 제거한다.(단락)

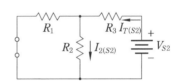

(b) 전원 V_{S2}에 의한 R_T와 I_T를 구한다.

$R_{T(S2)} = R_3 + R_1 \parallel R_2$

$I_{T(S2)} = V_{S2}/R_{T(S2)}$

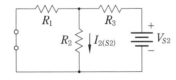

(c) 전류 분배법칙에 의해 V_{S2}에 의한 I_2를 구한다.

$I_{2(S2)} = \left(\dfrac{R_1}{R_1 + R_2}\right)I_{T(S2)}$

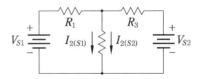

(d) $I_{2(S1)}$과 $I_{2(S2)}$를 합쳐서 I_2를 얻는다.

$I_2 = I_{2(S1)} + I_{2(S2)}$

[그림 1-39] 중첩의 원리(2)

Q 예제 **1.17**

다음 [그림 1-40] 회로에서 저항 R_2에 흐르는 전류 I_2를 구하여라.

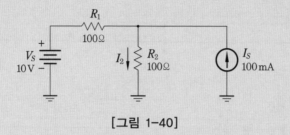

[그림 1-40]

풀이 ① 전압원 V_S에 의해 R_2에 흐르는 전류를 구하기 위해서 전류원 I_S를 제거(개 방)한다. 개방 시 한 개의 직렬 폐회로만 생기므로 전류 I_2는 전체 전류 $I_{T(V_S)}$ 와 같다.

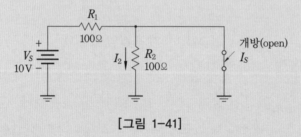

[그림 1-41]

$$I_{2(V_S)} = \frac{V_S}{R_T} = \frac{10\,\text{V}}{200\,\Omega} = 50\,\text{mA}$$

② 전류원 I_S 의해 저항 R_2에 흐르는 전류 I_2를 구하기 위해 전압원을 단락시킨 다. 분류법칙에 의해 전류 $I_{2(I_S)}$를 구할 수 있다.

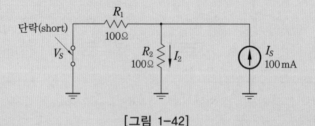

[그림 1-42]

$$I_{2(I_S)} = \left(\frac{R_1}{R_1 + R_2}\right)I_S = \left(\frac{1}{2}\right)100\,\text{mA} = 50\,\text{mA}$$

③ 실제의 구하고자 하는 전류 I_2는 각각의 전원에 의해 구한 전류를 합한 결과 와 같다.

$$I_2 = I_{2(V_S)} + I_{2(I_S)} = 100\,\text{mA}$$

5.10 • 단위 전류법 및 $\Delta - Y$ 변환법

(1) 단위 전류법

단자간의 합성 저항은 단자 전류를 단위 전류, 즉 1 A로 했을 때의 단자 사이의 전압 강하의 크기와 같다.

Q 예제 1.18

[그림 1-43]과 같이 저항값이 r인 도체 12개를 정입방체로 하였을 때 AB 사이의 합성 저항은 얼마인가?

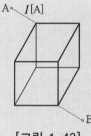

[그림 1-43]

풀이 단위 전류법에 의하여 A점에 유입하는 전류를 1 A라 하고 AB간의 전압강하 V를 구하면 $V = \frac{1}{3}r + \frac{1}{6}r + \frac{1}{3}r = \frac{5r}{6}$ V이다.

따라서 AB 사이의 합성 저항

$R = \dfrac{V}{I} = \dfrac{5r/6}{1} = \dfrac{5}{6}r\,\Omega$ 이다.

(2) Δ에서 Y로 변환

[그림 1-44]에서 R_a, R_b, R_c의 값은 다음과 같다.

$$R_a = \frac{R_{ca}R_{ab}}{R_{ab}+R_{bc}+R_{ca}}$$

$$R_b = \frac{R_{ab}R_{bc}}{R_{ab}+R_{bc}+R_{ca}}$$

$$R_c = \frac{R_{bc}R_{ca}}{R_{ab}+R_{bc}+R_{ca}}$$

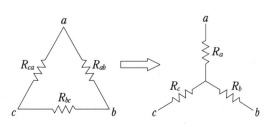

[그림 1-44] $\Delta \to Y$ 변환

(3) Y에서 △로 변환

[그림 1-45]에서 R_{ab}, R_{bc}, R_{ca}의 값은 다음과 같다.

$$R_{ab} = \frac{R_aR_b + R_bR_c + R_cR_a}{R_c}$$

$$R_{bc} = \frac{R_aR_b + R_bR_c + R_cR_a}{R_a}$$

$$R_{ca} = \frac{R_aR_b + R_bR_c + R_cR_a}{R_b}$$

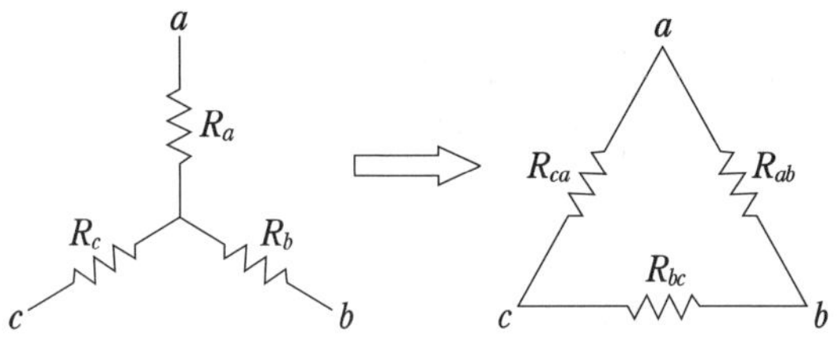

[그림 1-45] △→ Y 변환

Q 예제 1.19

[그림 1-46]의 △ 결선과 등가인 Y 결선의 각 변 저항값을 구하여라. (단, $R_{ab} = R_{bc} = R_{ca} = 9\ \Omega$ 이다.)

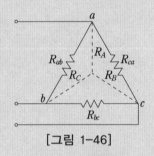

[그림 1-46]

풀이 $R_a = \dfrac{R_{ca}R_{ab}}{R_{ab} + R_{bc} + R_{ca}} = \dfrac{9 \times 9}{9 + 9 + 9} = \dfrac{81}{27} = 3\ \Omega$

$R_b = \dfrac{R_{ab}R_{bc}}{R_{ab} + R_{bc} + R_{ca}} = \dfrac{9 \times 9}{9 + 9 + 9} = \dfrac{81}{27} = 3\ \Omega$

$R_c = \dfrac{R_{bc}R_{ca}}{R_{ab} + R_{bc} + R_{ca}} = \dfrac{9 \times 9}{9 + 9 + 9} = \dfrac{81}{27} = 3\ \Omega$

Q 예제 1.20

[그림 1-47]과 같은 회로에서 단자 AB 사이의 합성 저항을 구하여라.

[그림 1-47]

풀이 왼쪽 $\triangle$ 결선을 등가인 Y 결선으로 변환시킬 때 각 변의 저항은 [그림 1-48]과 같이 $1\,\Omega$이 되므로

합성 저항 $R = 1 + \dfrac{6 \times 6}{6 + 6} = 1 + \dfrac{36}{12} = 4\,\Omega$이다.

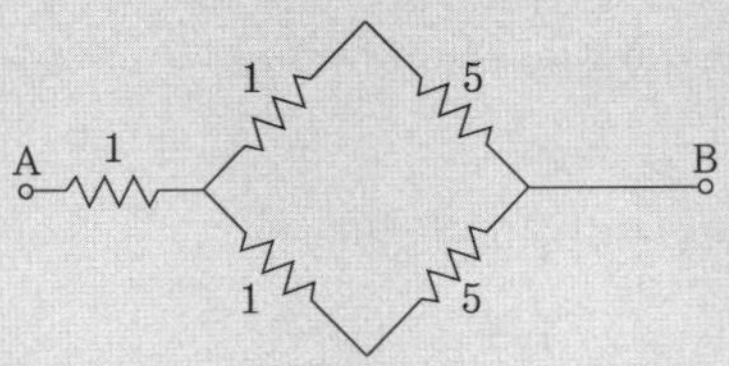

[그림 1-48]

6. 전류와 전압 및 저항의 측정

일반적으로 전류와 전압을 측정하는 데 있어 전류계는 직렬로 접속하고, 전압계는 병렬로 접속하여 사용한다. 전류계와 전압계의 측정 범위를 벗어나 측정할 수 없을 경우에 분류기와 배율기를 사용하며, 저항을 측정하는 데는 휘트스톤 브리지를 이용하고 있다.

6.1 ● 분류기

전류계의 측정 범위를 넓히기 위해 전류계와 병렬로 접속하는 저항기를 분류기(shunt)라고 한다.

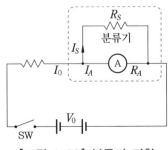

[그림 1-50] 분류기 저항

[그림 1–50]에서 전류계의 내부 저항을 $R_A[\Omega]$, 분류기의 저항을 $R_S[\Omega]$이라 하면, 전류계의 측정 범위를 확대할 수 있는 배율은 다음과 같이 구할 수 있다.

전류계에 흐르는 전류 I_A, 분류기에 흐르는 전류 I_S, 전체전류 I_0라고 할 때

$$I_A = \frac{R_S}{R_A + R_S} \times I_0 \quad\cdots\cdots (1\text{--}37)$$

이것을 정리하면 배율 m은 다음과 같다.

$$m = \frac{I_0}{I_A} = \frac{R_A + R_S}{R_S} = 1 + \frac{R_A}{R_S} \quad\cdots\cdots (1\text{--}38)$$

$$\therefore R_S = \frac{R_A}{m-1}[\Omega] \quad\cdots\cdots (1\text{--}39)$$

Q 예제 **1.21**

20 mA까지 측정할 수 있는 전류계에 10Ω의 분류기를 달았다. 최대 몇 mA까지 측정할 수 있는가? (단, 전류계의 내부 저항은 20Ω이다.)

풀이 배율 $m = \dfrac{I_0}{I_A} = \dfrac{R_A + R_S}{R_S} = \dfrac{20 + 10}{10} = 3$

그러므로 $I_0 = mI_A = 3 \times 20 = 60$ mA

6.2 ◦ 배율기

전압계의 측정 범위를 넓히기 위해 전압계에 직렬로 접속하는 저항기를 배율기 (multiplier)라 한다.

[그림 1–51]에서 전압계의 내부 저항 $R_V[\Omega]$, 배율기의 저항 $R_m[\Omega]$이라 하면, 전압계의 측정 범위를 확대할 수 있는 배율은 다음과 같이 구할 수 있다.

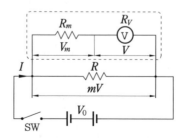

[그림 1–51] 배율기 저항

전압계의 측정 전압 V, 배율기의 전압강하 V_m, 전체전압 V_0와의 관계를 구하면 다음과 같다.

$$V_0 = V + V_m = R_V I + R_m I, \quad V = R_V I \quad \cdots\cdots\cdots\cdots (1\text{-}40)$$

이를 정리하면 배율 m은 다음과 같다.

$$m = \frac{V_0}{V} = \frac{I(R_V + R_m)}{IR_V} = \frac{R_V + R_m}{R_V} = 1 + \frac{R_m}{R_V} \quad \cdots\cdots\cdots (1\text{-}41)$$

$$\therefore \ R_m = (m-1)R_V \, [\Omega] \quad \cdots\cdots\cdots\cdots\cdots\cdots\cdots\cdots (1\text{-}42)$$

Q 예제 1.22

100 V의 전압계로 300 V의 전압을 측정하려면 몇 $k\Omega$의 저항을 외부에 접속하여야 하는가? (단, 전압계의 내부 저항은 $10\,k\Omega$이다.)

풀이 $m = \dfrac{V_0}{V} = \dfrac{300}{100} = 3$이므로

$$\therefore \ R_m = (m-1)R_V = (3-1) \times 10{,}000 = 20{,}000 = 20\,k\Omega$$

7. 전력과 전력량

7.1 ○ 전력

전기가 하는 일을 전기에너지라고 하는데 단위시간, 즉 1초(s) 동안에 변환 또는 전송되는 전기에너지를 전력(electric power)이라 한다. 기호로는 P로 나타내고, 단위는 와트(watt, [W])를 사용한다.

변환되는 에너지 $W[\mathrm{J}]$가 시간적으로 일정할 때 전력 P는

$$P = \frac{W[\mathrm{J}]}{t[\mathrm{s}]} \, [\mathrm{W}] \quad \cdots\cdots\cdots\cdots\cdots\cdots\cdots\cdots\cdots (1\text{-}43)$$

1 W는 1 s 동안에 변환되거나 전송되는 에너지가 1 J(joule)일 때의 전력을 말한다. 식 (1-43)으로부터

$$V = \frac{W[\text{J}]}{Q[\text{C}]}\,[\text{V}], \quad W = VQ[\text{J}] \quad\text{(1-44)}$$

$$I = \frac{Q[\text{C}]}{t[\text{s}]}\,[\text{A}], \quad Q = It[\text{C}] \quad\text{(1-45)}$$

$$P = \frac{W}{t} = \frac{VQ}{t} = VI[\text{W}] \quad\text{(1-46)}$$

식 (1-46)에서 옴의 법칙을 적용하면 다음의 관계식이 성립한다.

$$P = VI = \frac{V^2}{R} = I^2 R[\text{W}] \quad\text{(1-47)}$$

단위시간의 전기에너지를 전력이라 한다면 단위시간의 기계에너지를 동력 또는 공률이라 한다.

단위로는 마력(horse power, [HP])이 사용되며 전력과의 관계는 다음과 같다.

$$1\text{HP} = 746\ \text{W} \quad\text{(1-48)}$$

Q 예제 1.23

50 Ω인 저항에 100 V의 전압을 가했을 때 이 저항에서 소비되는 전력은 얼마인가?

풀이 $P = \dfrac{V^2}{R} = \dfrac{100^2}{50} = 200\ \text{W}$

Q 예제 1.24

100 V, 500 W의 가정용 전열기를 90 V에서 사용하면 소비전력(W)은 얼마인가?

풀이 100 V일 때 유입 전류는

$$I = \frac{P}{V} = \frac{500}{100} = 5\ \text{A}$$

이때의 저항 $R = \dfrac{V}{I} = \dfrac{100}{5} = 20\ \Omega$

따라서 90 V일 때 전류 $I' = \dfrac{V}{R} = \dfrac{90}{20} = 4.5\ \text{A}$

이때 소비전력은 $I^2 R = 4.5^2 \times 20 = 405\ \text{W}$

별해 부하 저항에서의 소비전력은 공급 전압의 제곱에 비례한다.

$$P_1 : P_2 = V_1^2 : V_2^2 \text{ 에서}$$

$$P_{90} = 500 \times \left(\frac{90}{100}\right)^2 = 500 \times 0.81 = 405\ \text{W}$$

Q **예제** **1.25**

100 V용 200 W 전구와 100 V용 100 W 전구를 [그림 1-52]와 같이 직렬로 접속하여 200 V의 전압을 가하면 두 전구 중 어느 전구가 밝은가?

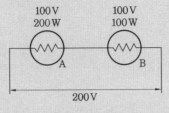

100 V
200 W

100 V
100 W

A   B

200 V

[그림 1-52]

풀이 200 W 및 100 W 전구의 점등 시 필라멘트 저항 R_1, R_2는

$$R_1 = \frac{V^2}{P} = \frac{100^2}{200} = 50\ \Omega$$

$$R_2 = \frac{V^2}{P} = \frac{100^2}{100} = 100\ \Omega$$

두 전구를 직렬로 연결하여 200 V를 가했을 때 흐르는 전류 I는

$$I = \frac{V}{R_1 + R_2} = \frac{200}{50 + 100} = \frac{4}{3}\ \text{A}$$

따라서 200 W, 100 W 두 전구의 소비전력 P_1, P_2는

$$P_1 = I^2 R_1 = \left(\frac{4}{3}\right)^2 \times 50 = 89\ \text{W}$$

$$P_2 = I^2 R_2 = \left(\frac{4}{3}\right)^2 \times 100 = 178\ \text{W}$$

$$\therefore\ P_2 > P_1,\ \text{즉 100 W 전구가 더 밝다.}$$

7.2 전력량

단위시간 1 s 동안의 전기에너지를 전력이라고 하는 것에 대하여 어느 일정시간 동안의 전기에너지가 한일의 양을 전력량이라고 한다.

전력량 W는 전력 P[W]에 시간 t[s]의 곱으로 나타낸다.

$$W = Pt\,[\text{J}],\ [\text{W} \cdot \text{s}] \quad \cdots\cdots\cdots\cdots\cdots\cdots\cdots\cdots\cdots\cdots\cdots\cdots (1\text{-}49)$$

전력량의 단위는 줄(joule, 기호 J 보다는 W · s를 많이 사용하며 실용단위로는 Wh 또는 kWh로 사용되는데 이들의 관계식은 다음과 같다.

$$W = VIt = \frac{V^2}{R} \times t = I^2Rt \text{ [Wh]} \quad \cdots\cdots\cdots\cdots\cdots\cdots\cdots\cdots\cdots\cdots\cdots (1-50)$$

$$1 \text{ kWh} = 10^3 \text{ Wh} = 10^3 \times 3600 \text{ W} \cdot \text{s} = 3.6 \times 10^6 \text{ J} \quad \cdots\cdots\cdots\cdots\cdots (1-51)$$

Q 예제 ▶ 1.26

60 W의 전구 2개를 하루에 3시간씩 점등하여 20일간 사용하였다면, 이 전구가 소비한 전력량은 얼마인가?

풀이 $W = Pt = 60 \times 2 \times 3$시간 $\times 20$일 $= 7200 \text{ Wh} = 7.2 \text{ kWh}$

7.3 ● 전력의 측정

우리들의 일상생활 주변에는 전열기, 전등, 에어컨, 냉장고 등과 같은 전기 기구와 공장 등에서 사용하는 전동기와 같은 전기 기계 등이 있다. 이와 같은 전기 기구나 기계 장치 등에서 사용되는 전력을 측정하기 위해서는 일반적으로 전력계(power meter)를 사용하며, 전력계 대신에 전압계와 전류계를 이용하여 전력을 측정할 수도 있다.

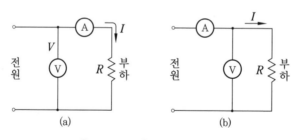

[그림 1-53] 전력의 측정

[그림 1-53]은 전압계와 전류계를 이용하여 전력을 측정하는 회로를 나타낸 것으로 전압계는 측정하고자 하는 부하와 병렬로 연결하고, 전류계는 측정하고자 하는 부하와 직렬로 연결한 후 전원을 투입하면 전압계, 전류계는 임의의 값을 지시한다.

이때 지시한 전압값과 전류값을 산술적으로 곱한 결과가 부하에서 소비된 전력의 크기를 나타내게 된다. 또한, 전력계를 사용하여 전력을 측정할 수 있으며 전력계를 연결할 때 전류 단자는 부하와 직렬로 연결하고 전압 단자는 부하와 병렬로 연결한다.

7.4 ◦ 최대 전력 전달(조건)

희망하는 성능을 회로가 발휘하기 위해서는 접속단(부하)에 최대치의 전력을 보내 주어야 한다. 전원은 고정되어 있고, 부하는 조절이 가능할 때 부하에 최대의 전력을 전달하는 방법에 대해 알아보자.

[그림 1-54]의 회로에서 부하 R_L에 최대 전력을 보내기 위해서는 $P=IV$로부터 최대 전류와 최대 전압이 부하에 공급되어야 한다.

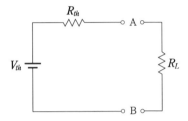

[그림 1-54] 테브난 등가회로

① 부하에 걸리는 전압을 구하면

$$V_L = \frac{R_L}{R_L + R_{th}} \, V_{th}$$

이 전압이 최대가 되려면 분수 부분이 1이 되어야 하므로 $R_L \gg R_{th}$이어야 한다. 가장 이상적인 경우는 R_L이 무한대(개방전압)인 경우이다.

② 부하에 흐르는 전류를 구하면

$$I_L = \frac{V_{th}}{R_L + R_{th}}$$

이 전류가 최대가 되려면 분수 부분이 최소가 되어야 하므로 $R_L \ll R_{th}$이어야 한다. 가장 이상적인 경우는 R_L이 0(단락 전류)인 경우이다.

③ 부하에 전달되는 전력은 ①의 조건과 ②의 조건을 모두 만족시키기 위해서는

$R_L = R_{th}$의 관계가 성립되어야 한다. $P = V_L I_L = \dfrac{R_L V_{th}^{\,2}}{(R_L + R_{th})^2}$이 최대가 되기 위해

서는 $R_L = R_{th}$(매칭 조건)이어야 한다.

이때 전력은,

$$P_{MAX} = \frac{V_{th}^2}{4R_L} = \frac{V_{th}^2}{4R_{th}}$$ .... (1-52)

매칭 조건, $R_L = R_{th}$ 일 때 최대 전력이 부하에 전달된다.

Q 예제 **1.27**

[그림 1-55] 회로에서 부하가 각각 0, 25, 50, 75, 100, 125 Ω일 때 부하전력을 구하여라.

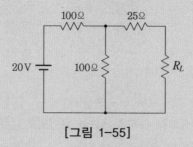

[그림 1-55]

풀이 [그림 1-55]의 회로를 테브난 등가회로로 변환시키면 [그림 1-56]의 회로가 된다.

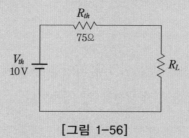

[그림 1-56]

① $R_L = 0$일 때 $P_L = V_L I_L = \dfrac{R_L V_{th}^2}{(R_L + R_{th})^2}$ 식으로부터 $P_L = 0$

② $R_L = 25\,\Omega$일 때 $P_L = V_L I_L = \dfrac{R_L V_{th}^2}{(R_L + R_{th})^2}$ 식으로부터 $P_L = 250\,\text{mW}$

③ $R_L = 50\,\Omega$일 때 $P_L = V_L I_L = \dfrac{R_L V_{th}^2}{(R_L + R_{th})^2}$ 식으로부터 $P_L = 320\,\text{mW}$

④ $R_L = 75\,\Omega$일 때 $P_L = V_L I_L = \dfrac{R_L V_{th}^2}{(R_L + R_{th})^2}$ 식으로부터 $P_L = 334\,\text{mW}$

⑤ $R_L = 100\,\Omega$일 때 $P_L = V_L I_L = \dfrac{R_L V_{th}^2}{(R_L + R_{th})^2}$ 식으로부터 $P_L = 326\,\text{mW}$

⑥ $R_L = 125\ \Omega$ 일 때 $P_L = V_L I_L = \dfrac{R_L V_{th}^2}{(R_L + R_{th})^2}$ 식으로부터 $P_L = 313\ \text{mW}$

이 P_L 값을 그래프로 도시하면 [그림 1-57]과 같다.

즉, $R_L = R_{th}$ 에서 최대 전력이 부하에 전달됨을 알 수 있다.

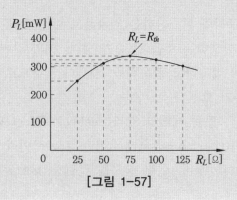

[그림 1-57]

7.5 ● 줄의 법칙

"도체에 흐르는 전류에 의하여 단위시간 내에 발생하는 열량은 도체의 저항과 전류의 제곱에 비례한다." 이것을 줄의 법칙(Joule's law)이라 하고 이때 발생한 열을 줄열이라고 한다.

따라서 저항 부하에 흐르는 전류를 $I[\text{A}]$, 저항을 $R[\Omega]$이라 하면 $t[\text{s}]$ 동안에 발생되는 열량 $H[\text{J}]$는 다음과 같이 나타낼 수 있다.

$$H = I^2 Rt = Pt\ [\text{J}] \quad \cdots\cdots\cdots\cdots\cdots\cdots\cdots\cdots\cdots\cdots\cdots\cdots\cdots (1\text{-}53)$$

열량의 단위로는 칼로리(calorie, [cal])를 사용하며, 1 cal의 열량은 4.18605 J에 상당하므로 전기에너지에 의한 발생 열량 H는 다음과 같이 된다.

$$H = \dfrac{I^2 Rt}{4.18605} \fallingdotseq 0.24\, I^2 Rt\ [\text{cal}] \quad \cdots\cdots\cdots\cdots\cdots\cdots\cdots\cdots (1\text{-}54)$$

Q 예제 1.28

1.5 kW의 전열기를 2시간 사용하였다. 이때 발생한 열량은 몇 kcal인가?

풀이 $H = 0.24\, Pt = 0.24 \times 1.5 \times 2 \times 3600 = 2592\ \text{kcal}$

8. 열과 전기

8.1 ◦ 제베크 효과

[그림 1-58]과 같이 구리와 콘스탄탄을 접속하고 다른 쪽에 전압계를 연결하여 접속부를 가열하면 전압이 발생하는 것을 알 수가 있다. 이와 같이 서로 다른 금속 A, B를 [그림 1-58(b)]와 같이 접속하고 접속점을 서로 다른 온도로 유지하면 기전력이 생겨 일정한 방향으로 전류가 흐른다.

이러한 현상을 열전효과 또는 제베크 효과(Seebeck effect)라 한다. 이 경우 발생하는 기전력을 열기전력(thermo-electromotive force)이라 하고 전류를 열전류(thermoelectric current)라 하며, 이런 장치를 열전쌍(thermoelectric couple) 또는 열전대라고 한다.

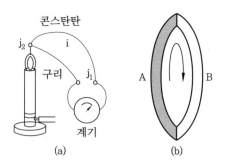

[그림 1-58] 제베크 효과

열전쌍의 접점에 임의의 금속 C를 넣어도 C와 두 금속의 접점온도가 같은 경우에는 회로의 열기전력은 변하지 않는다. 이것을 제3금속의 법칙이라고 한다.

열기전력의 크기가 온도에 따라 변화하는 성질을 이용하여 온도를 측정할 수 있는데 이것을 열전 온도계(thermoelectric thermometer)라 한다.

8.2 ◦ 펠티에 효과

[그림 1-59]와 같이 비스무트와 안티몬을 접속하고 [그림 1-59(a)]와 같은 방향으로 전류를 흘리면 C에서는 주위의 열을 흡수하는 현상이 생기고 A, B에서는 발열 현상이 나타난다. 또한 [그림 1-59(b)]와 같이 전류의 방향을 반대로 하면 C에서는 발열 현상

이 나타나고 A, B에서는 열의 흡수가 일어난다.

이와 같은 장치는 전기에너지를 열에너지로 변환하는 것이 아니고, 전기에너지를 이용하여 열을 한 쪽에서 다른 쪽으로 이동시키는 것이다.

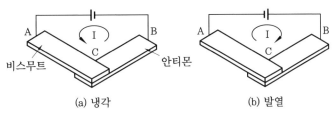

[그림 1-59] 펠티에 효과

이와 같이 서로 다른 두 종류의 금속을 접속하고 한 쪽 금속에서 다른 쪽 금속으로 전류를 흘리면 열의 발생 또는 흡수가 일어나는데 이 현상을 펠티에 효과(Peltier effect)라 한다.

효율은 좋지 못하지만 냉각, 가열 등의 자동 온도조절이 쉽기 때문에 재료 시험 등의 전자 냉열 장치나 소형 냉장고 등에 이용되고 있다.

8.3 ● 저항의 온도계수

도체는 온도가 올라가면 저항값이 같이 커지는 정저항(positive resistance) 온도계수를 가진다. 반면 반도체는 온도가 올라가면 저항값이 작아지는 부저항(negative resistance) 온도계수를 가진다. 전기히터는 온도가 올라가면 저항이 커져서 전기가 잘 흐르지 않게 되어 열로 변환되는 반면 반도체는 온도가 올라가면 저항이 줄어들어서 전기가 더욱더 잘 흐르게 된다.

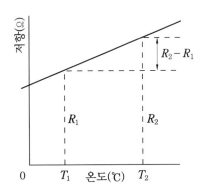

[그림 1-60] 금속의 온도에 따른 저항 변화

저항온도가 1℃ 올라갈 때 원래의 저항값에 대한 저항의 증가 비율을 저항의 온도계수(temperature coefficient)라고 한다. 어떤 금속 저항의 온도에 따른 저항값의 변화가 [그림 1-60]과 같을 때 저항의 온도계수가 일정하다면 저항의 온도에 따른 변화를 직선적으로 생각할 수 있다.

온도가 $T_1[℃]$에서의 저항을 R_1, $T_2[℃]$에서의 저항을 R_2, $T_1[℃]$에서의 저항의 온도계수를 α_1이라고 할 때, 온도의 변화에 따른 저항의 변화는 식 (1-55)와 같이 표현된다.

$$R_2 = R_1\{1 + \alpha_1(T_2 - T_1)\} \quad \text{···} \quad (1-55)$$

0℃일 때의 저항을 R_0, 온도계수를 α_0, $T[℃]$가 되었을 때 저항을 R_t라고 한다면, 식 (1-55)로부터 식 (1-56)을 얻을 수 있다.

$$R_t = R_0(1 + \alpha_0 T) \quad \text{···} \quad (1-56)$$

전기에서 주로 사용하는 구리의 경우 $\alpha_0 = 0.00427$이다.

Q 예제 1.29

0℃의 저항이 18.4 Ω인 연동선은 43℃에서의 저항은 얼마인가?

풀이 $R_t = R_0(1 + \alpha_0 T) = 18.4\left(1 + \dfrac{1}{234.5} \times 43\right) ≒ 21.8 \text{ Ω}$

익·힘·문·제

1. 5 V의 기전력으로 600 C의 전기량이 이동할 때 몇 J의 일을 하는가?

2. 10 Ω의 저항을 200 V의 전원에 접속하여 2.5 A의 전류가 흐르도록 하려면, 몇 Ω의 저항을 직렬로 삽입하여야 하는가?

3. 두 개의 저항을 직렬로 연결하여 30 V의 전압을 가하였더니 6 A의 전류가 흐르고 병렬로 연결하여 동일한 전압을 가하였더니 25 A의 전류가 흘렀다고 한다. 이 두 저항의 값을 구하면 얼마인가?

4. 200 V의 전압을 가하니 20 A의 전류가 흐르는 전열기가 있다. 이 전열기에 90 V의 전압을 가할 때 흐르는 전류는 얼마인가?

5. 기전력 18 V, 내부 저항 0.5 Ω의 전지에 8.5 Ω의 저항을 접속하였다. 이때 회로에 흐르는 전류와 부하에 걸리는 단자 전압은 얼마인가?

6. 어떤 전지에 2 A의 전류를 흘렸더니 단자 전압이 1.4 V가 되었다. 3 A의 전류를 흘렸더니 1.1 V가 되었다. 전지의 기전력과 내부 저항을 구하여라.

7. [그림 1-60]과 같은 회로에서 전 전류 I[A]의 값은 얼마인가?

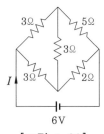

[그림 1-60]

8. 100 V, 100 W의 전구 2개를 같은 전압에서 직렬로 접속한 경우와 병렬로 접속한 경우의 전력은 각각 얼마인가?

9. 100 W의 형광등 4개를 5시간, 300 W의 TV 2대를 3시간, 500 W의 전열기를 1시간 사용하면 전 전력량은 얼마인가?

10. 100 W의 전구 8개, 60 W의 전구 5개, 1 kW의 전열기를 5개 시설한 수용가에서 매일 전등을 8시간, 전열기를 3시간 사용하면 20일간 사용한 전력량(kWh)은 얼마인가?

11. [그림 1-61]과 같이 r[Ω]인 도체 12개를 연결하여 만든 회로의 합성 저항(Ω)은 얼마인가?

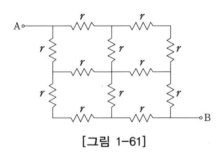

[그림 1-61]

12. 20℃에서 저항이 10 Ω인 구리선이 있다. 85℃에서의 저항은 얼마인가?(단, 20℃에 있어서 구리의 저항 온도계수는 0.004이다.)

13. 구리선을 사용한 코일의 저항이 0℃에서 100 Ω이었다. 이 코일에 전류를 흘리니 코일의 온도가 상승하여 코일의 저항이 108 Ω이 되었다면 이때 구리선의 온도는 얼마인가?(단, 0℃에서 구리의 저항 온도계수는 0.004이다.)

제2장

벡터

1. 물질의 단위

1.1 단위

단위(unit)는 어떤 양을 정량적으로 다루는데 있어 이에 대한 기준량을 정하고 이와 비교하므로 그 현상의 크기를 수량적으로 표시하는 것을 말한다.

① 물리적 구성 : 길이(lingth), 질량(mass), 시간(time) 등으로 구성되어 있으며 이 구성요소를 그 단위의 차원(dimension)이라 한다.

② MKS 단위계 : 길이, 시간, 질량의 단위로는 m(meter), kg(killogram), s(second) 가 사용된다.

열량의 단위(cal)는 $1\,kg$, 즉 $1\,litter = 10^3\,cm^3$ 순수한 물을 $1℃$ 상승시키는데 필요한 열량으로 일의 단위 J과 비교하면 $1\,cal = 4200\,J$, $1\,kcal = 4.2\,kJ$ 혹은 $1\,J = 0.24\,cal$이다.

따라서 $1\,kW$의 전력이 $1\,h$에 연속적으로 행한 일인 전력량(kWh)과 열량(cal) 사이에는 $1\,kWh = 3.6 \times 10^6 \times \dfrac{1}{4200} = 860\,cal$가 사용된다.

1.2 MKS 단위계

① CGS 단위계 : 속도, 가속도가 $1\,cm \cdot s^{-1}$, $1\,cm \cdot s^{-2}$이고, 힘이 $1\,g \cdot cm \cdot s^{-2} = 1\,dyne$

② MKS 단위계 : 속도, 가속도가 $1\,m \cdot s^{-1}$, $1\,m \cdot s^{-2}$이고, 힘이 $1\,kg \cdot m \cdot s^{-2} = 1\,newton$

$$1\,N = 1000\,g \times 100\,cm \times s^{-2} = 10^5\,dyne$$

$$1\,J = 1\,N \times 1\,m = 10^5\,dyne \times 10^2\,cm = 10^7\,erg$$

③ 공률(power) : 단위시간에 행한 일로서 여러 가지 능력을 비교하는 일의 속도

④ 마력(horse power) : 공률의 단위로서 $1\,HP = 746\,W$이다.

Q 예제 2.1

800 W의 전기밥솥을 매일 30분씩 2회 사용하여 밥을 지을 때 1개월 간에 소비된 전력량을 구하여라.

풀이 $800\,W \times \dfrac{1}{2}h \times 2 \times 30$일 $= 24\,kWh$

Q 예제 2.2

사람이 매일 음식에서 섭취하는 열량을 2500 cal이라 할 때 이를 전력(W)으로 환산하면 얼마인가?

풀이 단위시간에 소비하는 에너지, 즉 전력은

$$P = \frac{2500 \times 4200}{24 \times 60 \times 60} \fallingdotseq 121\,J/s = W \fallingdotseq \frac{1}{6.2}HP$$

2. 벡터해석

물리량 가운데 수치와 단위만으로 그 물리량을 충분히 표현할 수 없는 양이 있는데 물체에 작용하는 힘 및 이동하는 물체의 속도가 그 예이다.

2.1 • 스칼라량과 벡터량

물리적인 현상을 표현하는데 있어 길이, 속력, 질량, 온도, 에너지, 체적, 전위, 전하, 시간, 각도 등과 같이 단순히 크기만으로 그 상태를 충분히 표현할 수 있는 양을 스칼라(scalar)량이라 하며, 변위, 속도, 가속도, 힘, 토크, 전계 및 자계 등과 같이 크

기와 동시에 방향을 표시해야 그 상태를 완전하게 표현할 수 있는 양을 벡터(vector)량
이라고 한다.

2.2 ◦ 벡터의 표시방법

벡터의 표시방법은 [그림 2-1]과 같이 선분의 길이와 화살표로 크기와 방향을 가리
키도록 하며, 문자로는 여러 가지로 나타내는데 주로 A, B 등과 같이 고딕체 문자를
많이 사용한다.

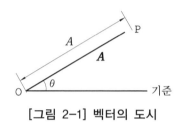

[그림 2-1] 벡터의 도시

[그림 2-1]과 같이 벡터 A는 기준방향에 대하여 θ의 각을 갖고 있으며 크기는 화살표
시의 선분길이로 표시하며, 점 O를 벡터 A의 시점, 점 P를 벡터 A의 종점이라고 한다.

그러므로 [그림 2-1]에서 나타낸 벡터량도 문자로 표시하면 크기는 A이고, 방향은
$\angle\theta$로 나타내며 벡터 A는 다음과 같이 나타낼 수 있다.

$$A = A \angle \theta \quad \cdots\cdots\cdots\cdots\cdots\cdots\cdots\cdots\cdots\cdots\cdots\cdots\cdots\cdots\cdots\cdots\cdots\cdots\cdots (2\text{-}1)$$

2.3 ◦ 단위벡터

앞서 설명한 바와 같이 벡터량은 크기와 방향을 갖고 있으며, 절대치가 1인 벡터를
특히 단위벡터(unit vector)라 하며 주로 방향표시에 이용된다.

벡터 A 방향의 단위벡터를 a라 하면, A는 크기 A와 a와의 적(積) $A = Aa$로 표시
되며,

$$a = \frac{A}{A} \quad \cdots\cdots\cdots\cdots\cdots\cdots\cdots\cdots\cdots\cdots\cdots\cdots\cdots\cdots\cdots\cdots\cdots\cdots\cdots\cdots (2\text{-}2)$$

A를 벡터 A의 a 방향의 성분(component)이라고 한다.

2.4 ○ 벡터의 성분

[그림 2-2]에서와 같이 x, y 평면상의 한 점 $A(A_x,\ A_y)$를 종점으로 하는 위치벡터 A는 x, y축의 방향 성분이 A_x, A_y이므로 각 축방향의 성분벡터는 각각 $A_x i$, $A_y j$이다. 따라서 벡터 A는

$$A = A_x i + A_y j \quad\cdots\cdots\cdots\cdots\cdots\cdots\cdots\cdots\cdots\cdots\cdots\cdots\cdots\cdots\cdots\cdots (2\text{-}3)$$

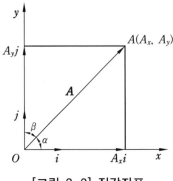

[그림 2-2] 직각좌표

벡터 A의 크기 A는 다음과 같다.

$$A = |A| = \sqrt{A_x^{\,2} + A_y^{\,2}} \quad\cdots\cdots\cdots\cdots\cdots\cdots\cdots\cdots\cdots\cdots\cdots\cdots\cdots (2\text{-}4)$$

벡터 A가 각 축 x, y와 이루는 각을 α, β라고 하면 방향여현은 다음과 같다.

$$l = \cos\alpha = \frac{A_x}{A}$$

$$m = \cos\beta = \frac{A_y}{A}$$

따라서 벡터 A의 단위벡터 a는 다음과 같다.

$$a = \frac{A}{A} = \frac{A}{|A|} = \frac{A_x}{A}i + \frac{A_y}{A}j = \cos\alpha\, i + \cos\beta\, j\,(\because\ \cos^2\alpha + \cos^2\beta = 1)$$

$$= li + mj\,(\because\ l^2 + m^2 = 1)$$

Q 예제 2.3

한 질점이 점 $A(3, -2)$[m]에서 점 $B(4, 3)$[m]까지 이동하였다. 이때 변위벡터와 단위벡터를 구하여라.

풀이 $A = 3i - 2j$, $B = 4i + 3j$

변위벡터 $C = B - A = (4i + 3j) - (3i - 2j) = (4-3)i + (3+2)j$이고 C와 c는 다음과 같다.

이동한 거리 C와 단위벡터 c는 다음과 같이 된다.

$$C = |C| = \sqrt{1^2 + 5^2} = \sqrt{26} \text{ m}$$

$$c = \frac{C}{C} = \frac{C}{|C|} = \frac{1}{\sqrt{26}}(i + 5j) = 0.196i + 0.98j$$

※ x, y축에 대한 각 α, β

$$\cos\alpha = \frac{C_x}{C} = \frac{1}{\sqrt{26}} = 0.196$$

$$\therefore \ \alpha = 789.7°$$

$$\cos\beta = \frac{C_y}{C} = \frac{5}{\sqrt{26}} = 0.981$$

$$\therefore \ \beta = 11.2°$$

2.5 ● 기본벡터

[그림 2-3]과 같이 벡터 A의 시점을 좌표의 원점으로 취하고 각 축의 성분을 A_x, A_y, A_z 및 x, y, z 축방향을 가리키며 크기가 1이 되는 단위벡터를 i, j, k라 하고 이를 특히 기본벡터(fundamental vector)라 한다.

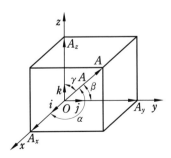

[그림 2-3] 직각좌표상의 단위벡터

이 경우 각 축방향의 관계는 x축에서 y축 방향으로 회전할 때, z축 방향으로 향하는 우수계(right hand system)를 원칙으로 한다.

따라서 x, y, z의 각 축방향 성분(A_x, A_y, A_z)을 갖는 단위벡터 $\boldsymbol{A}$는 각 축방향 성분벡터 iA_x, jA_y, kA_z의 합이 될 것이므로

$$\boldsymbol{A} = iA_x + jA_y + kA_z \quad \cdots\cdots\cdots\cdots\cdots\cdots\cdots\cdots\cdots (2\text{-}5)$$

로 주어지며 $\boldsymbol{A}$의 크기는

$$A = |\boldsymbol{A}| = \sqrt{A_x^2 + A_y^2 + A_z^2} \quad \cdots\cdots\cdots\cdots\cdots\cdots\cdots (2\text{-}6)$$

A의 방향여현 l, m, n은

$$\left.\begin{array}{l} l = \cos\alpha = \dfrac{A_x}{A} \\[2mm] m = \cos\beta = \dfrac{A_y}{A} \\[2mm] n = \cos\gamma = \dfrac{A_z}{A} \end{array}\right\} \quad \cdots\cdots\cdots\cdots\cdots\cdots (2\text{-}7)$$

로 주어진다.

여기서 α, β, γ는 벡터 $\boldsymbol{A}$가 x, y, z의 각축과 짓는 각이다.

$l^2 + m^2 + n^2 = \cos^2\alpha + \cos^2\beta + \cos^2\gamma = 1$의 관계를 갖는다.

Q 예제 2.4

어느 힘이 $F = 20i + 20j - 10k$[N]일 때, 힘의 크기, 방향여현, 단위벡터를 구하여라.

풀이 힘의 크기

$$F = \sqrt{F_x^2 + F_y^2 + F_z^2} = \sqrt{20^2 + 20^2 + 10^2} = \sqrt{900} = 30\,\text{N}$$

방향여현 $\cos\alpha = \dfrac{F_x}{F} = \dfrac{20}{30} = \dfrac{2}{3}$

$\cos\beta = \dfrac{F_y}{F} = \dfrac{20}{30} = \dfrac{2}{3}$

$\cos\gamma = \dfrac{F_z}{F} = \dfrac{10}{30} = \dfrac{1}{3}$

단위벡터 $f = \dfrac{\boldsymbol{F}}{F} = \dfrac{20i + 20j - 10k}{30} = \dfrac{2}{3}i + \dfrac{2}{3}j - \dfrac{1}{3}k$

3. 벡터의 계산

3.1 가감법

임의의 2벡터 A, B의 합은 [그림 2-4]에서와 같이 2벡터의 시점을 원점 O와 일치시킨 후 A, B를 양변으로 하는 평행사변형을 그렸을 때 대각선 C, 즉 $A+B=C$가 된다.

$$A+B=C \quad \text{(2-8)}$$

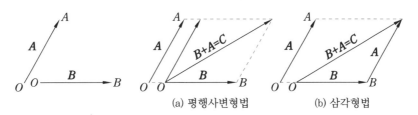

(a) 평행사변형법   (b) 삼각형법

[그림 2-4] 두 벡터의 합성

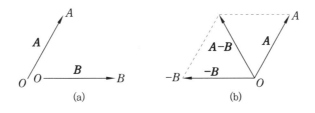

(a)   (b)

[그림 2-5] 두 벡터의 차

[그림 2-5]에서와 같이 두 벡터의 차는 A에 $-B$를 가한 것과 같으므로 A, B의 종점을 연결하는 대각선에 점 A로 향하는 화살표를 붙인 벡터 D가 된다.

$$A-B=A+(-B)=D \quad \text{(2-9)}$$

이러한 도시법을 평행사변형의 법칙이라 한다.

따라서 2벡터 A, B의 가감을 해석적으로 취급하면 $A=iA_x+jA_y+kA_z$, $B=iB_x+jB_y+kB_z$일 때

$$A\pm B=i(A_x \pm B_x)+j(A_y \pm B_y)+k(A_z \pm B_z) \quad \text{(2-10)}$$

로 되어 간단히 풀 수 있다.

Q 예제 2.5

원점으로부터 2개의 점 $a(2, 3, 4)$, $b(4, 5, 6)$를 향하는 벡터를 각각 A, B라고 할 때 $A + B$를 구하여라.

풀이 $A + B = (2i + 3j + 4k) + (4i + 5j + 6k)$

$\qquad = (2+4)i + (3+5)j + (4+6)k$

$\qquad = 6i + 8j + 10k$

3.2 ● 벡터의 곱

(1) 벡터의 내적(内積)

두 벡터 A, B의 크기를 A, B, 이들 사이의 각을 θ라 할 때, $AB\cos\theta$를 두 벡터의 내적(scalar product)이라 하며 다음과 같이 표시한다.

$$A \cdot B = (AB) = AB = AB\cos\theta \quad\cdots\cdots\cdots\cdots\cdots\cdots\cdots (2\text{-}11)$$

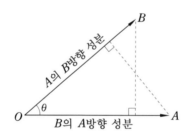

[그림 2-6] 벡터의 내적

예를 들면 질점이 힘 F의 작용하에 힘과 각 θ의 방향으로 l만큼 변위하였을 때, 힘이 행한 일은 F와 l의 내적으로 주어진다.

$W = Fl\cos\theta = F \cdot l$로 표시되며, 이 정의를 기본벡터에 적용하면

$$i \cdot i = j \cdot j = k \cdot k = 1$$

$$i \cdot j = j \cdot k = k \cdot i = 0 \quad\cdots\cdots\cdots\cdots\cdots\cdots\cdots (2\text{-}12)$$

가 되므로 두 벡터

$$A = iA_x + jA_y + kA_z$$

$$B = iB_x + jB_y + kB_z$$

라 하면 A, B의 내적은

$$A \cdot B = (iA_x + jA_y + kA_z) \cdot (iB_x + jB_y + kB_z)$$

$$= A_x B_x + A_y B_y + A_z B_z \quad \cdots\cdots\cdots\cdots\cdots\cdots\cdots\cdots\cdots\cdots\cdots\cdots\cdots (2\text{--}13)$$

로 된다.

Q 예제 2.6

질점이 점 $A(1, 2, 3)$[m]에서 점 $B(5, 3, 4)$[m]로 힘 $F = 5i + 6j + 7k$[N]에 의하여 이동되었을 때 한 일(J)은 얼마인가?

풀이 점 A, B의 위치벡터는 각각

$A = i + 2j + 3k$, $B = 5i + 3j + 4k$이므로

변위벡터 $l = B - A = 4i + j + k$가 된다.

따라서 한 일

$W = F \cdot l = (5i + 6j + 7k) \cdot (4i + j + k)$

$= 20 + 6 + 7 = 33$ J이다.

Q 예제 2.7

두 벡터 $A = 2i + j + 3k$와 $B = 4i - 2j + 4k$에서 A와 B가 서로 이루는 각을 구하여라.

풀이 $A \cdot B = AB\cos\theta$에서

$$\cos\theta = \frac{A \cdot B}{AB}$$

$$A \cdot B = 2 \times 4 + 1 \times (-2) + 3 \times 4 = 18$$

$$A = |A| = \sqrt{2^2 + 1^2 + 3^2} = \sqrt{14}$$

$$B = |B| = \sqrt{4^2 + (-2)^2 + 4^2} = 6$$이므로

$$\cos\theta = \frac{18}{6\sqrt{14}} = \frac{3}{\sqrt{14}}$$

$$\therefore \ \theta = \cos^{-1}\left(\frac{3}{\sqrt{14}}\right) = 36.7°$$

(2) 벡터의 외적(外積)

두 벡터 A, B를 곱함에 있어 A, B가 θ의 각을 이룰 때 $AB\sin\theta$를 그 크기로 하고, A에서 B로 회전할 때 바른 나사의 진행방향을 그 방향으로 삼는 벡터를 생각하여 이것을 A, B 두 벡터의 외적(vector product or outer product)이라 하며 다음과 같이 표시한다.

$$C = A \times B = [AB] \quad \cdots\cdots\cdots\cdots\cdots\cdots\cdots\cdots\cdots\cdots\cdots\cdots\cdots\cdots (2\text{-}14)$$

$$|C| = |A \times B| = AB\sin\theta \quad \cdots\cdots\cdots\cdots\cdots\cdots\cdots\cdots\cdots\cdots\cdots (2\text{-}15)$$

즉, C는 그 크기가 A, B 두 벡터가 만드는 평행사변형의 면적과 같고 A, B, C 3벡터는 우수계를 형성한다.

다음 A와 B를 곱하는 순서를 반대로 하여 $[BA]$로 하면 이는 정의에 의하여 $[AB]$와 그 크기는 같으나 방향이 정반대이다. 따라서 $[AB] = -[BA]$로 된다.

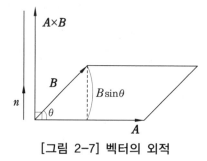

[그림 2-7] 벡터의 외적

이상의 정의를 기본벡터에 적용하면

$$i \times j = -j \times i = k$$

$$j \times k = -k \times j = i \quad \cdots\cdots\cdots\cdots\cdots\cdots\cdots\cdots\cdots\cdots\cdots\cdots (2\text{-}16)$$

$$k \times i = -i \times k = j$$

$$i \times i = j \times j = k \times k = 0 \quad \cdots\cdots\cdots\cdots\cdots\cdots\cdots\cdots\cdots (2\text{-}17)$$

가 되므로

$$
\begin{aligned}
A \times B &= (iA_x + jA_y + kA_z) \times (iB_x + jB_y + kB_z) \\
&= i(A_y B_z - A_z B_y) - j(A_z B_x - A_x B_z) - k(A_x B_y - A_y B_x) \\
&= \begin{vmatrix} i & j & k \\ A_x & A_y & A_z \\ B_x & B_y & B_z \end{vmatrix} \quad \cdots\cdots\cdots\cdots\cdots\cdots\cdots (2\text{-}18)
\end{aligned}
$$

로 표시된다.

Q 예제 2.8

식 (2-18)을 증명하라.

풀이 $A \times B = (iA_x + jA_y + kA_z) \times (iB_x + jB_y + kB_z)$

$= i \times jA_xB_y + j \times kA_xB_z + j \times iA_yB_x + j \times kA_yB_z + k \times iA_zB_x + k \times jA_zB_y$

$= i(A_yB_z - A_zB_y) + j(A_zB_x - A_xB_z) + k(A_xB_y - A_yB_x)$

$= \begin{vmatrix} i & j & k \\ A_x & A_y & A_z \\ B_x & B_y & B_z \end{vmatrix}$

Q 예제 2.9

두 벡터가 각각 $A = 2i + 3j - 5k$와 $B = i - 2j + 4k$일 때 외적 $A \times B$를 구하여라.

풀이 $A \times B = \begin{vmatrix} i & j & k \\ A_x & A_y & A_z \\ B_x & B_y & B_z \end{vmatrix} = \begin{vmatrix} i & j & k \\ 2 & 3 & -5 \\ 1 & -2 & 4 \end{vmatrix}$

$= i(12 - 10) + j(-5 - 8) + k(-4 - 3) = 2i - 13j - 7k$

Q 예제 2.10

점 $O(0, 0, 0)$, $A(3, 4, 1)$, $B(-2, 4, 3)$[m]를 3정점으로 하는 각형의 면적을 구하여라.

풀이 원점에 대한 2점 A, B의 위치벡터는 $A = 3i + 4j + k$[m], $B = -2i + 4j + 3k$[m]

이며, $A \times B = 8i - 11j + 20k$[m²], $|A \times B| = 24.2$ m²이므로, 삼각형의 면적은

$S = \dfrac{1}{2} |A \times B| = 12.1$ m²이다.

Q 예제 2.11

세 점 $A(3, 4, 6)$, $B(6, -4, 3)$, $C(5, 4, 0)$를 세 정점으로 하는 삼각형 ABC의 면적을 구하여라.

풀이 삼각형의 세 정점 A, B, C의 원점 O에 대한 위치벡터는 각각 $\overrightarrow{OA} = 3i + 4j + 6k$,

$\overrightarrow{OB} = 6i - 4j + 3k$, $\overrightarrow{OC} = 5i + 4j$이므로

변위벡터는 $\overrightarrow{AB} = \overrightarrow{OB} - \overrightarrow{OA} = 3i - 8j - 3k$

$$\overrightarrow{AC} = \overrightarrow{OC} - \overrightarrow{OA} = 2i - 6k \text{가 되므로}$$

$$\text{면적 } S = \frac{1}{2}|\overrightarrow{AB} \times \overrightarrow{AC}| = \frac{1}{2}\begin{vmatrix} i & j & k \\ 3 & -8 & -3 \\ 2 & 0 & -6 \end{vmatrix}$$

$$= \frac{1}{2}|48i + 12j + 16k| = \frac{1}{2}\sqrt{48^2 + 12^2 + 16^2} = 26$$

4. 벡터의 미분연산

4.1 ○ 기울기

[그림 2-8]에서 V를 좌표 $P(x, y, z)$에 의해서 결정되는 스칼라량이라고 하며 P점의 좌표 $P(x, y, z)$에 있어서의 값을 $V(x, y, z)$라 하면 dl만큼 변위에 대한 V의 변화는

$$dV = \frac{\partial V}{\partial x}dx + \frac{\partial V}{\partial y}dy + \frac{\partial V}{\partial z}dz \quad \cdots\cdots (2-19)$$

이다.

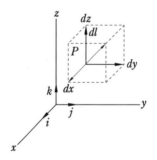

[그림 2-8] 벡터의 증분변화

여기서 $dl = idx + jdy + kdz$이므로

$$dV = \left(i\frac{\partial V}{\partial x} + j\frac{\partial V}{\partial y} + k\frac{\partial V}{\partial z}\right) \cdot (idx + jdy + kdz)$$

$$= \left(i\frac{\partial V}{\partial x} + j\frac{\partial V}{\partial y} + k\frac{\partial V}{\partial z}\right) \cdot dl \quad \cdots\cdots (2-20)$$

로 표시되고 식 (2-20)에서 $i\dfrac{\partial V}{\partial x}+j\dfrac{\partial V}{\partial y}+k\dfrac{\partial V}{\partial z}$를 점 P에 대한 V의 기울기(구배 : gradient)라고 하며

$$\nabla=i\frac{\partial V}{\partial x}+j\frac{\partial V}{\partial y}+k\frac{\partial V}{\partial z} \qquad\cdots\cdots (2\text{-}21)$$

로 나타낸다. ∇를 미분 연산자라고 하며 나블라(nabla) 또는 델(del)로 읽는다.

공간영역 내의 한 점$(x,\ y,\ z)$에 대한 스칼라 함수 $V(x,\ y,\ z)$의 미분으로 이루어지는 V의 기울기를 ∇V라고 하면

$$\nabla V= \text{grad } V=i\frac{\partial}{\partial x}+j\frac{\partial}{\partial y}+k\frac{\partial}{\partial z} \qquad\cdots\cdots (2\text{-}22)$$

이다.

여기서, V는 스칼라량이지만, ∇V는 벡터량이다.

Q 예제 2.12

스칼라 함수 $V=\dfrac{1}{2}x^2yz^4$일 때 점 $P(2,\ 2,\ 1)$에서의 기울기를 구하여라.

풀이 스칼라 함수 V의 기울기는 $\text{grad } V=\nabla V$이고 기울기의 연산은

$$\nabla V=\left(\frac{\partial}{\partial x}i+\frac{\partial}{\partial y}j+\frac{\partial}{\partial z}k\right)\left(\frac{1}{2}x^2yz^4\right)$$

$$=\frac{\partial}{\partial x}\left(\frac{1}{2}x^2yz^4\right)i+\frac{\partial}{\partial y}\left(\frac{1}{2}x^2yz^4\right)j+\frac{\partial}{\partial z}\left(\frac{1}{2}x^2yz^4\right)k$$

$$=(xyz^4)i+\left(\frac{1}{2}x^2z^4\right)j+(2x^2yz^3)k \text{에서 점 } (2,\ 2,\ 1)\text{을 대입하면}$$

$$=4i+2j+16k$$

4.2 ● 벡터의 발산(divergence)

미분연산자 ∇와 임의의 벡터 $\boldsymbol{E}=E_x i+E_y j+E_z k$와의 스칼라적은 다음과 같다.

$$\nabla V=\left(i\frac{\partial V}{\partial x}+j\frac{\partial V}{\partial y}+k\frac{\partial V}{\partial z}\right)\cdot\left(E_x i+E_y j+E_z k\right)$$

$$=\frac{\partial E_x}{\partial x}+\frac{\partial E_y}{\partial y}+\frac{\partial E_z}{\partial z} \qquad\cdots\cdots (2\text{-}23)$$

가 된다.

이 관계식은 벡터 E방향으로 그려진 단위체적에서 발산하는 선속수의 물리적 의미를 가지므로 $\nabla \cdot E = \mathrm{div}\,E$로 표시한다.

$\mathrm{div}\,E$의 물리적 의미에 대한 수학적 정의는 다음과 같다.

$$\mathrm{div}\,E = \lim_{\Delta v \to 0} \frac{\oint_s E \cdot n\,dS}{\Delta v} = \lim_{\Delta v \to 0} \frac{\oint_s E \cdot dS}{\Delta v} \quad \cdots\cdots\cdots (2\text{-}24)$$

여기서, n은 폐곡면상의 외향 법선벡터이고, $\oint_s E\,dS$는 폐곡면 S를 통하여 나가는 전기력선의 총수이며 Δv는 폐곡면 S 내의 미소부피이다.

$\mathrm{div}\,E$는 공간 전하 분포에서 발산되는 전기력선의 수를 계산하는 데 이용된다.

Q 예제 2.13

벡터 $A = x^2 i + y^2 j + z^2 k$일 때 점 $P(1,\ 2,\ 3)$에서의 발산을 구하여라.

풀이 $\mathrm{div}\,E = \nabla \cdot E$에서

$$\nabla \cdot E = \left(\frac{\partial}{\partial x}i + \frac{\partial}{\partial y}j + \frac{\partial}{\partial z}k \right) \cdot \left(x^2 i + y^2 j + z^2 k \right)$$

$$= \frac{\partial}{\partial x}(x^2) + \frac{\partial}{\partial y}(y^2) + \frac{\partial}{\partial z}(z^2) = 2x + 2y + 2z \text{에서 점 } (1,\ 2,\ 3)\text{을 대입하면}$$

$$= 2 \times 1 + 2 \times 2 + 2 \times 3 = 12$$

4.3 ○ 벡터의 회전(rotation, curl)

미분연산자 ∇와 임의의 벡터 $H = H_x i + H_y j + H_z k$와의 벡터적은

$$\nabla \times H = \left(\frac{\partial}{\partial x}i + \frac{\partial}{\partial y}j + \frac{\partial}{\partial z}k \right) \times \left(H_x i + H_y j + H_z k \right)$$

$$= \left(\frac{\partial H_z}{\partial y} - \frac{\partial H_y}{\partial z} \right)i + \left(\frac{\partial H_x}{\partial z} - \frac{\partial H_z}{\partial x} \right)j + \left(\frac{\partial H_y}{\partial x} - \frac{\partial H_x}{\partial y} \right)k$$

$$= \begin{vmatrix} i & j & k \\ \dfrac{\partial}{\partial x} & \dfrac{\partial}{\partial y} & \dfrac{\partial}{\partial z} \\ H_x & H_y & H_z \end{vmatrix} \quad \cdots\cdots\cdots (2\text{-}25)$$

이것은 H방향으로 그려진 자기력선이 전류 주위를 회전하고 있는 물리적 의미를 가지

므로 $\nabla \times H =$ rot $H =$ curl H로 표시하고 ∇ 대신에 rot 또는 curl을 사용하기도 한다.

수학적 정의는 다음과 같이

$$\text{rot } H = \lim_{\Delta v \to 0} \frac{\oint_c H \cdot dl}{\Delta S} \quad \text{\dotfill (2-26)}$$

로 주어진다.

여기서 $\oint_c H \cdot dl$은 미소면적 ΔS의 주변 c에 대한 H의 선적분이며 오른나사의 진행 방향으로 회전하면서 진행하는 벡터의 변화량이다.

rot H는 전류에 의한 자기력선이 전류를 중심으로 회전하는 양을 수식화하는 데 이용된다.

Q 예제 2.14

벡터 $A = xyi + yzj + zxk$일 때 점 $P(1, 2, 3)$에서의 회전을 구하여라.

풀이 rot $A = \nabla \times A$이므로

$$\nabla \times A = \left(\frac{\partial}{\partial x} i + \frac{\partial}{\partial y} j + \frac{\partial}{\partial z} k \right) \times (xyi + yzj + zxk)$$

$$= \begin{vmatrix} i & j & k \\ \frac{\partial}{\partial x} & \frac{\partial}{\partial y} & \frac{\partial}{\partial z} \\ A_x & A_y & A_z \end{vmatrix}$$

$$= -yi - zj - xk \text{에서 점 } (1, 2, 3)\text{을 대입하면}$$

$$= -2i - 3j - k$$

4.4 ○ 라플라시안(Laplacian)

스칼라 함수 $V(x, y, z)$에 2중 미분연산 $\nabla \cdot \nabla$을 취하면

$$\nabla \cdot \nabla = \left(\frac{\partial}{\partial x} i + \frac{\partial}{\partial y} j + \frac{\partial}{\partial z} k \right) \cdot \left(\frac{\partial}{\partial x} i + \frac{\partial}{\partial y} j + \frac{\partial}{\partial z} k \right) V$$

$$= \frac{\partial^2 V}{\partial x^2} + \frac{\partial^2 V}{\partial y^2} + \frac{\partial^2 V}{\partial z^2} = \nabla^2 V \quad \text{\dotfill (2-27)}$$

가 된다.

$\nabla \cdot \nabla$ 대신에 div grad를 사용하기도 한다. 여기서 ∇^2은 라플라시안이라 하며, $\triangle$로도 표시한다.

$$\nabla \cdot \nabla = \nabla^2 = \frac{\partial^2}{\partial x^2} + \frac{\partial^2}{\partial y^2} + \frac{\partial^2}{\partial z^2} \quad \dots\dots\dots\dots\dots\dots\dots\dots (2\text{-}28)$$

로 나타낸다.

라플라시안은 공간전하 분포에 의한 전위를 계산하는 데 이용된다.

Q 예제 2.15

스칼라 함수 $\phi = 2x^3 y^2 z^4$일 때 div grad ϕ를 구하여라.

풀이 div grad $\phi = \nabla \cdot \nabla = \nabla^2$이므로

$$\nabla^2 \phi = \frac{\partial^2}{\partial x^2}(2x^3 y^2 z^4) + \frac{\partial^2}{\partial y^2}(2x^3 y^2 z^4) + \frac{\partial^2}{\partial z^2}(2x^3 y^2 z^4)$$

$$= 12xy^2 z^4 + 4x^3 z^4 + 24x^3 y^2 z^2$$

이 관계식은 자속밀도의 연속성을 해석하는 데 이용된다.

익·힘·문·제

1. 벡터 $A = 3i + 4j + 5k$일 때, 벡터 A의 크기와 단위벡터를 구하여라.

2. $A = 3i + 2j - k$, $B = 2i - 4j + 2k$일 때 $A + B$의 크기를 구하여라.

3. 원점으로부터 2개의 점 $A(2,\ 3,\ 4)$, $B(4,\ 5,\ 6)$에 향하는 벡터를 각각 A, B라 할 때 $A + B$와 $A - B$를 구하여라.

4. 한 질점이 점 $A(3,\ -2)$[m]에서 점 $B(4,\ 3)$[m]까지 이동하였다. 이때 변위벡터와 단위벡터를 구하여라.

5. $A = 2i + 3j + 4k$, $B = 4i + 5j + 6k$일 때 $A \times B$를 구하여라.

6. 힘 $F = 5i + 3j - 2k$[N]에 의해 물체가 점 $P(2,\ -2,\ 0)$[m]에서 점 $Q(4,\ 0,\ 2)$[m]로 이동하였을 때의 일을 구하여라.

7. 두 벡터 $A = A_x i + 2j + 3k$, $B = 3i - 3j + k$가 서로 직교할 때 A_x를 구하여라.

8. $A = -7i - j$, $B = -3i - 4j$의 두 벡터가 이루는 각을 구하여라.

9. 어떤 물체에 $F_1 = -3i + 4j - 5k$와 $F_2 = 6i + 3j - 2k$의 힘이 작용하고 있다. 이 물체에 F_3를 가했을 때, 세 힘이 평형이 되기 위한 F_3를 구하여라.

10. 한 물체가 점 $A(1, -2, 3)$[m]에서 $B(5, 3, -4)$[m]까지 힘 $\boldsymbol{F} = i + j + k$[N]에 의해 이동되었을 때의 일을 구하여라.

11. 두 점 $A(4, -2, 1)$, $B(-2, 1, 4)$가 있다. 점 A에서 점 B로 향하는 변위벡터 및 A와 B 사이의 거리를 구하여라.

12. 스칼라 함수 $V = \dfrac{1}{2}x^2yz^4$일 때 점 $P(2, 2, 1)$에서의 기울기를 구하여라.

13. 벡터 $\boldsymbol{A} = x^2i + y^2j + z^2k$일 때 점 $(1, 2, 3)$에서의 발산을 구하여라.

14. div rot $\boldsymbol{A} = 0$임을 증명하여라.

15. 벡터 $\boldsymbol{A}$가 xyz의 위치 함수일 때 div grad $\boldsymbol{A} = 0$임을 증명하여라.

정전기

1. 정전기의 성질

1.1 정전기의 발생

유리 막대를 비단 천으로 문지르면 유리 막대는 작은 종이 조각이나 털과 같은 가벼운 물체를 끌어당기는데 이는 마찰에 의해서 유리 막대에 정전기가 발생했기 때문이다. 마찰에 의해 발생되는 전기의 종류는 마찰하는 물질의 종류에 따라 달라진다. 즉, 다음 계열 중 임의의 두 종류를 마찰하면 앞 쪽에서는 양(+)의 전기가 뒤쪽에서는 음(−)의 전기가 발생한다.

모피, 유리, 운모, 비단, 면, 목재, 호박, 수지, 금속, 황, 셀룰로이드 순으로 배열했을 때 이를 마찰 전기 계열(tribo electric series)이라 하며, 이 계열의 순서는 온도, 습도 등의 영향을 받아 변할 수 있다.

1.2 정전력

겹쳐있는 폴리에틸렌이나 비닐을 한 장씩 떼어낼 때 서로 흡착하여 잘 떨어지지 않는 것을 볼 수 있는데 이것은 음, 양의 전하가 대전되어 있기 때문에 생기는 현상으로서 정전기에 의하여 작용하는 힘 때문에 생기는 것으로 이와 같은 힘을 정전력(electrostatic force)이라고 한다.

정전력에 의하여 작용하는 힘의 방향은 동종의 전하 사이에는 반발력이 작용하고 이종의 전하 사이에는 흡인력이 작용한다.

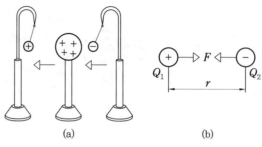

[그림 3-1] 정전력

정전력의 크기에 관하여 쿨롱은 다음과 같은 법칙을 발견하였다. 즉, 두 점전하 사이에 작용하는 정전력의 크기는 두전하의 곱에 비례하고 전하 사이의 거리의 제곱에 반비례한다.

이것을 정전력에 관한 쿨롱의 법칙(Coulomb's law)이라고 한다.

[그림 3-1(b)]와 같이 두 점전하 Q_1, Q_2[C]이 r[m] 떨어져 있을 때 진공 중에서의 정전력의 크기는 다음과 같다.

$$F = \frac{1}{4\pi\varepsilon_0} \frac{Q_1 Q_2}{r^2} \text{[N]} \quad \cdots\cdots (3-1)$$

여기서, ε_0를 진공 중의 유전율(dielectric constant)이라 하고, 단위는 [F/m]를 사용한다.

또 ε_0의 값은 8.855×10^{-12} F/m이다.

따라서 $\frac{1}{4\pi\epsilon_0} \fallingdotseq 9 \times 10^9$이 되므로 식 (3-1)은 다음과 같다.

$$F = 9 \times 10^9 \frac{Q_1 Q_2}{r^2} \text{[N]} \quad \cdots\cdots (3-2)$$

그리고 전하가 절연물 내에 있을 때의 정전력은 진공 중에 있을 때보다 약해진다. 이 때 절연물을 유전체(dielectric)라 하고 유전체 중의 정전력의 크기는 다음과 같다.

$$F = \frac{1}{4\pi\varepsilon_0\varepsilon_s} \times \frac{Q_1 Q_2}{r^2} = 9 \times 10^9 \frac{Q_1 Q_2}{\varepsilon_s r^2} \text{[N]} \quad \cdots\cdots (3-3)$$

여기서, ε_s를 비유전율(specific dielectric constant)이라 하고, 또 ε을 어떤 물체의 유전율이라 하면 다음과 같은 관계가 성립한다.

$$\varepsilon = \varepsilon_0\varepsilon_s \text{[F/m]} \quad \cdots\cdots (3-4)$$

Q 예제　3.1

공기 중에서 3×10^{-6}C인 점전하와 -4×10^{-6}C인 점전하가 $2\,\mathrm{m}$의 거리에 있을 때 두 전하 사이에 작용하는 힘을 구하여라.

풀이 $F = \dfrac{1}{4\pi\varepsilon_0\varepsilon_s} \cdot \dfrac{Q_1 Q_2}{r^2} = 9 \times 10^9 \dfrac{Q_1 Q_2}{\varepsilon_s r^2}\,[\mathrm{N}]$에서

$$F = 9 \times 10^9 \times \frac{3 \times 10^{-6} \times -4 \times 10^{-6}}{2^2} = -0.027\,\mathrm{N}$$

Q 예제　3.2

비유전율이 6인 물질의 유전율은 얼마인가?

풀이 $\varepsilon = \varepsilon_0\varepsilon_s = 8.855 \times 10^{-12} \times 6 = 53.13 \times 10^{-12}\,\mathrm{F/m}$

Q 예제　3.3

[그림 3-2]와 같이 $q_1 = 8\mu\mathrm{C}$, $q_2 = 4\mu\mathrm{C}$, $q_3 = 12\mu\mathrm{C}$의 정전하를 가진 작은 대전체가 공기 중에서 각각 A, B, C점의 직선상에 놓여 있다. B점의 전하 q_2에 작용하는 힘을 구하여라. (단, $r_{AB} = 2\,\mathrm{m}$, $r_{BC} = 3\,\mathrm{m}$이다.)

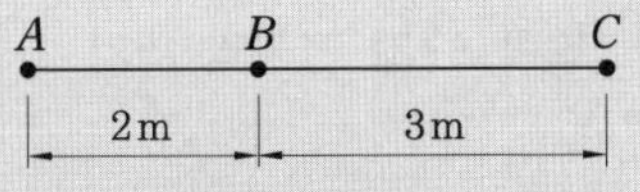

[그림 3-2]

풀이 B점의 전하 q_2가 A점의 전하 q_1에서 받는 힘을 F_{12}라고 할 때, $\varepsilon_s \fallingdotseq 1$이므로

$$F_{12} = \frac{1}{4\pi\varepsilon_0} \cdot \frac{q_1 \cdot q_2}{r_{AB}^2} = \frac{9 \times 10^9 \times 8 \times 10^{-6} \times 4 \times 10^{-6}}{2^2}$$

$$= 72 \times 10^{-3}\,\mathrm{N}\,(B \to C\ \text{방향})$$

B점의 전하 q_2가 C점의 전하 q_3에서 받는 힘을 F_{23}라고 할 때,

$$F_{23} = \frac{1}{4\pi\varepsilon_0} \cdot \frac{q_2 \cdot q_3}{r_{BC}^2} = \frac{9 \times 10^9 \times 4 \times 10^{-6} \times 12 \times 10^{-6}}{3^2}$$

$$= 48 \times 10^{-3}\,\mathrm{N}\,(B \to A\ \text{방향})$$

따라서 B점의 전하 q_2가 받는 힘 F_{12}와 F_{23}의 합력으로

$$F = F_{12} - F_{23} = (72 - 48) \times 10^{-3} = 24 \times 10^{-3}\,\mathrm{N}$$

$B \to C$ 방향으로 작용한다.

2. 전장과 전위

2.1 ◦ 전장

(1) 전장의 세기

어떤 대전체 근처에 다른 대전체를 놓으면 이 대전체에 정전력이 작용한다. 이와 같이 어떤 대전체에 의하여 정전력이 작용하는 공간을 전장(electric field)이라 한다.

또, 전장 내에 있는 전하에는 전장에 의한 힘이 작용하는데 이 힘의 크기와 방향을 표시한 것을 전장의 세기(intensity of electric field)라 한다. 즉, 전장 내에 이 전장의 크기에 영향을 미치지 않을 정도의 미소 전하를 놓았을 때 이 전하에 작용하는 힘의 방향을 전장의 방향으로 하고, 작용하는 힘의 크기를 단위 양전하 +1 C에 대한 힘의 크기로 환산한 것을 전장의 세기로 정한다. 그리고 전장의 세기의 단위는 V/m를 사용한다.

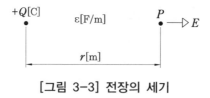

[그림 3-3] 전장의 세기

[그림 3-3]과 같이 유전율 ε의 유전체 내에 Q[C]의 점전하가 있을 때 이 점전하에서 r[m] 떨어진 점 P에 +1 C의 단위 양전하를 놓고 이것에 작용하는 힘을 구하면 식 (3-3)에서 다음과 같이 된다.

$$F = \frac{1}{4\pi\varepsilon_0\varepsilon_s} \cdot \frac{Q\times 1}{r^2} = \frac{Q}{4\pi\varepsilon_0\varepsilon_s r^2}$$

$$= 9\times 10^9 \frac{Q}{\varepsilon_s r^2} \text{ [N/C]} \quad \text{(3-5)}$$

따라서 Q[C]의 점전하에 의한 전장의 세기 E는 다음과 같이 된다.

$$E = \frac{Q}{4\pi\varepsilon_0\varepsilon_s r^2} = 9\times 10^9 \frac{Q}{\varepsilon_s r^2} \text{ [V/m]} \quad \text{(3-6)}$$

여기서, 전장의 방향은 정전력의 방향과 같다. 전장의 세기 E[V/m]의 장소에 있는 단위 양전하는 E[N/C]의 정전력을 받으므로 이 점에 Q[C]의 전하를 놓으면 이 전하가 받는 정전력은 다음과 같이 된다.

$$F = QE \text{[N]} \quad \text{(3-7)}$$

Q 예제 3.4

[그림 3-4]와 같이 진공 중에서 $\sqrt{2}$ m 거리에 3μC 및 -4μC 의 점전하를 놓았을 때 각각의 점전하로부터 다 같이 1 m 떨어진 점 P의 합성 전장의 세기를 구하여라.

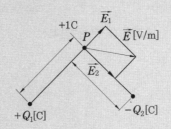

[그림 3-4] 두 점전하에 대한 전장의 세기

풀이 3μC에서 1 m 떨어진 점의 전장의 세기는

$$E_1 = 9 \times 10^9 \frac{3 \times 10^{-6}}{1^2} = 2.7 \times 10^4 \text{ V/m이고,}$$

-4μC에서 1 m 떨어진 점의 전장의 세기는

$$E_2 = 9 \times 10^9 \frac{-4 \times 10^{-6}}{1^2} = -3.6 \times 10^4 \text{ V/m이다.}$$

∴ 합성 전장이 세기는 $E = E_1 + E_2$이므로

$$E = \sqrt{E_1^2 + E_2^2} = \sqrt{(2.7 \times 10^4)^2 + (-3.6 \times 10^4)^2}$$
$$= 4.5 \times 10^4 \text{ V/m}$$

(2) 전기력선

전장에 의해 정전력이 작용하는 것을 설명하기 위해 전기력선(line of electric force)이라는 작용선을 가상하며 다음과 같은 전기력선의 성질을 나타낸다.

① 전기력선은 양전하의 표면에서 나와 음전하의 표면에서 끝난다.

② 전기력선의 접선방향이 그 점에서의 전장의 방향이다.

③ 전기력선은 수축하려는 성질이 있으며 같은 전기력선은 반발한다.

④ 전기력선에 수직한 단면적의 전기력선 밀도가 그 곳의 전장의 세기를 나타낸다.

⑤ 전기력선은 그 자신만으로는 폐곡선이 되는 일이 없다.

⑥ 전기력선은 도체의 표면에 수직으로 출입하며 도체 내부에는 전기력선이 없다.

⑦ 전기력선은 서로 교차하지 않는다.

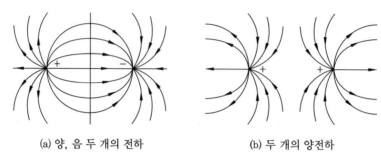

(a) 양, 음 두 개의 전하　　　　(b) 두 개의 양전하

[그림 3-5] 전기력선

3. 전속

Q[C]의 전하에 출입하는 전기력선의 총수는 유전체의 유전율에 따라 달라진다. 즉, 진공 중에서는 $\dfrac{Q}{\varepsilon_0}$개가 되고 유전율 ε_s의 유전체 중에서는 $\dfrac{Q}{\varepsilon_0\varepsilon_s}$개가 된다. 이와 달리 주위 매질의 종류에 관계없이 Q[C]의 전하에서 Q개의 역선이 나온다고 가상하여 이것을 전속(dielectric flux) 또는 유전속이라 하고 단위는 C를 사용한다.

3.1 ● 전속의 성질

① 전속은 양전하에서 나와 음전하에서 끝난다.

② 전속이 나오는 곳 또는 끝나는 곳에는 전속과 같은 전하가 있다.

③ 전속은 도체에 출입하는 경우 그 표면에 수직이 된다.

Q[C]의 점전하가 있으면, 점전하를 중심으로 반지름 r[m]의 구 표면을 Q[C]의 전속이 균일하게 분포하여 지나가므로 구 표면 $1\,\mathrm{m}^2$를 지나는 전속 D는 다음과 같다.

$$D = \frac{Q}{4\pi r^2}\,[\mathrm{C/m^2}]$$ .... (3-8)

여기서, D는 단위 면적을 지나는 전속이므로 전속밀도(dielectric flux density) 이다.

또, 전속밀도와 전장과의 관계는 구 표면의 전장의 세기 $E=\dfrac{Q}{4\pi\varepsilon r^2}$[V/m]이므로 다음과 같다.

$$D=\varepsilon E=\varepsilon_0\varepsilon_s E \quad\cdots\cdots\cdots\cdots\cdots\cdots\cdots\cdots\cdots\cdots\cdots\cdots\cdots\cdots\cdots\cdots\cdots\cdots\cdots\cdots\cdots (3\text{-}9)$$

Q 예제 3.5

진공 중에 놓여 있는 5 C의 점전하로부터 50 cm 떨어진 점에서의 전속밀도는 얼마인가?

풀이 $D=\dfrac{Q}{4\pi r^2}=\dfrac{5}{4\pi\times 0.5^2}=0.159\ \text{C/m}^2$

3.2 ◦ 콘덴서의 정전용량

콘덴서에 축적되는 전하 Q[C]는 전압 V[V]에 비례하는데, 그 비례상수를 C라 하면 식 (3-10)이 성립한다.

$$Q=CV\text{[C]} \quad\cdots\cdots\cdots\cdots\cdots\cdots\cdots\cdots\cdots\cdots\cdots\cdots\cdots\cdots\cdots\cdots\cdots\cdots\cdots\cdots\cdots (3\text{-}10)$$

여기서, C는 콘덴서의 모양과 절연물의 종류에 따라 정해지는 값으로, 콘덴서가 전하를 축적할 수 있는 능력을 표시하는 양인데, 이것을 정전용량(electrostatic capacity)이라고 하며, 단위는 패럿(farad, [F])을 사용한다. 즉, 1 V의 전압을 가하여 1 C의 전하를 축적하는 콘덴서의 정전용량은 1 F이다.

3.3 ◦ 정전에너지

[그림 3-6]에서 Q_1[C]의 전하가 콘덴서에 축적될 때 콘덴서 양단에 나타나는 전압이 V_1[V]라고 하면 삼각형 OS_1T_1의 면적, 즉 $\dfrac{1}{2}V_1Q_1$[J]이 콘덴서에 축적되는 에너지가 된다. 전압이 V_2[V]가 되면, $\dfrac{1}{2}V_2Q_2$[J]의 에너지가 축적된다.

일반적으로 전압 V[V]가 가해져서 Q[C]의 전하가 축적되어 있을 때 축적되는 에너지는 다음과 같다.

$$W = \frac{1}{2}QV = \frac{1}{2}CV^2 \text{[J]} \quad \cdots\cdots\cdots\cdots\cdots\cdots\cdots\cdots\cdots\cdots\cdots\cdots\cdots\cdots (3\text{--}11)$$

이 에너지 W가 콘덴서에 저장되는데, 이와 같이 콘덴서에 저장되는 에너지를 정전에너지(electrostatic energy)라고 한다.

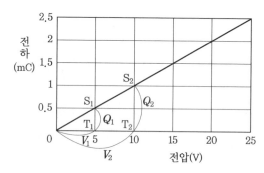

[그림 3-6] 전압과 전하의 관계

Q 예제 3.6

어떤 콘덴서에 100 V의 전압을 $10\mu s$ 동안 가했을 때 콘덴서에 흐르는 전류가 1 mA로 일정하다고 한다. 이 콘덴서에 축적된 에너지는 얼마인가?

풀이 콘덴서에 축적되는 전하량은

$$Q = It = 1 \times 10^{-3} \times 10 \times 10^{-6} = 10 \times 10^{-9} \text{C이므로}$$

$$W = \frac{1}{2}QV = \frac{1}{2} \times 10 \times 10^{-9} \times 100 = 0.5 \times 10^{-6} \text{J}$$

4. 콘덴서 접속법

4.1 ○ 콘덴서의 직렬접속

정전용량이 각각 C_1, C_2, C_3[F]인 콘덴서 3개를 [그림 3-7]과 같이 직렬로 접속하고 전압 V[V]를 가했을 때 전극 a에 $+Q$[C]의 전하가 대전 되었다면 정전유도에 의하여 전극 b에는 $-Q$[C]의 전하가 대전된다. 이와 같이 하여 전극 a, c, e에는 $+Q$ [C]의 전하가 대전되고 b, d, f에는 $-Q$[C]의 전하가 대전된다. 즉, 각 콘덴서에는 같은 양의 전하가 대전된다.

따라서 각 콘덴서에 가해지는 전압을 각각 V_1, V_2, V_3[V]라 하면 다음과 같다.

$$V_1 = \frac{Q}{C_1}[V], \quad V_2 = \frac{Q}{C_2}[V], \quad V_3 = \frac{Q}{C_3}[V] \quad \cdots\cdots (3-12)$$

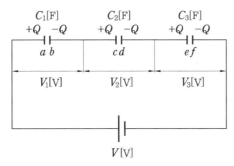

[그림 3-7] 콘덴서의 직렬접속

또, 각 콘덴서에 가해진 전압의 합은 전원 전압과 같으므로 다음과 같이 된다.

$$V = V_1 + V_2 + V_3 = \frac{Q}{C_1} + \frac{Q}{C_2} + \frac{Q}{C_3} = Q\left(\frac{1}{C_1} + \frac{1}{C_2} + \frac{1}{C_3}\right) \quad \cdots\cdots (3-13)$$

식 (3-13)을 변형하면 다음과 같이 된다.

$$C = \frac{Q}{V} = \frac{1}{\dfrac{1}{C_1} + \dfrac{1}{C_2} + \dfrac{1}{C_3}}[F] \quad \cdots\cdots (3-14)$$

위 식에서 C는 콘덴서에 축적되는 전하와 회로에 가하는 전압의 비이므로 합성 정전용량이라고 한다. 또, 각 콘덴서에 가해진 전압의 비는 식 (3-13)에서 다음과 같이 된다.

$$V_1 : V_2 : V_3 = \frac{1}{C_1} : \frac{1}{C_2} : \frac{1}{C_3} \quad \cdots\cdots (3-15)$$

따라서 각 콘덴서에 가해진 전압의 비는 각 콘덴서의 정전용량에 반비례한다. 또, 각 콘덴서에 분압된 전압은 다음과 같이 된다.

$$V_1 = \frac{C}{C_1}V[V], \quad V_2 = \frac{C}{C_2}V[V], \quad V_3 = \frac{C}{C_3}V[V] \quad \cdots\cdots (3-16)$$

Q 예제 3.7

[그림 3-8]과 같이 두 콘덴서 C_1, C_2를 직렬로 연결하고 그 양단에 전압을 가한 경우 C_1에 분배된 전압은?

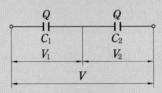

[그림 3-8]

풀이 C_1, C_2에 분배되는 전압을 V_1, V_2라 하면 직렬연결 시 각 콘덴서의 전하는 같으므로

$$Q = C_1 V_1 = C_2 V_2, \quad V = V_1 + V_2$$

$$\therefore \quad V_1 = \frac{C_2}{C_1 + C_2} V, \quad V_2 = \frac{C_1}{C_1 + C_2} V$$

Q 예제 3.8

[그림 3-7]에서 $V = 12\,\text{V}$, $C_1 = 2\mu\text{F}$, $C_2 = 3\mu\text{F}$, $C_3 = 6\mu\text{F}$일 때, 각 콘덴서에 걸리는 전압은 각각 몇 V가 되는가?

풀이 $C = \dfrac{1}{\dfrac{1}{C_1} + \dfrac{1}{C_2} + \dfrac{1}{C_3}} = \dfrac{1}{\dfrac{1}{2} + \dfrac{1}{3} + \dfrac{1}{6}} = 1\mu\text{F}$

따라서 콘덴서 C_1, C_2, C_3에 걸리는 전압 V_1, V_2, V_3는

$$V_1 = \frac{C}{C_1} V = \frac{1}{2} \times 12 = 6\,\text{V}$$

$$V_2 = \frac{C}{C_2} V = \frac{1}{3} \times 12 = 4\,\text{V}$$

$$V_3 = \frac{C}{C_3} V = \frac{1}{6} \times 12 = 2\,\text{V}$$

4.2 ◦ 콘덴서의 병렬접속

정전용량이 각각 C_1, C_2, C_3[F]인 3개의 콘덴서를 [그림 3-9]와 같이 병렬로 접속하고 단자 사이에 V[V]의 전압을 가하면 각 콘덴서에는 동일한 전압이 걸리게 된다. 여기에서 각 콘덴서에 축적되는 전하를 Q_1, Q_2, Q_3[C]라 하면 다음과 같은 식이 성립된다.

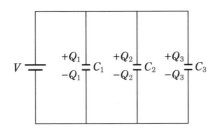

[그림 3-9] 콘덴서의 병렬접속

$$Q_1 = C_1 V [\text{C}], \quad Q_2 = C_2 V [\text{C}], \quad Q_3 = C_3 V [\text{C}] \quad \cdots\cdots\cdots\cdots\cdots (3\text{-}17)$$

회로 전체에 축적되는 전하 $Q[\text{C}]$는 각 콘덴서에 축적되는 전하의 합이 되므로, 다음과 같이 된다.

$$Q = Q_1 + Q_2 + Q_3 = C_1 V + C_2 V + C_3 V = V(C_1 + C_2 + C_3) [\text{C}] \quad \cdots\cdots\cdots (3\text{-}18)$$

위 식에서 합성 정전용량은 다음과 같이 된다.

$$C = \frac{Q}{V} = C_1 + C_2 + C_3 [\text{F}] \quad \cdots\cdots\cdots\cdots\cdots\cdots\cdots\cdots\cdots (3\text{-}19)$$

Q 예제 3.9

정전용량이 각각 $C_1 = 4\mu\text{F}$, $C_2 = 6\mu\text{F}$의 콘덴서를 병렬로 연결하고 24 V의 전압을 가했을 때 전 전하와 합성 정전용량을 구하여라.

풀이 합성 정전용량 $C = C_1 + C_2 = 4 + 6 = 10\mu\text{F}$

$Q = CV = 10 \times 10^{-6} \times 24 = 2.4 \times 10^{-4}\text{C}$

Q 예제 3.10

정전용량이 각각 C_1, C_2, $C_3 [\text{F}]$인 3개의 콘덴서가 [그림 3-10]과 같이 접속되어 있을 때 합성 정전용량과 각 콘덴서에 걸리는 전압을 구하여라.

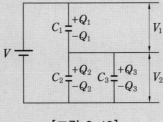

[그림 3-10]

풀이 콘덴서 C_2와 C_3는 병렬로 접속되어 있으므로 그 합성 정전용량은 $C_1 + C_2$[F]이다. 이것이 C_1과 병렬로 접속되어 있으므로 합성 정전용량은

$$C = \cfrac{1}{\cfrac{1}{C_1} + \cfrac{1}{C_2} + \cfrac{1}{C_3}} = \frac{C_1(C_2 + C_3)}{C_1 + C_2 + C_3}\,[\text{F}]$$

각 콘덴서에 걸리는 전압 $V_1 = \dfrac{C}{C_1}V = \dfrac{C_2 + C_3}{C_1 + C_2 + C_3}V\,[\text{V}]$

$$V_2 = \frac{C}{C_2 + C_3}V = \frac{C_1}{C_1 + C_2 + C_3}V\,[\text{V}]$$

5. 전위

5.1 ● 전위와 전위차

어느 점의 전위는 단위정전하 1C을 전장에 역으로 전위가 0으로 생각하면 무한원점에서 그 점까지 운반할 때의 일의 양을 그 점의 전위로 정한다. 즉, 전기적 위치 Energy로서 [그림 3-11(a)]와 같이 진공 중 a점의 Q[C]의 전하에서 거리 r[m]의 임의의 점 P의 전장의 세기 E는 이 점에 $+1$C의 전하에 작용하는 전기력으로

$E = \dfrac{Q}{4\pi\varepsilon_0 r^2}$[N/C]이고, 전장의 방향은 반발력으로 PR 방향이다. 그러므로 $+1$C의 전하는 우측으로 이동함으로써 전장은 일을 한다. 이 전장이 하는 일을 정(+)이라고 하면 이 반발력에 반대방향으로 $+1$C을 $PR = \Delta r$[m]의 미소 거리만큼 좌측에 가까이 하려면 외부에서 힘을 주는 일이 필요하다.

이 일은 부(−)이므로 미소일 E[N/C] $\cdot$ Δr[m] $= E \cdot \Delta r$[N $\cdot$ m/C] $= E \cdot \Delta r$[Joule/C]의 합을 무한원점 b와 P점과의 사이에서 구하면 P점의 전위 V_P는 다음과 같이 구해진다.

$$V_P = -\int_\infty^r E \cdot dr = \int_r^\infty E \cdot dr = \int_r^\infty \frac{Q}{4\pi\varepsilon_0 r^2} = \frac{Q}{4\pi\varepsilon_0 r} \quad\cdots\cdots\cdots\cdots (3\text{-}20)$$

$$\therefore\ V_P = \frac{Q}{4\pi\varepsilon r} = 9 \times 10^9 \frac{Q}{\varepsilon_s r}\,[\text{V}] \quad\cdots\cdots\cdots\cdots\cdots (3\text{-}21)$$

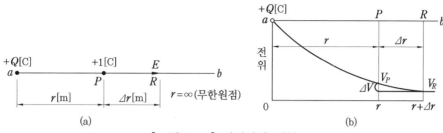

[그림 3-11] 점전하와 전위

또한 V_P와 거리 r의 관계는 [그림 3-11(b)]와 같다.

접근한 두 점 PR의 전위를 각각 V_P, V_R이라 하면 전위차 $\Delta V = V_P - V_R = -E \cdot \Delta r$

$$\therefore E = -\lim_{\Delta r \to 0} \frac{\Delta V}{\Delta r} = -\frac{dV}{dr} [\text{V/m}] \quad \cdots\cdots\cdots\cdots\cdots\cdots\cdots\cdots\cdots\cdots (3-22)$$

[그림 3-12]와 같이 $+Q_1$, $-Q_2$, $+Q_3[\text{C}]$의 점전하에서 각각 r_1, r_2, $r_3[\text{m}]$ 떨어진 점 P의 전위 V_P는 식 (3-21)에서 다음과 같이 된다.

$$V_P = \frac{1}{4\pi\varepsilon}\left(\frac{Q_1}{r_1} - \frac{Q_2}{r_2} + \frac{Q_3}{r_3}\right) = 9\times10^9 \frac{1}{\varepsilon_s}\left(\frac{Q_1}{r_1} - \frac{Q_2}{r_2} + \frac{Q_3}{r_3}\right)[\text{V}] \quad \cdots\cdots\cdots (3-23)$$

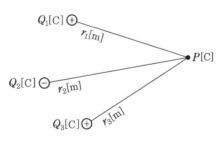

[그림 3-12] 전위

Q 예제 3.11

80 V/m의 평등 전장 내에서 전자의 방향으로 2 cm 떨어진 두 점 사이의 전위차는 얼마인가?

풀이 $V = Er$에서 $V = 80 \times 0.02 = 1.6 \text{ V}$

Q 예제 3.12

공기 중에 $4 \times 10^{-6}\text{C}$의 점전하가 있을 때 이 점전하에서 40 cm 떨어진 점의 전위를 구하여라.

풀이 $V = \dfrac{Q}{4\pi\varepsilon_0 r} = 9\times10^9 \dfrac{Q}{r} = 9\times10^9 \times \dfrac{4\times10^{-6}}{40\times10^{-2}} = 90 \text{ kV}$

6. 정전용량의 계산

6.1 **구도체의 정전용량**

반지름 r[m]의 구도체에 Q[C]의 전하를 줄 때 구도체의 전위 V는 구의 중심에 전하가 전부 집중되어 있다고 보고 식 (3-21)에 의하여 구하면 다음과 같다.

$$V = \frac{Q}{4\pi\varepsilon r} = 9 \times 10^9 \frac{Q}{\varepsilon_s r} \,[\text{V}]$$

따라서 구도체의 정전용량 C는 다음과 같이 된다.

$$C = \frac{Q}{V} = 4\pi\varepsilon r = \frac{\varepsilon_s r}{9 \times 10^9} \,[\text{F}] \quad \cdots\cdots\cdots\cdots\cdots\cdots\cdots\cdots\cdots\cdots\cdots\cdots\cdots\cdots (3-24)$$

6.2 **평행판 도체의 정전용량**

[그림 3-13]과 같이 면적 A[m^2]의 평행한 두 금속판의 간격을 1 m, 절연물의 유전율을 ε[F/m]라 하고 두 금속판 사이에 전압 V[V]를 가할 때 각 금속판에 $+Q$[C], $-Q$[C]의 전하가 축적되었다고 한다.

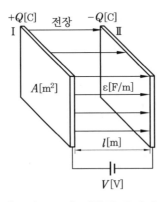

[그림 3-13] 평행판 콘덴서

여기서, 면적 A가 간격 l에 비하여 상당히 클 때는 전하는 금속판에 면밀도 $\sigma = \dfrac{Q}{A}$ [C/m^2]로 균일하게 분포하며, 전장은 $\dfrac{\sigma}{\varepsilon}$ [V/m]의 평등 전장이 된다. 따라서 양극판 사이의 전위차는 $\dfrac{\sigma l}{\varepsilon}$[V]가 된다. 이 전위차는 가해준 전압 V와 같으므로 다음과 같이 된다.

$$V = \frac{\sigma l}{\varepsilon} \text{[V]} \quad \cdots\cdots\cdots\cdots\cdots\cdots\cdots\cdots\cdots\cdots\cdots\cdots\cdots\cdots (3-25)$$

따라서 평행판 도체의 정전용량 C는 다음과 같이 된다.

$$C = \frac{Q}{V} = \frac{\sigma A}{\dfrac{\sigma l}{\varepsilon}} = \frac{\varepsilon A}{l} = \frac{\varepsilon_0 \varepsilon_s A}{l} \text{ [F]} \quad \cdots\cdots\cdots\cdots\cdots\cdots\cdots (3-26)$$

Q 예제 3.13

면적 100 cm^2인 두 장의 얇은 금속판 사이에 두께 0.1 m 되는 절연지를 끼운 콘덴서의 정전용량을 구하여라. (단, 절연지의 비유전율 $\varepsilon_s = 2$라고 한다.)

풀이
$$C = \frac{\varepsilon_0 \varepsilon_s A}{l} = \frac{8.855 \times 10^{-12} \times 2 \times 100 \times 10^{-4}}{0.1}$$
$$= 1.771 \times 10^{-9} \text{ F}$$

익·힘·문·제

1. 진공 중에서 $20\mu C$과 $30\mu C$의 두 전하가 3 m 간격으로 놓여 있을 때 작용하는 정전력은 몇 N인가?

2. 공기 중에 $4.5\times10^{-6}C$의 점전하가 놓여 있을 때, 이로부터 50 cm의 거리에 있는 점의 전장의 세기는 몇 V/m인가?

3. 진공 중에서 원점에 점전하 $36\mu C$이 있을 경우 점 $P(2, 4, 4)$에서의 전계의 세기를 구하여라.

4. 간격이 d[m]이고 전계 E[V/m]인 평행평판 전극 구조에서 전극 사이에서의 전계 E와 전위차 V의 관계를 구하여라.

5. 30 V/m인 전계 내의 50 V 점에서 1 C의 전하를 전계의 반대 방향으로 70 cm 이동한 경우 그 점에서의 전위(V)를 구하여라.

6. 전위 6,000 V의 위치에서 10,000 V의 위치에 전하 $Q=3\times10^{-6}C$을 이동시킬 때 필요한 일을 구하여라.

7. 정전용량 $20\mu C$의 콘덴서에 200 V의 전압을 가할 때 축적되는 전하량은 얼마인가?

8. $40\mu C$와 $60\mu C$의 콘덴서를 직렬로 접속하고 200 V의 전압을 가했을 때 합성 정전용량은 몇 μC인가?

9. 콘덴서를 [그림 3-14]와 같이 접속했을 때 단자 ab 사이의 합성 정전용량은 얼마인가?

[그림 3-14]

10. $0.2\mu\mathrm{F}$와 $0.2\mu\mathrm{F}$의 두 개의 콘덴서를 직렬로 접속했을 때의 합성 정전용량은 얼마인가?

11. 정전용량이 같은 콘덴서 2개를 병렬로 접속했을 때의 합성 정전용량은 직렬로 접속했을 때의 합성 정전용량의 몇 배인가?

12. [그림 3-15]에서 단자 1-2 사이의 합성 정전용량을 구하여라. 또한, 단자 1-2 사이에 160 V의 전압을 가했을 때 단자 3-4 사이, 단자 5-6 사이, 단자 7-8 사이, 단자 9-10 사이의 전압은 각각 몇 V가 되겠는가?

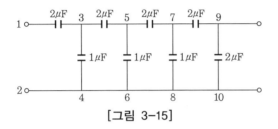

[그림 3-15]

13. 지구의 반지름은 약 6,370 km이다. 지구를 고립 구도체로 보고 지구의 정전용량을 구하여라.

14. 정전용량 $2\mu\mathrm{C}$, $4\mu\mathrm{C}$의 콘덴서에 각각 $3\times10^{-3}\mathrm{C}$ 및 $5\times10^{-3}\mathrm{C}$의 전하를 주고 극성을 같게 하여 병렬로 접속할 때 콘덴서에 축적된 에너지는 얼마인가?

15. 공기 중 두 점전하 사이에 작용하는 힘이 5 N이었다. 두 전하 사이에 유전체를 넣었더니 힘이 2 N으로 되었다면, 유전체의 비유전율은 얼마인가?

16. 점전하에 의한 전장 내의 한 점 A에 있어서의 전위의 기울기가 20 V/m이고, 전위는 100 V라고 한다. 전하의 크기 및 전하와 점 A 사이의 거리는 얼마인가?

자기

1. 자기현상

1.1 ○ 자석의 성질

천연의 자철광(Fe₃O₄)이라는 광석은 철편을 흡인하는 성질을 지니고 있으며 남과 북을 가리킨다.

자석이 철편을 끄는 성질을 자성이라 하며 자성의 근원을 자기(magnetism)라고 한다. 자석에서 작용하는 힘의 가장 강한 부분을 자극(magnetic pole)이라 한다. 자석을 매달았을 때 지구의 북쪽을 가리키는 극을 북극(north pole, N-pole) 또는 정극(正極), 남쪽을 가리키는 극을 남극(south pole, S-pole) 또는 부극(負極)이라 하며 S극에서 N극으로 향하는 축을 자축(magnetic axis)이라 한다. 같은 종류의 자극끼리는 서로 반발력이 작용하고 다른 종류의 자극끼리는 서로 흡인력이 작용하며 이들 극간에 작용하는 힘을 기자력(magnetic force)이라 한다.

자석의 N극 가까이 철편을 놓았을 때 가까운 곳에 S극, 먼 곳에 N극이 나타나는데 이때 철편은 자화(magnetize)되었다고 하고 이러한 현상을 자기유도(magnetic induction)라 하며 이렇게 자화되는 물질을 자성체(magnetic material)라고 한다.

1.2 ○ 자성체의 종류

① 상자성체(paramagnetic substance) : 자화에 의해서 생기는 자속의 방향이 정상적인 배열을 갖고 있으며 Al, Mn, Pt, W, O₂, Ir, Sn, N₂ 등이 있다.

② 강자성체(ferromagnetic substance) : 상자성체 중에서 그 성질이 강하게 나타나는 것으로 외부자계가 없어도 자연적으로 생긴 강한 자기 능률을 갖고 스

핀 자기 능률이 규칙정연하게 배향되어 있으며, Fe, Ni, Co 및 이들의 합금 등이 있다.

③ 반 강자성체(Antiferromagnetic substance) : 강자성체와 마찬가지로 자발자화를 갖고 있지만 상자성에 근사한 성질을 갖고 있으며, MnO, FeO, CoF_2, NiF_2 등이 있다.

④ 페리 자성체(ferrimagnetic substance) : 강자성을 갖고 있지만 자기 스핀능률이 모두가 판 평행이고 크기가 갖지 않은 성질을 가진 것으로 FeO, Fe_3O_4, $FiFe_2O_4$, Ni−Zn ferrite 등이 있다.

⑤ 역자성체(diamagnettic substance) : 물질 내부의 자계가 외부에서 준 자계보다도 작아지는 자기적 성질을 갖는 물질로서 Bi, H_2, C, Si, Ge, S, Cu, Pb, Zn, He, Ag, Ca 등이 있다.

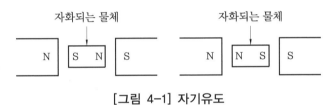

[그림 4-1] 자기유도

※ 영구자석(permanent magnet) : 자기는 ＋, − 의 양극이 항상 동시에 존재하며 자발자화(spontaneous magnetization)된 자구(magnetic domain)라 불리는 소 영역의 집합으로 구성된다.

1.3 ◦ 쿨롱의 법칙

자극 사이에 작용하는 힘은 같은 자극 간에는 서로 반발력이 작용하고 다른 자극 간에는 흡인력이 작용한다.

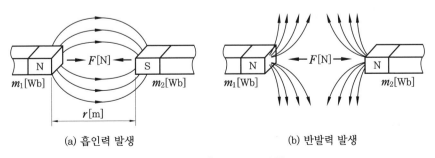

(a) 흡인력 발생　　　　　　　(b) 반발력 발생

[그림 4-2] 쿨롱의 법칙

자극의 자기량을 자하(magnetic charge)라 하는데 자석에서는 N, S극을 분리할 수 없으므로 한 자석에 있어서 두 극의 영향이 서로 미치지 않을 정도로 긴 자석을 생각하여 이 자극을 점자극(point magnetic pole)이라 한다.

두 점자극의 자극의 세기를 각각 m_1, m_2 극간거리를 r, 상호간에 작용하는 힘을 F라 하면 두 자극 사이에 작용하는 힘 F는 두 점자극의 세기 m_1, m_2의 곱에 비례하고 양 자극 간의 거리 r의 제곱에 반비례하는 힘이 작용한다.

$$F = k\frac{m_1 m_2}{r^2} \quad \cdots\cdots (4-1)$$

방향은 양극을 연결하는 직선상에 있으며, 이 관계를 자기에 관한 쿨롱의 법칙(Coulomb's law)이라 한다.

MKS 유리화 단위계에서는 진공 중에 같은 세기의 두 점자극을 1 m 거리에 놓았을 때 작용하는 힘이 6.33×10^4 N 되는 것을 단위로 하여 1 Weber라고 한다.

이 단위계에 의하면 $k = 6.33 \times 10^4$이 되어

$$F = 6.33 \times 10^4 \frac{m_1 m_2}{r^2} \text{[N]} \quad \cdots\cdots (4-2)$$

$6.33 \times 10^4 = \dfrac{1}{4\pi\mu_0}$ [N]에서

$$F = \frac{1}{4\pi\mu_0}\frac{m_1 m_2}{r^2} \text{[N]} \quad \cdots\cdots (4-3)$$

$\mu_0 = 4\pi \times 10^{-7}$을 진공에 대한 투자율(permeability of free space)이라 하며 μ_s는 비투자율(relative permeability)로서 공기 중의 $\mu_s \fallingdotseq 1$이다. $\mu = \mu_0\mu_s$이므로

$$F = \frac{1}{4\pi\mu_0\mu_s}\frac{m_1 m_2}{r^2} = 6.33 \times 10^4 \frac{m_1 m_2}{\mu_s r^2} \text{[N]} \quad \cdots\cdots (4-4)$$

이 된다.

Q 예제 **4.1**

비투자율 $\mu_s = 50$인 자성체 내에 있는 $6\mu\mathrm{Wb}$와 $10\mu\mathrm{Wb}$의 두 점 자하 간에 작용하는 힘이 $25 \times 10^{-5}\,\mathrm{N}$이다. 두 자하 간의 거리는 얼마인가?

풀이 $F = \dfrac{m_1 m_2}{4\pi\mu_0\mu_s r^2} = 6.33 \times 10^4 \times \dfrac{m_1 m_2}{\mu_s r^2}\,[\mathrm{N}]$

$r^2 = \dfrac{6.33 \times 10^4 m_1 m_2}{\mu_s F}$

$\quad = \dfrac{6.33 \times 10^4 \times 6 \times 10^{-6} \times 10 \times 10^{-6}}{50 \times 25 \times 10^{-5}} = 3.04 \times 10^{-4}$

$\therefore \ r = \sqrt{3.04 \times 10^{-4}} = 0.0174\,\mathrm{m} = 1.74\,\mathrm{cm}$

2. 자장

 자석 주위에 철편을 놓으면 힘이 작용하는데 이와 같이 자기의 힘이 미치는 공간을 자장(magnetic field)이라 하며 자장 중의 한 점에 1 Wb의 정자극(N극)을 놓았을 때 이에 작용하는 힘의 크기 및 방향을 그 점에 대한 자장의 세기(intensity of magnetic field)라 하고 벡터 $\boldsymbol{H}$로 표시한다.

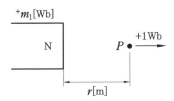

[그림 4-3] 자장의 세기

단위는 N/Wb = AT/m로 나타낸다.

 어떤 공간에 점자극 $m\,[\mathrm{Wb}]$를 놓았을 때 m에 자기력 $F\,[\mathrm{N}]$이 작용한다고 하면 그 점에서의 자장의 세기 H는 $\boldsymbol{H} = \dfrac{\boldsymbol{F}}{m}\,[\mathrm{AT/m}]$ 로 정의되어 $\boldsymbol{F} = m\boldsymbol{H}$ 크기는 $F = mH$로 된다.

 즉, $m\,[\mathrm{Wb}]$의 점자극에서 $r\,[\mathrm{m}]$의 거리에 있는 점의 자장은 자장방향의 단위벡터를 r_0라 할 때

$$H = \frac{1}{4\pi\mu_0}\frac{m}{r^2}r_0\,[\text{AT/m}] \quad \cdots\cdots\cdots (4\text{--}5)$$

로 주어지며 크기는

$$H = \frac{1}{4\pi\mu_0}\frac{m}{r^2} = 6.33\times10^4\frac{m}{r^2}\,[\text{AT/m}] \quad \cdots\cdots\cdots (4\text{--}6)$$

로 된다.

Q 예제 4.2

공기 중에 [그림 4-4]와 같은 막대자석이 있다. 이 자석의 수직 이등분선 OC상의 점 P의 자장의 세기를 구하여라. (단, 자극의 세기는 2×10^{-3} Wb이다.)

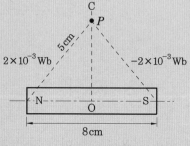

[그림 4-4]

풀이 N극에 의한 자장의 세기를 H_N, S극에 의한 자장의 세기를 H_S라 하면 공기의 비투자율 $\mu_s \fallingdotseq 1$이므로

$$H_N = 6.33\times10^4\cdot\frac{2\times10^{-3}}{0.05^2} = 50,640\,\text{AT/m}$$

$$H_S = 6.33\times10^4\cdot\frac{2\times10^{-3}}{0.05^2} = 50,640\,\text{AT/m}$$

이고, P점의 합성 자장의 세기는 H_N과 H_S의 벡터합이고 $\sin\theta = 0.8$이므로 합성 자장의 세기 H는 $H = 2\times6.33\times10^4\cdot\frac{2\times10^{-3}}{0.05^2}\times0.8 = 81,024\,\text{AT/m}$이다.

2.1 ⚬ 자력선의 성질

① 자력선은 N극에서 나와 S극에서 끝난다.
② 자력선은 잡아당긴 고무줄과 같이 그 자신이 줄어들려고 하는 장력이 있으며 같은 방향으로 향하는 자력선은 서로 반발한다.

③ 자력선은 교차하지 않는다.

④ 자극이 존재하지 않는 곳에서의 자력선은 발생 소멸이 없고 연속적이다.

⑤ 자력선에 수직인 단위면적을 통과하는 자력선의 수는 그 점에서의 자장의 세기와 같다.

⑥ 자력선상의 임의의 점에 있어서 접선방향은 그 점에 있어서 자계의 방향을 나타낸다.

⑦ 자력선의 수는 자극의 크기에 비례하고 진공 중의 자극 m [Wb]에서는 $\dfrac{m}{\mu_0}$ 개의 자력선이 출입한다.

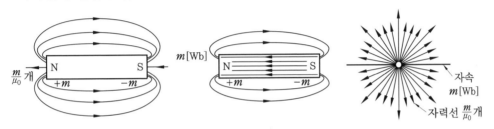

[그림 4-5] 자력선과 자속

2.2 ● 자속과 자속밀도

자장의 계산에서 m [Wb]이 자하에 출입하는 자기력선의 총수는 자성체의 투자율에 따라 달라진다. 즉, 진공 중에서는 $\dfrac{m}{\mu_0}$ 개가 되고, 투자율 μ의 자성체 중에서는 $\dfrac{m}{\mu_0 \mu_s}$ 개가 된다.

그러나 자성체 내에서 주위 매질에 관계없이 m [Wb]의 자하에서 m개의 역선이 나온다고 가정하여 이것을 자속(magnetic flux)이라고 하며, 기호는 ϕ, 단위는 Wb를 사용한다.

또한, 단위면적을 지나는 자속을 자속밀도(magnetic flux density)라고 하며 기호는 B, 단위는 Wb/m^2 또는 T가 사용된다.

따라서 단면적 A [m^2]를 지나는 자속 ϕ[Wb]가 통과하는 경우의 자속밀도 B는 다음과 같다.

$$B = \frac{\phi}{A} \, [\text{Wb/m}^2] \quad\cdots\cdots\cdots\cdots\cdots\cdots\cdots\cdots\cdots\cdots\cdots\cdots\cdots (4\text{-}7)$$

m [Wb]의 자극이 있으면 자극을 중심으로 반지름 r [m]의 구 표면을 m [Wb]의 자속이 균일하게 분포하여 지나가므로 구 표면의 자속밀도 B는 다음과 같다.

$$B = \frac{m}{4\pi r^2}\,[\text{Wb/m}^2] \quad\cdots\cdots (4\text{-}8)$$

즉, 자극 주위의 자속밀도는 자극으로부터 거리의 제곱에 반비례한다.

또, 구 표면의 자장의 세기는 $H = \dfrac{m}{4\pi \mu_0 \mu_s r^2}\,[\text{AT/m}]$이므로 자속밀도와 자장의 세기에는 다음과 같은 관계가 성립한다.

$$B = \mu H = \mu_0 \mu_s H\,[\text{Wb/m}^2] \quad\cdots\cdots (4\text{-}9)$$

예제 4.3

진공 중에 놓인 4 Wb의 자극으로부터 30 cm떨어진 점에서의 자속밀도는 얼마인가?

풀이 $B = \dfrac{m}{4\pi r^2} = \dfrac{4}{4\pi \times 0.3^2} = 3.538\ \text{Wb/m}^2$

예제 4.4

철심 중의 자장의 세기가 4×10^{-3}AT/m일 때의 철심의 자속밀도를 측정하니 0.3 T였다. 철심의 비투자율은 얼마인가?

풀이 $\mu_s = \dfrac{B}{H\mu_o} = \dfrac{0.3}{4\pi \times 10^{-7} \times 4 \times 10^{-3}} \fallingdotseq 59.7$

2.3 ● 자기모멘트와 토크

자극의 세기가 m[Wb]이고 길이 l[m]인 자석에서 자극의 세기와 자석의 길이의 곱을 자기모멘트(magnet moment)라고 하면 다음과 같은 식이 된다.

$$M = ml[\text{Wb}\cdot\text{m}] \quad\cdots\cdots (4\text{-}10)$$

[그림 4-6]과 같이 자장의 세기 H[AT/m]인 평등 자장 내에 자극의 세기 m[Wb]의 자침을 자장의 방향과 θ의 각도로 놓으면 N극과 S극에서는 각각 $f = mH$[N]의 힘이 작용하므로 [그림 4-6]과 같은 방향을 회전하려는 $f_2 = f\sin\theta$의 힘이 작용한다. 이를 회전력 또는 토크(torque)라 한다.

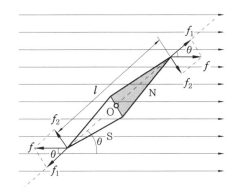

[그림 4-6] 자기장 내의 자침에 작용하는 토크

따라서 다음과 같이 나타낼 수 있다.

$$T = 2 \times \frac{l}{2} \times f_2 = lmH\sin\theta [\text{N} \cdot \text{m}] \quad \cdots\cdots\cdots\cdots\cdots (4\text{-}11)$$

$$\therefore \quad T = MH\sin\theta [\text{N} \cdot \text{m}] \quad \cdots\cdots\cdots\cdots\cdots (4\text{-}12)$$

Q 예제 4.5

자극의 세기 20 Wb, 길이 30 cm인 막대자석의 자기모멘트는 얼마인가?

풀이 $M = ml = 20 \times 30 \times 10^{-2} = 6 \text{ Wb} \cdot \text{m}$

2.4 ○ 자기회로의 자기저항

[그림 4-7]과 같이 철심에 코일을 감고 전류를 흘리면 철심 내에서는 자속이 오른나사의 법칙에 따르는 방향으로 생긴다. 이때 발생하는 자속은 코일의 권수 N이 많을수록, 또는 코일에 흐르는 전류 I가 클수록 크다.

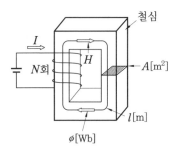

[그림 4-7] 자기회로

이와 같이 자속을 만드는 원동력을 기자력(magnetic motive force)이라 한다. 그 세기의 기호는 F 또는 NI로 나타내고 단위는 AT을 사용한다. 또 자속이 통과하는 폐회로를 자기회로(magnetic circuit), 또는 자로라고 한다.

자기회로에 기자력 NI[AT]에 의하여 자속 ϕ[Wb]가 통할 때 이들 사이의 비를 자기저항(reluctance)이라 하고 기호는 R로 나타내며 단위는 AT/Wb 또는 H^{-1}을 사용한다. 따라서 자기저항 R은 다음과 같이 된다.

$$R = \frac{NI}{\phi} \text{[AT/Wb]} \quad \cdots\cdots (4-13)$$

자기회로에서 단면적 A[m²], 자기 회로의 길이를 l[m]라 하면 자장의 세기는 앙페르의 주회 적분 법칙에 의해서 $H = NI/l$[AT/m]가 되고, 자속밀도를 B[Wb/m²]라 하면 자속 $\phi = BA = \mu HA$[Wb]이므로 식 (4-13)은 다음과 같이 된다.

$$R = \frac{NI}{\phi} = \frac{NI}{\mu A(NI/l)} = \frac{l}{\mu A} \text{[AT/Wb]} \quad \cdots\cdots (4-14)$$

위 식에서 기자력이 일정하면 철심의 단면적이 클수록 자속이 통하기 쉽고 자기회로의 길이가 길수록 자속이 통하기 어렵다. 또, 자속은 투자율이 클수록 통하기 쉽다는 것을 알 수 있다.

Q 예제 4.6

150회 감은 코일에 5 A의 전류를 흐르게 할 때 기자력은 얼마인가?

풀이 $F = NI = 150 \times 5 = 750$ AT

Q 예제 4.7

철심에 도선을 100회 감고 1 A의 전류를 흘려서 1.5×10^{-3} Wb의 자속이 발생하였다면, 자기저항은 얼마인가?

풀이 $R = \dfrac{NI}{\phi} = \dfrac{100 \times 1}{1.5 \times 10^{-3}} \fallingdotseq 66.7$ AT/Wb

Q 예제 4.8

단면적 8 cm²인 자기회로에 공극 1 mm의 자기저항은 얼마인가?

풀이 $R = \dfrac{l}{\mu A} = \dfrac{l}{\mu_0 \mu_s A} = \dfrac{1 \times 10^{-3}}{4\pi \times 10^{-7} \times 8 \times 10^{-4}} \fallingdotseq 9.9 \times 10^5$ AT/Wb

2.5 ◦ 오른나사의 법칙

전류에 의해 만들어지는 자장의 자력선의 방향을 알아내는 방법으로 암페어의 오른나사의 법칙(Ampere's right-handed screw rule)이나 오른손 엄지손가락의 법칙이 있다.

직선 전류에 의한 자장의 방향은 [그림 4-8(b)]에서와 같이 전류가 흐르는 방향으로 오른나사를 진행시키면 나사가 회전하는 방향으로 자력선이 발생하는데 이를 오른나사의 법칙이라고 한다.

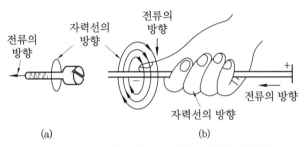

[그림 4-8] 직선 전류에 의한 자력선의 방향

2.6 ◦ 비오-사바르의 법칙

[그림 4-9]와 같이 I[A]의 전류를 흘릴 때 도선의 미소부분 Δl에서 r[m] 떨어진 점 P에서 Δl에 의한 자장의 세기 ΔH[AT/m]는 다음 식으로 나타낼 수 있다.

$$\Delta H = \frac{I\Delta l}{4\pi r^2}\sin\theta [\text{AT/m}] \quad\cdots\cdots (4\text{-}15)$$

여기서, θ 는 전류의 방향과 r이 이루는 각이며, 자장의 방향은 P와 Δl로 이루어지는 평면에 수직이며 오른나사의 법칙에 따른다. 이것을 비오-사바르의 법칙이라고 한다.

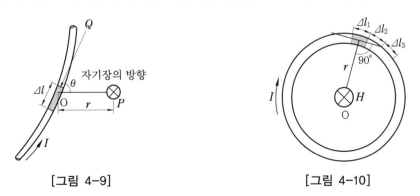

[그림 4-9]　　　　　　　[그림 4-10]

[그림 4-10]과 같이 반지름 r[m]이고 감은 횟수 1회인 원형코일에 I[A]의 전류를 흘릴 때 코일 중심 O에 생기는 자장의 세기는 다음과 같이 구할 수 있다.

이 자장은 Δl_1, Δl_2, $\Delta l_3 \cdots \Delta l_n$의 미소 부분에 흐르는 전류 I[A]에 의하여 r[m] 떨어진 점에 생기는 자장의 합이므로 다음과 같이 된다.

$$H = \Delta H_1 + \Delta H_2 + \Delta H_3 + \cdots + \Delta H_n = \frac{1}{4\pi r^2}(\Delta l_1 + \Delta l_2 + \Delta l_3 + \cdots + \Delta l_n)$$

$$= \frac{1}{4\pi r^2} \times 2\pi r = \frac{I}{2r} \text{[AT/m]} \quad \cdots\cdots (4\text{--}16)$$

코일의 감은 횟수가 N회이면 도선의 길이는 $2\pi rN$이므로 자장의 세기는 다음과 같이 된다.

$$H = \frac{NI}{2r} \text{[AT/m]} \quad \cdots\cdots (4\text{--}17)$$

Q 예제 4.9

공기 중에서 반지름 20 cm이고 감은 횟수 10회인 원형 도선에 2 A의 전류가 흐르면 원의 중심에서 자장의 세기 H는 몇 AT/m인가?

풀이 $H = \frac{NI}{2r} = \frac{10 \times 2}{2 \times 0.2} = 50 \text{ AT/m}$

3. 전자력

3.1 ○ 전자력의 방향

자장 내에 도체를 [그림 4-11]과 같은 방향으로 전류를 흘리면 도체가 자석의 바깥 방향으로 운동하는 것을 알 수가 있다. 또 전류의 방향을 바꾸거나 자극을 바꾸면 도체가 반대 방향으로 운동하는 것을 알 수가 있다. 이와 같이 자장 내에서 전류가 흐르는 도체에 작용하는 힘을 전자력(electromagnetic force)이라 한다.

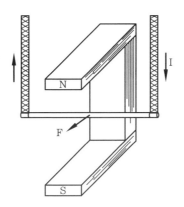

[그림 4-11] 전자력의 방향

전자력에 의하여 도체가 받는 힘의 방향은 [그림 4-12(a)]에서와 같이 자석에 의한 자력선은 N극에서 S극으로 향하고 도체에 의한 자력선은 [그림 4-12(b)]와 같이 생기므로 이들 두 자력선을 합성하면 [그림 4-12(c)]와 같이 된다.

따라서 자력선의 수축하려는 성질에 의하여 왼쪽 방향으로 힘이 작용한다. [그림 4-12(d), (e)]와 같이 전류의 방향을 바꾸거나 자극의 방향을 바꾸면 자력선의 분포가 [그림 4-12(e)]와 같아지므로 힘을 받는 방향은 처음과 반대로 된다.

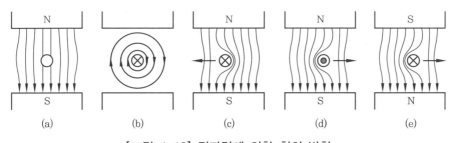

[그림 4-12] 전자력에 의한 힘의 방향

전자력에 의한 힘의 방향을 알아보는 방법으로는 플레밍의 왼손 법칙(Fleming's left-hand rule)이 있다.

- 엄지손가락 : 힘(F)
- 둘째손가락 : 자장(B)
- 가운데 손가락 : 전류(I)

[그림 4-13]과 같이 세 손가락을 직각이 되게 하여 둘째손가락을 자장의 방향으로 향하게 하면 엄지손가락의 방향이 힘의 방향과 일치한다.

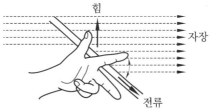

[그림 4-13] 플레밍의 왼손 법칙

3.2 ○ 전자력의 크기

[그림 4-14]와 같이 자속밀도가 $B[\text{Wb/m}^2]$인 평등 자장 내에 자장과 직각방향으로 길이 $l[\text{m}]$인 도체를 놓고 $I[\text{A}]$의 전류를 흘리면 도체에 작용하는 힘 $F[\text{N}]$는 다음과 같다.

$$F = BIl[\text{N}] \quad \cdots\cdots\cdots\cdots\cdots\cdots\cdots\cdots\cdots\cdots\cdots\cdots\cdots\cdots\cdots\cdots\cdots\cdots\cdots\cdots (4-18)$$

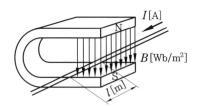

[그림 4-14] 전자력의 크기

즉, 자장 내에서 도체에 작용하는 힘은 자속밀도와 도체의 유효길이 및 도체에 흐르는 전류의 곱에 비례한다.

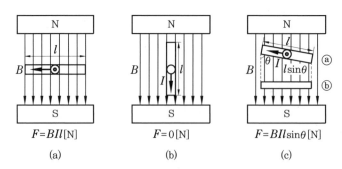

[그림 4-15] 도체와 자장 사이의 각과 전자력

[그림 4-15(a)]는 도체가 자장과 직각 방향을 이루고 있으며

$$F = BIl[\text{N}] \quad \cdots\cdots\cdots\cdots\cdots\cdots\cdots\cdots\cdots\cdots\cdots\cdots\cdots\cdots\cdots\cdots\cdots\cdots (4-19)$$

[그림 4-15(b)]는 도체가 자장과 평행하게 놓인 것을 나타낸 것으로 힘은

$$F = 0[\text{N}] \quad \cdots\cdots\cdots\cdots\cdots\cdots\cdots\cdots\cdots\cdots\cdots\cdots\cdots\cdots\cdots\cdots\cdots\cdots\cdots\cdots (4-20)$$

[그림 4-15(c)]는 자장에 대하여 θ의 각도로 놓인 도체에 작용하는 힘으로

$$F = BIl\sin\theta[\text{N}] \quad \cdots\cdots\cdots\cdots\cdots\cdots\cdots\cdots\cdots\cdots\cdots\cdots\cdots\cdots\cdots\cdots (4-21)$$

이 된다.

Q 예제　**4.10**

자속밀도 $2\,\text{Wb/m}^2$의 평등 자장 중에 길이 $40\,\text{cm}$의 도선을 자장과 $30°$의 각도로 놓고 이 도선에 $5\,\text{A}$의 전류를 흘리면 도선에 작용하는 힘은 얼마인가?

풀이　$F = BIl\sin\theta = 2 \times 5 \times 0.4 \times \sin30° = 2 \times 5 \times 0.4 \times 0.5 = 2\,\text{N}$

Q 예제　**4.11**

자속밀도 $0.8\,\text{Wb/m}^2$인 평등 자계 내의 자계의 방향과 $60°$의 방향으로 놓인 길이 $20\,\text{cm}$의 도선에 $8\,\text{A}$의 전류가 통할 때 도체가 받는 힘은 얼마인가?

풀이　$F = BIl\sin\theta = 0.8 \times 8 \times 0.2 \times \sin60° = 0.8 \times 8 \times 0.2 \times 0.866 ≒ 1.1\,\text{N}$

3.3 사각형 코일에 작용하는 토크

[그림 4-16]과 같이 자장 내에 사각형 도체를 놓고 화살표 방향의 전류를 흘리면 도체 ①, ③에는 $F = BIl$[N]의 힘이 화살표 방향으로 작용하나 도체 ②, ④, ⑤에는 힘이 작용하지 않는다. 그러므로 XY를 축으로 하여 사각형 도체를 자유로이 회전할 수 있도록 해두면 화살표 방향의 토크가 발생한다.

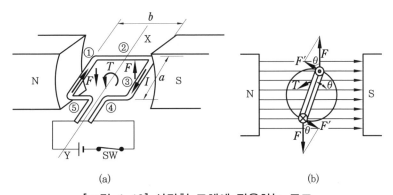

(a) (b)

[그림 4-16] 사각형 도체에 작용하는 토크

여기서, 자장의 자속밀도를 $B[\text{Wb/m}^2]$, 도체의 유효 길이를 $a[\text{m}]$, 넓이를 $b[\text{m}]$, 도체에 흐르는 전류를 $I[\text{A}]$라 하고 코일면이 자장과 이루는 각도를 θ라 하면 1개의 도체면에 작용하는 힘은 [그림 4-16(b)]에서와 같이 $F' = F\cos\theta$이므로, 작용하는 토크는 다음 식과 같이 된다.

$$T = F'l = \frac{b}{2}F\cos\theta + \frac{b}{2}F\cos\theta = abBI\cos\theta\,[\text{N}\cdot\text{m}] \quad\cdots\cdots (4\text{-}22)$$

여기서, 사각형 도체의 면적을 나타내는 $ab[\text{m}^2]$를 $A[\text{m}^2]$라 하면 식은 다음과 같이 된다.

$$T = BIA\cos\theta\,[\text{N}\cdot\text{m}] \quad\cdots\cdots (4\text{-}23)$$

식 (4-23)에서 알 수 있는 바와 같이 $\theta=0°$ 즉, 도체면이 자장과 평행할 때 토크는 최대로 되며, $\theta=90°$ 즉, 코일면이 자장과 직교할 때 토크는 0이 된다.

이때 코일의 감은 횟수를 N회라 하면 식은 다음과 같이 된다.

$$T = BIAN\cos\theta\,[\text{N}\cdot\text{m}] \quad\cdots\cdots (4\text{-}24)$$

Q 예제 4.12

[그림 4-16]에서 자속밀도 $B=0.5\,\text{Wb/m}^2$, $I=40\,\text{mA}$, $N=12000$회, $\theta=60°$, 면적이 $2.5\times10^{-3}\text{m}^2$일 때의 토크는 얼마인가?

풀이 $T = BIAN\cos\theta = 0.5\times40\times10^{-3}\times2.5\times10^{-3}\times12000\times\cos60°$
$= 0.3\,\text{N}\cdot\text{m}$

4. 전자유도

4.1 ◦ 전자유도 작용

[그림 4-17]과 같이 코일 내에서 자석을 위 아래로 움직이면 코일에 접속한 검류계의 지침이 움직이는 것을 볼 수 있는데 이는 코일에 전압이 생겼음을 알 수 있다. 또한 자석을 움직이는 속도를 빨리 하면 검류계 지침의 움직임이 크며 자석을 멈추면 지침은 움직이지 않는다. 여기서 자석을 정지시키고 코일을 운동시켜도 같은 현상이 일어난다. 이와 같이 도체 주변의 자장의 세기를 변화시키거나 도체가 자장 내에서 운동하면, 즉 도체를 관통하는 자속이 변화하면 도체에 전압이 발생하는 현상을 전자유도(electromagnetic induction)라 한다. 전자유도에 의하여 발생한 전압을 유도 기전력(induced electromotive force) 또는 유도 전압이라고 하고, 이때 흐르는 전류를 유도

전류(induced current)라고 한다.

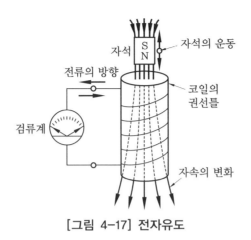

[그림 4-17] 전자유도

4.2 ⚬ 유도 전압의 방향

[그림 4-18(a)]와 같은 회로에서 스위치 SW를 열거나 닫으면 B코일을 관통하는 자속이 변화하므로 코일에서는 유도 전압이 생긴다. 이때 코일에 유도되는 전압의 방향을 결정하는 것으로 렌츠의 법칙(Lenz's law)이 있다.

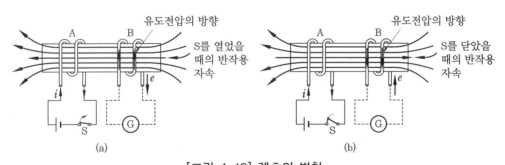

[그림 4-18] 렌츠의 법칙

즉, 전자유도에 의하여 생기는 전압의 방향은 그 유도 전류가 만들 자속이 원래의 자속의 증가 또는 감소를 방해하는 방향이다.

따라서 B코일에는 이 자속의 감소를 방해하는 방향으로 자속을 만드는 방향의 전류를 흘려야 하므로 [그림 4-18]의 화살표 방향의 전압이 유도된다.

또, [그림 4-18(b)]에서와 같이 A코일의 스위치 S를 닫을 때에는 A코일의 전류가 0에서 $I[A]$로 증가하므로 B코일을 관통하는 자속은 증가하려고 한다. 따라서 B코일에는 이 자속의 증가를 방해하는 방향, 즉 원래 자속과는 반대 방향의 자속을 만드는 유도 전류가 흐르도록 전압이 유도된다.

[그림 4-19(a)]에서와 같이 자장 내에서 운동하는 도체에 유도되는 전압의 방향은 플레밍의 오른손 법칙(Fleming's right-handed law)에 의하여 쉽게 알 수 있다.

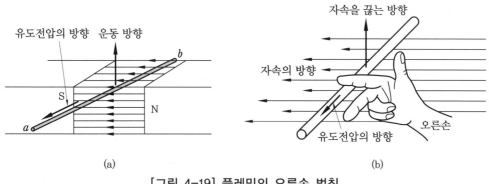

[그림 4-19] 플레밍의 오른손 법칙

즉, [그림 4-19(b)]에서와 같이 오른손의 엄지손가락, 집게손가락, 가운데 손가락을 서로 직각이 되게 하고 집게손가락을 자속, 엄지손가락을 도체의 운동 방향을 가리키게 하면 가운데 손가락의 방향이 도체에 유도되는 전압의 방향이 된다.

4.3 ● 자속 쇄교수의 변화와 유도 전압의 크기

전자유도에 의하여 유도되는 전압의 크기는 패러데이의 법칙(Faraday's law)에 의하여 단위시간에 코일을 쇄교하는 자속의 변화율과 코일의 권수에 비례한다. 따라서 감은 횟수 1회의 코일에 쇄교하는 자속이 Δt [s] 동안에 $\Delta \phi$[Wb]만큼 변화할 때의 기전력 v_1은 다음과 같이 표시된다.

$$v_1 = k\frac{\Delta \phi}{\Delta t} [\text{V}] \quad \cdots\cdots\cdots\cdots\cdots\cdots\cdots\cdots\cdots\cdots\cdots\cdots\cdots\cdots\cdots\cdots\cdots (4-25)$$

여기서, 단위시간 1 s 동안에 1 Wb만큼의 자속이 변화할 때 1 V의 유도 전압이 발생하도록 M.K.S 단위를 정하면 $k=1$로 된다. 따라서 식 (4-25)는 다음과 같이 된다.

$$v = \frac{\Delta \phi}{\Delta t} [\text{V}] \quad \cdots\cdots\cdots\cdots\cdots\cdots\cdots\cdots\cdots\cdots\cdots\cdots\cdots\cdots\cdots\cdots\cdots\cdots\cdots (4-26)$$

즉, 감은 횟수 1회의 코일을 쇄교하는 자속이 1 s 동안에 1 Wb의 비율과 변화할 때 코일에 발생하는 전압을 1 V로 정의할 수 있다.

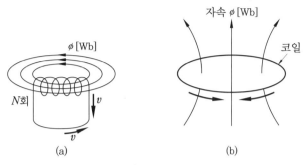

[그림 4-20] 유도 전압의 방향

식 (4-26)의 관계에서 [그림 4-20(a)]와 같이 N회 감은 코일에 ϕ[Wb]의 자속이 모두 쇄교하고 이 자속이 Δt [s] 동안 $\Delta\phi$[Wb]만큼 증가한다면 유도되는 전압은 1회 감은 코일의 N배가 된다. 그리고 [그림 4-20(b)]와 같이 자속 ϕ의 정(+)방향과 전압의 정방향을 오른나사의 법칙에 따라 정하면 유도되는 전압은 다음과 같이 된다.

$$v = -N\frac{\Delta\phi}{\Delta t} \text{[V]} \quad \cdots\cdots (4\text{-}27)$$

[그림 4-20(a)]와 v'와 같이 전압의 정방향을 반대로 정하면 식 (4-27)은 다음과 같이 된다.

$$v' = N\frac{\Delta\phi}{\Delta t} \text{[V]} \quad \cdots\cdots (4\text{-}28)$$

여기서, 자속 ϕ와 권수 N의 곱인 $N\phi$를 자속 쇄교수(number of flux interlinkage)라 하고 Wb·T 또는 Wb의 단위로 표시한다. 따라서 Δt [s] 동안에 자속 쇄교수가 $\Delta[N\phi]$만큼 변화했다면 발생 전압은 다음과 같이 된다.

$$v' = \frac{\Delta(N\phi)}{\Delta t} \text{[V]} \quad \cdots\cdots (4\text{-}29)$$

Q 예제 4.13

감은 횟수 50회의 코일과 쇄교하는 자속이 0.2 m/s 동안에 0.2 Wb에서 0.15 Wb로 변화했을 때 발생하는 전압의 크기는 얼마인가?

풀이 $v = N\dfrac{\Delta\phi}{\Delta t} = 50 \times \dfrac{0.2 - 0.15}{0.2} = 12.5 \text{ V}$

5. 인덕턴스

5.1 ○ 자체유도

[그림 4-21]과 같이 스위치 SW를 닫아 코일에 흐르는 전류를 0에서 어떤 값까지 변화
시키면 코일과 쇄교하는 자속이 0에서 어떤 값까지 변화하므로 코일에 전압이 유도된다.
이와 같이 전류가 흐르는 코일 자체에 전압이 발생하는 작용을 자체유도(self-induction)
라 한다.

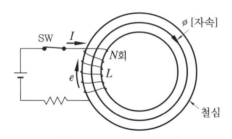

[그림 4-21] 자체유도

여기서, 감은 횟수 N회의 코일에 흐르는 전류 I가 Δt[s] 동안에 ΔI[A]만큼 변화하
여 코일과 쇄교하는 자속 ϕ가 $\Delta\phi$[Wb]만큼 변화하였다면 자체유도에 의한 전압은 식
(4-27)에서와 같이 된다.

$$v = -N\frac{d\phi}{dt} = -\frac{\Delta(N\phi)}{\Delta t}\,[\text{V}] \quad\cdots\cdots (4-30)$$

그런데, 자속 쇄교수의 변화는 전류의 변화에 비례하므로, 그 비례상수를 L이라 하
면 $\Delta N\phi = L\Delta I$이므로 식 (4-30)은 다음과 같이 된다.

$$v = -L\frac{\Delta I}{\Delta t}\,[\text{V}] \quad\cdots\cdots (4-31)$$

위 식에서 비례상수 L은 코일 특유의 값으로서 자체 인덕턴스라 하고 단위로는
H(henry)를 사용한다. 1 H는 1 s 동안에 전류의 변화가 1 A일 때 1 V의 전압이 발생하
는 코일의 자체 인덕턴스이다.

$N\phi = LI$이므로

$$L = \frac{N\phi}{I}\,[\text{H}] \quad\cdots\cdots (4-32)$$

Q 예제 4.14

감은 횟수 200회의 코일에 2 ms 동안에 5 A의 전류가 3 A로 감소할 때 유도 전압이 4 V였다면, 이 코일의 자체 인덕턴스는 얼마인가?

풀이 $v = -L\dfrac{\Delta I}{\Delta t} \rightarrow L = -u\dfrac{\Delta t}{\Delta I} = -4 \times \dfrac{2 \times 10^{-3}}{-2} = 4\,\text{mH}$

5.2 ● 환상 솔레노이드(solenoid)의 자체 인덕턴스

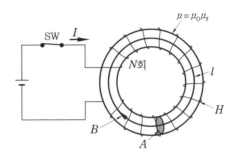

[그림 4-22] 환상 솔레노이드의 자체 인덕턴스

[그림 4-22]와 같은 환상 솔레노이드에서 코일의 감은 횟수 N회, 자기 회로의 길이를 l[m], 단면적을 A[m^2], 투자율을 $\mu = \mu_0\mu_s$라 할 때 솔레노이드 내부 자장의 세기 $\dfrac{NI}{l}$[AT/m]이므로 자기회로의 자속 ϕ는 다음과 같이 된다.

$$\phi = BA = \mu HA = \frac{\mu ANI}{l}\,[\text{Wb}] \quad\cdots\cdots(4-33)$$

따라서 식에서 이 환상 솔레노이드의 자체 인덕턴스 L은 다음과 같이 된다.

$$L = \frac{N\phi}{I} = \frac{\mu AN^2}{l} = \frac{\mu_0\mu_s AN^2}{l}\,[\text{H}] \quad\cdots\cdots(4-34)$$

Q 예제 4.15

권수 500회, 단면적 150 cm^{2}의 공심 coil에 전류 1.5 A를 흘릴 때 자계의 세기가 2.48 AT/m였을 때의 자기 인덕턴스는?

풀이 $L = \dfrac{N\phi}{I} = \dfrac{NBA}{I} = \dfrac{\mu_0 HNA}{I} = \dfrac{500 \times 4\pi \times 10^{-7} \times 2.48 \times 150 \times 10^{-4}}{1.5}$

$\qquad = 1.56 \times 10^{-5}\,\text{H}$

Q 예제 4.16

환상 solenoid에서 $A = 4 \times 10^{-4} \mathrm{m}^2$, $l = 0.4\,\mathrm{m}$, $N = 1000$회, $\mu_s = 1000$일 때 자체 인 덕턴스는 얼마인가?

풀이 $L = \dfrac{\mu_0 \mu_s A N^2}{l} = \dfrac{4\pi \times 10^{-7} \times 1000 \times 4 \times 10^{-4} \times 10^6}{0.4} = 1.26\,\mathrm{H}$

5.3 상호유도

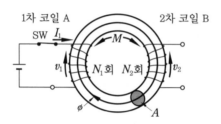

[그림 4-23] 상호유도

[그림 4-23]과 같이 하나의 자기 회로에 2개의 코일 A, B를 감아 놓고 A코일에 전 류를 흘리면 이로 인하여 생긴 자속은 A코일을 쇄교하는 동시에 B코일과도 쇄교한다.

따라서 A코일에는 자체유도에 의한 전압 v_1[V]가 발생하고, B코일에서도 전압 v_2 [V]가 발생한다. 이와 같이 한쪽 코일에 전류를 흘려 이것을 변화시킬 때 다른 쪽 코일 에 전압이 유도되는 작용을 상호유도(mutual induction)라 하며, 전류를 흘린 A코일, 상호유도에 의하여 전압이 유도되는 코일 B를 2차 코일이라고 한다.

이때, 2차 코일에 발생하는 전압 v_2는 1차 코일에 흐르는 전류가 Δt[s] 동안에 ΔI_1 [A]만큼 변화하고 그 비례상수를 M이라 하면 다음과 같은 식으로 나타낸다.

$$v_2 = -M \frac{\Delta I_1}{\Delta t}\,[\mathrm{V}] \quad \cdots\cdots (4\text{-}35)$$

여기서, 비례상수 M을 상호 인덕턴스라 하고 단위는 자체 인덕턴스와 마찬가지로 H 를 사용한다.

또, B코일을 쇄교하는 자속이 Δt[s] 동안 $\Delta\phi$만큼 변화했다면 B코일에 유도되는 전 압은 다음 식으로 나타낼 수 있다.

$$v_2 = -N_2 \frac{\Delta\phi}{\Delta t}\,[\mathrm{V}] \quad \cdots\cdots (4\text{-}36)$$

자기회로의 투자율 μ가 일정하고 전류 I_1과 자속 ϕ가 비례하는 경우 식 (4-35)와 식 (4-36)에서 상호 인덕턴스 M은 다음과 같이 된다.

$$M = \frac{N_2\phi}{I_1}\,[\text{H}] \quad\text{(4-37)}$$

식 (4-37)에서 알 수 있는 바와 같이 코일의 상호 인덕턴스 M은 한쪽 코일에 1 A의 전류를 흘릴 때 다른 쪽 코일의 쇄교 자속수와 같다.

Q 예제 4.17

[그림 4-23]에서 전류 I_1[A]가 1 ms 동안에 0.4 A 변화했을 때, 2차 코일에 24 V의 전압이 발생했다고 한다. 이때 상호 인덕턴스는 얼마인가?

풀이 $M = \dfrac{v_2 \Delta t}{\Delta I_1} = \dfrac{24 \times 1 \times 10^{-3}}{0.4} = 6 \times 10^{-2} = 60\,\text{mH}$

Q 예제 4.18

[그림 4-23]에서 상호 인덕턴스가 0.1 H일 때 코일 A의 전류를 0.2 s 동안에 5 A 변화시키면 코일 B에 유도되는 전압은 몇 V인가?

풀이 $v_2 = -M\dfrac{\Delta I_1}{\Delta t}$ [V]에서 $v_2 = -0.1\dfrac{5}{0.2} = 2.5\,\text{V}$

Q 예제 4.19

[그림 4-23]에서 $N_1 = 600$회, $N_2 = 200$이고 상호 인덕턴스 $M = 30\,\text{mH}$일 때 B코일과 쇄교하는 자속이 3×10^{-3} Wb이면 A코일에 흐르는 전류 I_1은 몇 A가 되겠는가?

풀이 식 (4-37)의 $M = \dfrac{N_2\phi}{I_1}$ [H]에서

$$I_1 = \frac{N_2\phi}{M} = \frac{200 \times 3 \times 10^{-3}}{30 \times 10^{-3}} = 20\,\text{A}$$

5.4 ◦ 환상 코일의 상호 인덕턴스

[그림 4-23]에서 1차 코일 A의 감은 횟수를 N_1회, 2차 코일 B의 감은 횟수를 N_2회, 자기 회로의 단면적을 $A[\text{m}^2]$, 길이를 l [m], 투자율을 $\mu = \mu_0\mu_s$라 하고 1차 코일 A

에 I_1[A]의 전류가 흐를 때 자기 회로에 생기는 자속 ϕ는 다음과 같이 된다.

$$\phi = BA = \mu HA = \frac{\mu A N_1 I_1}{l} \ [\text{Wb}] \quad \cdots\cdots (4\text{-}38)$$

1차 코일 A에서 생긴 자속이 전부 2차 코일 B와 쇄교한다면 식 (4-38)에서 상호 인덕턴스 M은 다음과 같이 된다.

$$M = \frac{N_2 \phi}{I_1} = \frac{\mu A N_1 N_2}{l} \ [\text{H}] \quad \cdots\cdots (4\text{-}39)$$

Q 예제 4.20

[그림 4-23]에서 $A = 4 \times 10^{-4} \ \text{m}^2$, $l = 0.4 \ \text{m}$, $N_1 = 1000$회, $N_2 = 4000$회, $\mu_s = 1000$ 이라면 상호 인덕턴스 M은 얼마인가?

풀이 식 (4-39)에서

$$M = \frac{4\pi \times 10^{-7} \times 1000 \times 4 \times 10^{-4} \times 1000 \times 4000}{0.4} = 5 \ \text{H}$$

5.5 ◦ 자체 인덕턴스와 상호 인덕턴스의 관계

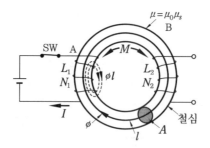

[그림 4-24] 결합계수

[그림 4-24]와 같이 코일 A, B의 감은 횟수를 N_1, N_2 철심의 투자율을 μ, 단면적을 A[m²], 길이를 l[m]라 하면 누설 자속이 없는 상태에서 코일 A, B의 자체 인덕턴스 L_1, L_2와 상호 인덕턴스 M은 각각 다음과 같다.

$$L_1 = \frac{\mu A N_1^2}{l} \ [\text{H}] \quad \cdots\cdots (4\text{-}40)$$

$$L_2 = \frac{\mu A N_2^2}{l} \, [\text{H}] \ \cdots\cdots\cdots\cdots\cdots\cdots\cdots\cdots\cdots\cdots\cdots\cdots (4\text{-}41)$$

$$M = \frac{\mu A N_1 N_2}{l} \, [\text{H}] \ \cdots\cdots\cdots\cdots\cdots\cdots\cdots\cdots\cdots\cdots (4\text{-}42)$$

따라서 이들 사이에는 다음과 같은 관계가 성립한다.

$$M^2 = \frac{\mu^2 A^2 N_1^2 N_2^2}{l^2} = \frac{\mu A N_1^2}{l} \cdot \frac{\mu A N_2^2}{l} = L_1 L_2 \ \cdots\cdots\cdots\cdots (4\text{-}43)$$

$$\therefore \ M = \sqrt{L_1 L_2} \ \cdots\cdots\cdots\cdots\cdots\cdots\cdots\cdots\cdots\cdots\cdots\cdots (4\text{-}44)$$

그러나 실제로는 [그림 4-24]와 같은 누설 자속이 있으므로 코일 A에서 생긴 자속 $(\phi + \phi l)$이 모두 코일 B를 쇄교하지 않으므로 M은 $\sqrt{L_1 L_2}$ 보다 작게 된다. 여기서 M 과 $\sqrt{L_1 L_2}$ 의 비를 k 라 하면 식 (4-44)는 다음과 같이 된다.

$$M = k \sqrt{L_1 L_2} \ \cdots\cdots\cdots\cdots\cdots\cdots\cdots\cdots\cdots\cdots\cdots\cdots (4\text{-}45)$$

$$\therefore \ k = \frac{M}{\sqrt{L_1 L_2}} \ \cdots\cdots\cdots\cdots\cdots\cdots\cdots\cdots\cdots\cdots\cdots (4\text{-}46)$$

이 비례상수 k를 결합계수(coupling coefficient)라 하며, 1차 코일과 2차 코일의 자속에 의한 결합의 정도를 나타낸다.

또, 결합계수 k의 값은 $0 < k \leq 1$의 범위에 있다.

Q 예제 4.21

자체 인덕턴스가 각각 160 mH, 250 mH인 코일 2개가 있다. 두 코일 사이의 상호 인덕턴스가 150 mH이면 결합계수는 얼마인가?

풀이 $k = \dfrac{M}{\sqrt{L_1 L_2}} = \dfrac{150}{\sqrt{160 \times 250}} = 0.75$

5.6 ∘ 코일의 직렬접속

[그림 4-25]와 같이 감은 횟수가 N_1, N_2이고 자체 인덕턴스 L_1, L_2인 2개의 코일이 직렬로 접속되고 상호 인덕턴스 M으로 결합되어 있을 때, 두 코일에서 생긴 자속의 방향이 같게 접속되면 가동접속이라 하고, 서로 다르게 접속되면 차동접속이라고 한다.

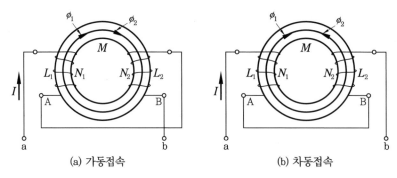

(a) 가동접속   (b) 차동접속

[그림 4-25] 코일의 직렬접속

여기서, a, b 단자에 전류 I[A]를 흘릴 때, N_1, N_2에 의하여 ϕ_1, ϕ_2의 자속이 생기고 누설 자속이 없다면 다음과 같은 관계가 성립된다.

$$L_1 = \frac{N_1 \phi_1}{I} [\text{H}] \quad \cdots\cdots\cdots\cdots\cdots\cdots\cdots\cdots\cdots\cdots\cdots\cdots (4-47)$$

$$L_2 = \frac{N_2 \phi_2}{I} [\text{H}] \quad \cdots\cdots\cdots\cdots\cdots\cdots\cdots\cdots\cdots\cdots\cdots\cdots (4-48)$$

$$M = \frac{N_1 \phi_2}{I} = \frac{N_2 \phi_1}{I} [\text{H}] \quad \cdots\cdots\cdots\cdots\cdots\cdots\cdots\cdots\cdots\cdots (4-49)$$

[그림 4-25(a)]와 같은 가동접속에서 두 코일 내부의 합성 자속은 A, B코일 모두 $(\phi_1 + \phi_2)$[Wb]이므로, 이 자속에 의한 A, B의 겉보기 자기 인덕턴스를 $L_1{}'$, $L_2{}'$라 하면 합성 인덕턴스 L_{ab}는 다음과 같이 된다.

$$L_{ab} = L_1{}' + L_2{}' = \frac{N_1(\phi_1 + \phi_2)}{I} + \frac{N_2(\phi_1 + \phi_2)}{I}$$

$$= \frac{N_1 \phi_1}{I} + \frac{N_2 \phi_2}{I} + \left(\frac{N_1 \phi_2}{I} + \frac{N_2 \phi_1}{I} \right) \quad \cdots\cdots\cdots\cdots\cdots (4-50)$$

$$\therefore \ L_{ab} = L_1 + L_2 + 2M [\text{H}] \quad \cdots\cdots\cdots\cdots\cdots\cdots\cdots\cdots\cdots (4-51)$$

[그림 4-25(b)]와 같은 차동접속에서 코일 내부의 합성 자속은 A코일에서 $(\phi_1 - \phi_2)$[Wb]이고, B코일에서 $(\phi_2 - \phi_1)$[Wb]이므로 합성 인덕턴스 L_{ab}는 다음과 같이 된다.

$$L_{ab} = L_1{}' + L_2{}' = \frac{N_1(\phi_1 - \phi_2)}{I} + \frac{N_2(\phi_2 - \phi_1)}{I}$$

$$= \frac{N_1 \phi_1}{I} + \frac{N_2 \phi_2}{I} - \left(\frac{N_1 \phi_2}{I} + \frac{N_2 \phi_1}{I} \right) \quad \cdots\cdots\cdots\cdots\cdots (4-52)$$

$$\therefore \ L_{ab}=L_1+L_2-2M\,[\text{H}] \ \cdots\cdots\cdots (4\text{-}53)$$

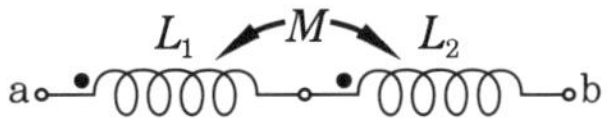

(a) 가동접속 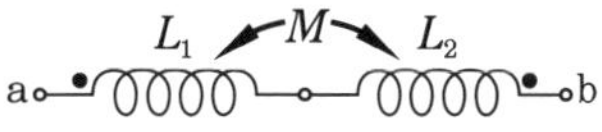   (b) 차동접속

[그림 4-26] 인덕턴스의 접속과 기호

[그림 4-25]의 직렬접속에서 가동접속과 차동접속을 [그림 4-26]과 같이 간단한 기호로 나타낼 수 있다.

Q 예제 4.22

[그림 4-26]과 같이 두 개의 인덕턴스를 접속하였다. 여기에서 $L_1=20\,\text{mH}$, $L_2=10\,\text{mH}$, $M=12\,\text{mH}$라 한다면 가동접속과 차동접속 시의 합성 인덕턴스는 각각 얼마인가?

풀이 가동접속 시의 합성 인덕턴스는 식 (4-51)에서

$L_{ab}=L_1+L_2+2M=20+10+2\times12=54\,\text{mH}$이고,

차동접속 시의 합성 인덕턴스는 식 (4-53)에서

$L_{ab}=L_1+L_2-2M=20+10-2\times12=6\,\text{mH}$이다.

Q 예제 4.23

[그림 4-26]에서 $L_1=30\,\text{mH}$라고 한다. 두 코일을 가동접속하였을 때 합성 인덕턴스는 75 mH, 차동접속하였을 때 합성 인덕턴스는 15 mH라고 하면 B 코일의 인덕턴스 L_2 및 상호 인덕턴스 M은 몇 mH인가?

풀이 가동접속 시

$L_{ab}=L_1+L_2+2M$에서

$75=30+L_2+2M \ \cdots\cdots\cdots ①$

차동접속 시 $L_{ab}=L_1+L_2-2M$에서

$15=30+L_2-2M \ \cdots\cdots\cdots ②$

식 ①과 식 ②를 연립하여 풀면

$M=15\,\text{mH} \ \cdots\cdots\cdots ③$

식 ③을 식 ①에 대입하면 $L_2=15\,\text{mH}$

6. 전자에너지

6.1 ◦ 코일에 축적되는 전자에너지

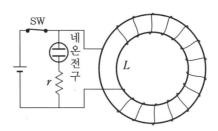

[그림 4-27] 전자에너지

[그림 4-27]과 같은 회로에서 인덕턴스 L이 상당히 크고 네온전구의 점등 전압보다 훨씬 낮은 전압을 가하고 스위치 SW를 닫으면 코일에는 전류가 흐르나 네온전구는 점등이 되지 않는다. 그러나 스위치 SW를 열면 인덕턴스 L에서 큰 유도 전압이 생겨 네온전구가 일시적으로 켜지는 것을 알 수 있다. 이와 같이 전원이 차단된 상태에서 네온전구가 점등될 수 있는 것은 인덕턴스 L에 전압을 유기시킬 수 있는 에너지가 있다는 것이다. 즉 네온전구의 빛을 내는 전기에너지는 인덕턴스 L 내에 축적되어 있던 자기에너지가 변환된 것으로 생각할 수 있다.

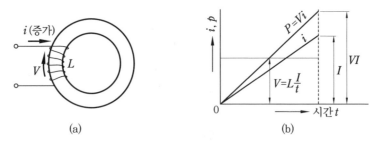

[그림 4-28] 코일에 축적되는 에너지

[그림 4-28(a)]에서 자체 인덕턴스 L에 흐르는 전류 i를 t[s] 동안 0에서 1 A까지 일정한 비율로 증가시키면, 이때 코일에 유도되는 전압은 [그림 4-28(b)]와 같은 방향으로 유도되고 그 크기는 $V=\dfrac{LI}{t}$[V]로 일정하다. 이 경우 전류는 렌츠의 법칙에 따라 유도 전압과 반대 방향으로 흐르므로 $P=VI$의 전력이 코일 L에 공급된다. 이 전력은 [그림 4-28(b)]에서와 같이 시간에 대하여 직선적으로 변하므로 t[s] 동안의 평

균 전력은 $\dfrac{VI}{2}$가 된다. 따라서 $t\,[\mathrm{s}]$ 동안에 코일 L에 공급되는 에너지 W는 다음과 같이 된다.

$$W = \frac{VI}{2}t = \frac{1}{2}\left(\frac{LI}{t}\right)It = \frac{1}{2}LI^2\,[\mathrm{J}] \quad\cdots\cdots\cdots (4\text{-}54)$$

따라서 코일에 $I\,[\mathrm{A}]$의 전류가 흐르고 있을 때에는 이 전력량 $\dfrac{LI^2}{2}\,[\mathrm{J}]$에 상당하는 에너지가 코일 내에 축적되어 있다.

이 코일에 흐르는 전류 $I\,[\mathrm{A}]$를 $t\,[\mathrm{s}]$ 동안에 같은 비율로 0으로 감소시키면 전류를 증가시킬 때와 같은 크기의 전압이 유도되나 방향은 전류를 증가시킬 때와는 반대로 전류가 흐르게 된다. 그리고 코일 L에서는 $t\,[\mathrm{s}]$ 동안에 $\dfrac{LI^2}{2}\,[\mathrm{J}]$의 에너지를 방출한다.

Q 예제 4.24

자체 인덕턴스 $L = 250\,\mathrm{mH}$의 코일에 전류 $I = 20\,\mathrm{A}$가 흐르고 있다. 이 코일의 자기 에너지는 얼마인가?

풀이 $W = \dfrac{1}{2}LI^2 = \dfrac{1}{2} \times 250 \times 10^{-3} \times 20 = 2.5\,\mathrm{J}$

익·힘·문·제

1. 진공 중에서 3×10^{-4} Wb의 자극에서 40 cm의 거리에 있는 점의 자장의 세기는 얼마인가?

2. 공기 중에서 40 cm의 거리에 있는 두 자극의 세기가 각각 2×10^{-3} Wb와 3×10^{-3} Wb이면 이때 작용하는 힘 F[N]은 얼마인가?

3. 공기 중에 2.5×10^{-4} Wb의 N극이 놓여 있을 때, 이로부터 24 cm의 거리에 있는 점의 자장의 세기는 몇 AT/m인가?

4. 장의 세기가 103 AT/m일 때 공기 중에서의 자속밀도와 비투자율 900인 철 중에서의 자속밀도를 구하여라.

5. 철심에 도선을 200회 감고 2 A의 전류를 흘려서 2×10^{-3} Wb의 자속이 발생하였다. 이때 자기저항은 얼마인가?

6. 코일에서 0.2초 동안에 4 Wb의 자속이 변화한다면, 자속의 변화율과 코일에 발생되는 유도 기전력의 크기는 몇 V인가?(단, 코일 권수는 80회이다.)

7. 감은 횟수 400회의 코일을 쇄교하는 자속이 0.1 s 동안에 2.5×10^{-3} Wb에서 3.0×10^{-3} Wb까지 변화하였을 때 $\Delta t = 0.1$ s 사이에서의 자속 쇄교수의 변화 $\Delta(N\phi)$와 발생 전압은 몇 V인가?

8. 권수 100회인 코일에 0.5 A의 전류가 흘렀을 때 10^{-4} Wb의 자속이 코일 전체를 쇄교하였다면, 이 코일의 자체 인덕턴스는 얼마인가?

9. 자체 인덕턴스 20 mH의 코일에 흐르는 전류를 2 ms 동안에 0.5 A 변화시켰다. 이때 코일에 발생하는 전압은 몇 V인가?

10. 자체 인덕턴스각 각각 160 mH, 250 mH의 두 코일이 있다. 두 코일 사이의 상호 인덕턴스가 100 mH이면 결합계수는 얼마인가?

11. [그림 4-23]에서 $N_1 = 100$회, $N_2 = 200$회일 때 상호 인덕턴스 M은 100 mH라고 한다. $N_1 = 200$회, $N_2 = 300$회로 하면 상호 인덕턴스는 얼마가 되겠는가?

12. $L_1 = 20$ mH, $L_2 = 15$ mH, $M = 10$ mH인 두 개의 인덕턴스를 가동접속과 차동접속 시의 합성 인덕턴스는 각각 얼마인가?

13. 자체 인덕턴스 200 mH의 코일에 전류 5 A를 흘렸을 때 코일에 축적되는 에너지는 얼마인가?

제5장 교류

1. 교류의 발생

전기회로에는 전원과 회로 소자의 종류 및 상태에 따라 시간적으로 변화하는 전류가 흐른다. [그림 5-1(a)]와 같이 시간의 변화에 관계없이 그 크기와 방향이 일정한 전류를 직류(DC : direct current)라 하며, 시간의 변화에 따라 그 크기와 방향이 주기적으로 변화하는 전류를 교류(AC : alternating current)라 한다.

교류 중에서도 그 변화가 [그림 5-1(b)]와 같이 정현적일 때 정현파(sinusoidal wave) 교류라 하며, [그림 5-1(c)]와 같이 정현파가 일그러진 모양의 파형을 왜형파(distorted wave) 또는 비정현파(nonsinusoidal wave) 교류라 한다. 일반적으로 교류라 함은 정현파를 의미한다.

교류 파형에는 기본이 되는 정현파(sinusoidal wave)와 삼각파, 구형파 등 이외의 비정현파 또는 일그러진파(distorted wave)가 있는데, 여기서는 정현파에 대하여 설명한다.

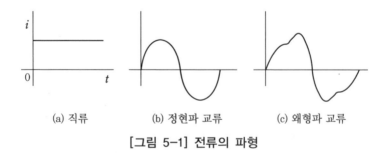

(a) 직류　　　　(b) 정현파 교류　　　　(c) 왜형파 교류

[그림 5-1] 전류의 파형

1.1 ○ 정현파 교류의 발생

자기장 내에서 도체가 회전 운동을 하면 플레밍의 오른손 법칙에 의해 유도 기전력이 도체에 유도된다.

[그림 5-2(a)]와 같이 길이 l[m], 폭 $2r$[m]인 사각형 코일을 자속밀도 B[Wb/m^2]인 평등 자기장 내에서 코일 축을 중심으로 u[m/s]의 일정한 속도로 화살표 방향으로 회전시키면 사각형 코일에는 유도 전압이 발생한다.

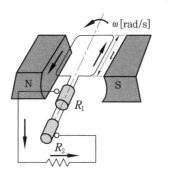

(a) 2극 발전기의 원리   (b) 전기자의 단면도

[그림 5-2] 정현파 교류 기전력의 발생 원리

이때 사각형 코일이 [그림 5-2(b)]와 같이 자극 사이의 XOX$'$로부터 θ만큼 회전한 순간의 유도 전압 v는 다음과 같다.

$$v = 2Blu\sin\theta\,[\text{V}] \quad\cdots\cdots\cdots\cdots\cdots\cdots\cdots\cdots\cdots\cdots\cdots\cdots\cdots\cdots\cdots (5\text{-}1)$$

식 (5-1)에서 $2Blu$의 값은 자속밀도, 코일의 치수, 코일의 회전속도에 따라 정해지는 일정한 값이다. 따라서 $V_m = 2Blu$라고 하면 다음과 같다.

$$v = V_m\sin\theta\,[\text{V}] \quad\cdots\cdots\cdots\cdots\cdots\cdots\cdots\cdots\cdots\cdots\cdots\cdots\cdots\cdots\cdots\cdots (5\text{-}2)$$

도체가 회전하여 t[s] 동안에 각도 θ만큼 회전했다면 $\theta = \omega t$[rad]이므로

$$v = V_m\sin\omega t = V_m\sin\theta\,[\text{V}] \quad\cdots\cdots\cdots\cdots\cdots\cdots\cdots\cdots\cdots\cdots\cdots (5\text{-}3)$$

Q 예제 5.1

[그림 5-2]에서 $B = 20$ Wb/m^2, $l = 0.1$ m, $u = 50$ m/s일 때 [그림 5-2(b)]의 θ 가 0°, 45°, 90°에서의 코일의 발생전압 v를 구하여라.

풀이 $v = 2Blu\sin\theta = 2 \times 20 \times 0.1 \times 50 \times \sin\theta$ 에서

$\theta = 0$°일 때 $200 \times \sin 0 = 0$ V

$\theta = 45$°일 때 $200 \times \sin 45° = \dfrac{200}{\sqrt{2}}$ V

$\theta = 90$°일 때 $200 \times \sin 90° = 200$ V

1.2 ● 각도의 표시

각도는 도수법(60분법)의 단위인 [°]를 주로 사용하지만, 공학에서는 일반적으로 호도법을 사용한다. 호도법에서 단위는 라디안(radian, [rad])을 사용한다.

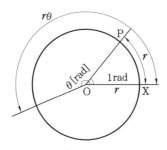

[그림 5-3] 호도법의 표시

[그림 5-3]에서 반지름 $OX=r$인 원에서 호의 길이가 $XP=r$로 같을 때 $\angle XOP$의 크기 θ를 1호도 rad라 하고, 이것을 단위로 하는 각의 측정법을 호도법이라 한다.

따라서 반지름 $r=1$인 단위 원에서의 원둘레는 $2\pi r=2\pi\times1=2\pi$가 되므로 각도 $360°=2\pi$ [rad]가 된다.

Q 예제 5.2

각도 120°를 호도법으로 나타내면 몇 rad인가?

풀이 $x=\dfrac{\pi}{180°}\times\theta=\dfrac{\pi}{180°}\times120°=\dfrac{2}{3}\pi$ [rad]

Q 예제 5.3

$\dfrac{7}{6}\pi$ [rad]은 도수법으로 나타내면 몇 도인가?

풀이 $x=\dfrac{180°}{\pi}\times\theta=\dfrac{180°}{\pi}\times\dfrac{7}{6}\pi=210°$

1.3 ● 각속도

각속도(angular velocity)는 회전체가 1초 동안에 회전한 각도를 말하며, 기호는 ω (omega), 단위는 rad/s를 사용한다.

[그림 5-4]에서 t초 동안에 θ[rad]만큼 회전하면 각속도 ω는

$$\omega = \frac{\theta}{t}\,[\text{rad/s}] \quad \cdots\cdots\cdots\cdots\cdots\cdots\cdots\cdots\cdots\cdots\cdots\cdots\cdots\cdots\cdots\cdots (5\text{-}4)$$

가 된다.

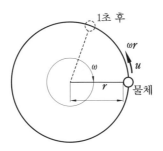

[그림 5-4] 각속도

식 (5-4)에서 $\theta = \omega t$[rad]이므로 다음과 같이 나타낸다.

$$v = V_m \sin\theta = V_m \sin\omega t\,[\text{V}] \quad \cdots\cdots\cdots\cdots\cdots\cdots\cdots\cdots\cdots\cdots\cdots (5\text{-}5)$$

또한 회전체가 1초 동안에 n 회전을 한다면 각속도 ω는 다음과 같이 나타낼 수 있다.

$$\omega = 2\pi n\,[\text{rad/s}] \quad \cdots\cdots\cdots\cdots\cdots\cdots\cdots\cdots\cdots\cdots\cdots\cdots\cdots\cdots (5\text{-}6)$$

Q 예제 5.4

어떤 회전체가 1분 동안에 1800 회전을 하였다면 이 회전체의 각속도는 얼마인가?

풀이 $\omega = 2\pi n = 2\pi \times \dfrac{1800}{60} = 60\pi\,[\text{rad/s}]$

1.4 ● 주파수와 위상

교류 파형은 시간에 따라 주기적으로 반복되는데 이때 교류 파형의 1회 변화를 1사이클(cycle)이라 하며, 1사이클의 변화에 필요한 시간을 주기(period)라 한다. 주기의 기호는 T로 나타내고 단위는 초(s)를 사용한다.

주파수(frequency)는 1초 동안에 반복되는 사이클의 수를 말하며, 기호는 f로 나타내고 단위는 헤르츠(hertz)로 Hz를 사용한다.

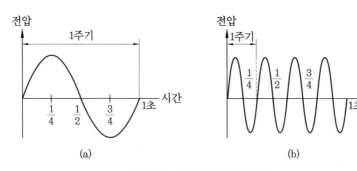

[그림 5-5] 주기와 주파수

따라서 주기 T[s]와 주파수 f[Hz] 사이에는 서로 다음과 같은 관계가 성립한다.

$$T = \frac{1}{f} \text{[s]}, \ f = \frac{1}{T} \text{[Hz]} \quad \cdots\cdots\cdots\cdots\cdots\cdots\cdots\cdots\cdots\cdots (5-7)$$

주기 T[s]와 각속도 ω[rad/s] 사이의 관계에서 1사이클의 각도는 2π[rad]이므로 다음과 같은 관계가 성립한다.

$$T = \frac{2\pi}{\omega} \text{[s]} \quad \cdots\cdots\cdots\cdots\cdots\cdots\cdots\cdots\cdots\cdots\cdots\cdots\cdots\cdots (5-8)$$

위의 식으로부터 주파수와 각속도의 관계는 다음과 같다.

$$f = \frac{1}{T} = \frac{1}{\frac{2\pi}{\omega}} = \frac{\omega}{2\pi} \quad \cdots\cdots\cdots\cdots\cdots\cdots\cdots\cdots\cdots\cdots\cdots\cdots (5-9)$$

$$\therefore \ \omega = 2\pi f \text{[rad/s]} \quad \cdots\cdots\cdots\cdots\cdots\cdots\cdots\cdots\cdots\cdots\cdots\cdots (5-10)$$

여기서, 각속도 ω는 주파수와 밀접한 관계가 있으므로 ω를 각 주파수(angular frequency)라고 한다.

Q 예제 5.5

주기 $T = 0.002$ s인 교류의 주파수 f는 얼마인가?

풀이 $f = \dfrac{1}{T} = \dfrac{1}{0.002} = 500 \text{ Hz}$

Q 예제 5.6

주파수 $f = 60$ Hz의 각속도 ω는 얼마인가?

풀이 $\omega = 2\pi f = 2 \times 3.14 \times 60 = 377 \text{ rad/s}$

1.5 ○ 위상과 위상차

주파수가 같은 2개 이상의 교류 파형 간의 차이를 나타내는 데는 위상(phase)을 사용한다. [그림 5-6(a)]와 같이 N, S극의 자극 내에서 코일 A는 XOX′ 축과 일치하고, 코일 B는 XOX′축과 시계 방향을 θ의 각을 이루고 있는 경우, 이 두 개의 코일을 동일한 각속도로 화살표 방향으로 회전시키면 각 코일 A, B에 발생하는 전압 v_a, v_b의 파형은 [그림 5-6(b)]와 같다. 이 두 전압 파형을 순시값으로 나타내면 다음과 같다.

$$v_a = V_m \sin\omega t \,[\text{V}] \quad\text{(5-11)}$$

$$v_b = V_m \sin(\omega t - \theta)\,[\text{V}] \quad\text{(5-12)}$$

위 식에서 θ는 전압 v_a의 파형이 전압 v_b의 파형으로부터 벗어난 각도이며, 이 각도를 위상차(phase difference)라고 한다.

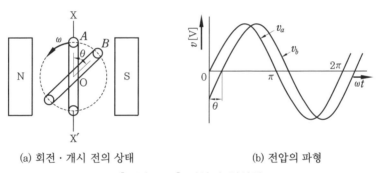

(a) 회전·개시 전의 상태   (b) 전압의 파형

[그림 5-6] 전압의 위상차

이때 v_b는 v_a보다 위상이 θ만큼 뒤진다(lag)라고 한다.

교류 사이에 시간적인 차이가 없는 위상차가 0인 경우를 동상 또는 동위상(in-phase)이라고 한다.

Q 예제 5.7

다음 교류 전압과 전류의 위상차는 얼마이며 어떤 관계가 있는가?
$$v = V_m \sin\left(\omega t + \frac{\pi}{3}\right)[\text{V}], \quad i = I_m \sin\left(\omega t + \frac{\pi}{6}\right)[\text{V}]$$

풀이 전압과 전류의 위상차 $\theta = \dfrac{\pi}{3} - \dfrac{\pi}{6} = \dfrac{\pi}{6}\,[\text{rad}]$

따라서 전압을 기준으로 하면 전류는 전압보다 $\dfrac{\pi}{6}\,[\text{rad}]$만큼 뒤져있다.

2. 정현파 교류의 표시

2.1 ● 순시값과 최댓값

정현파 교류의 전압 v와 전류 i는 다음과 같이 나타낸다.

$$v = V_m \sin\omega t \,[\mathrm{V}] \quad\text{..} (5\text{-}13)$$

$$i = I_m \sin\omega t \,[\mathrm{A}] \quad\text{..} (5\text{-}14)$$

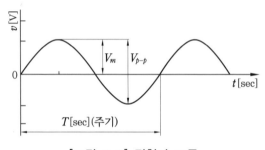

[그림 5-7] 정현파 교류

[그림 5-7]과 같이 교류 전압 $v\,[\mathrm{V}]$는 시간에 따라 변하고 있으므로 임의의 순간 전압을 순시값(instantaneous value)이라 하고 순시값을 나타내는 기호는 전압은 v, 전류는 i와 같이 소문자로 나타낸다.

교류의 순시값 중에서 가장 큰 값을 최댓값(maximum value) 또는 진폭(amplitude)이라고 하며 기호는 전압은 V_m, 전류는 I_m과 같이 나타낸다.

[그림 5-7]에서 파형의 양의 최댓값과 음의 최댓값 사이의 값 $V_{p-p}\,[\mathrm{V}]$를 피크-피크값(peak to peak)이라고 한다. 전류의 경우에는 $I_{p-p}\,[\mathrm{A}]$를 사용한다.

Q 예제 5.8

순시 전압 $v = 100\sin\omega t\,[\mathrm{V}]$일 때, 전압 파형의 최댓값 V_m과 피크-피크값 $V_{p-p}\,[\mathrm{V}]$는 얼마인가?

풀이 $V_m = 100\,\mathrm{V}$이고, $V_{p-p} = 100 - (-100) = 200\,\mathrm{V}$

2.2　● 평균값

　　교류의 크기를 나타내는 방법으로 교류 순시값의 1주기 동안의 평균을 취하여 그 값을 교류의 평균값(average value)이라 한다. 그러나 정현파의 경우는 (+)방향과 (−)방향의 크기가 대칭이므로 1주기 동안의 평균값은 0이 된다. 따라서 정현파 교류는 1/2 주기 동안의 평균을 취하여 평균값은 V_{av}[V], 전류의 평균값은 I_{av}[A]로 나타낸다.

　　[그림 5-8]과 같이 1/2 주기에서 빗금 친 부분과 점으로 된 부분의 넓이가 같도록 그려진 선 a-b의 값을 평균값 V_{av}[V]라고 한다.

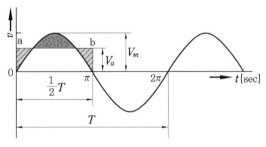

[그림 5-8] 교류의 평균값

정현파 교류의 전압과 전류의 평균값과 최댓값 사이의 관계는 다음과 같다.

$$V_{av} = \frac{1}{T}\int_0^T v\,dt \quad\cdots\cdots\cdots (5\text{-}15)$$

$$V_{av} = \frac{1}{T/2}\int_0^{T/2} v\,dt = \frac{2}{T}\int_0^{T/2} v\,dt \quad\cdots\cdots (5\text{-}16)$$

$v = V_m \sin\omega t$ [V] 및 $T = 2\pi$ 이므로

$$V_{av} = \frac{2}{T}\int_0^{T/2} v(t)\,dt = \frac{2}{T}\int_0^{T/2} V_m \sin\omega t\,dt \quad\cdots\cdots (5\text{-}17)$$

$$V_{av} = \frac{1}{\pi}\int_0^\pi v(\theta)\,d\theta = \frac{1}{\pi}\int_0^\pi V_m \sin\theta\,d\theta \quad\cdots\cdots (5\text{-}18)$$

$$V_{av} = \frac{1}{\pi}\int_0^\pi V_m \sin\theta\,d\theta = \frac{V_m}{\pi}\big[1 - \cos\theta\big]_0^\pi$$

$$= \frac{2}{\pi}V_m \fallingdotseq 0.637\,V_m \quad\cdots\cdots\cdots (5\text{-}19)$$

가 된다.

전압 및 전류의 평균값은

$$V_{av} = \frac{2}{\pi} V_m \fallingdotseq 0.637 V_m \,[\text{V}]$$ ··· (5-20)

$$I_{av} = \frac{2}{\pi} I_m \fallingdotseq 0.637 I_m \,[\text{A}]$$ ··· (5-21)

Q 예제 5.9

정현파 교류 전압의 순시값 $v = 200 \sin \omega t \,[\text{V}]$일 때 최댓값과 평균값은 얼마인가?

풀이 최댓값은 $V_m = 200\,\text{V}$

평균값은 $\dfrac{2}{\pi} V_m = \dfrac{2}{\pi} \times 200 \fallingdotseq 0.637 \times 200 \fallingdotseq 127.4\,\text{V}$

2.3 • 실효값

동일한 저항에 직류와 교류를 동일시간 동안 인가하였을 때 소비되는 전력량이 같은 경우, 이때의 직류값을 정현파 교류의 실효값(effective value)으로 정의한다.

저항 $R\,[\Omega]$에 직류 전류 $I\,[\text{A}]$를 $t\,[\text{s}]$ 동안 흘렸을 때의 전력 P_{dc}와 발열량 W는

$$P_{dc} = VI = I^2 R \,[\text{W}]$$ ··· (5-22)

$$W = I^2 Rt \,[\text{J}]$$ ··· (5-23)

같은 저항 $R\,[\Omega]$에 교류 전류 $i(t)$가 흐를 때의 순시 전력은

$$p = i^2 R \,[\text{W}]$$ ··· (5-24)

가 된다.

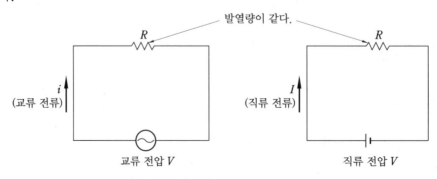

[그림 5-9] 정현파 교류의 실효값

그런데 전류 i가 직류와 같이 일정한 크기가 아니고 시간에 따라 변하고 있으므로 $i^2 R$도 [그림 5-10]과 같이 주기적으로 변한다.

순시 전력 p에 대한 1주기 동안의 평균 전력을 P_{av}라고 하면

$$P_{av} = (I^2 R\text{의 평균}) = (i^2\text{의 평균}) \times R$$

이므로 t[s] 동안의 발열량을 W'라고 하면

$$W' = (i^2\text{의 평균}) \times R \times t\ [\text{J}] \quad\text{……………………}(5-25)$$

따라서 실효값의 정리에 의하여 직류에 의한 발열량 W와 교류에 의한 발열량 W'를 같다고 하면

$$I^2 \times R \times t = (i^2\text{의 평균}) \times R \times t$$

$$\therefore\ I = \sqrt{i^2\text{의 평균}} \quad\text{………………………………}(5-26)$$

$$I = \sqrt{\frac{1}{T}\int_0^T i^2\,dt} = \sqrt{\frac{1}{T}\int_0^T (I_m \sin\omega t)^2\,dt}$$

$I_m \sin\omega t = I_m \sin\theta$이므로

$$I = \sqrt{\frac{1}{T}\int_0^T i^2\,dt} = \sqrt{\frac{1}{2\pi}\int_0^{2\pi} i^2\,d\theta} \quad\text{……………}(5-27)$$

$i = I_m \sin\theta$를 대입하여 구하면

$$I = \sqrt{\frac{1}{2\pi}\int_0^{2\pi} i^2\,d\theta} = \sqrt{\frac{1}{2\pi}\int_0^{2\pi} (I_m \sin\theta)^2\,d\theta}$$

$$= \sqrt{\frac{I_m^2}{2\pi}\int_0^{2\pi} \frac{1}{2}(1-\cos 2\theta)\,d\theta} \quad\text{…………}(5-28)$$

$$= \sqrt{\frac{I_m^2}{4\pi}\left[\theta - \frac{1}{2}\sin 2\theta\right]_0^{2\pi}} = \frac{I_m}{\sqrt{2}} = 0.707\,I_m \quad\text{…}(5-29)$$

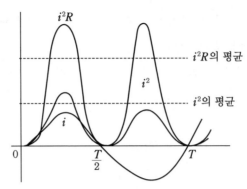

[그림 5-10] 교류의 순시전력

교류의 실효값은 순시값 v 또는 i의 제곱(square)에 대한 평균값(mean)의 제곱근 (root)을 의미하므로 실효값을 r.m.s(root mean square)라고 한다.

계산된 전류 및 전압의 실효값은 다음과 같다.

$$I = \frac{I_m}{\sqrt{2}} = 0.707\,I_m \quad \cdots\cdots\cdots\cdots\cdots\cdots\cdots\cdots\cdots\cdots\cdots\cdots (5-30)$$

$$V = \frac{V_m}{\sqrt{2}} = 0.707\,V_m \quad \cdots\cdots\cdots\cdots\cdots\cdots\cdots\cdots\cdots\cdots\cdots (5-31)$$

Q 예제 5.10

정현파 교류 전압과 전류의 순시값 $v = 100\sin\omega t\,[\mathrm{V}]$, $i = 10\sin\omega t\,[\mathrm{A}]$일 때 전압과 전류의 실효값은 얼마인가?

풀이 전압의 실효값

$$V = \frac{V_m}{\sqrt{2}} = \frac{100}{\sqrt{2}} = 0.707 \times 100 = 70.7\,\mathrm{V}$$

전류의 실효값

$$I = \frac{I_m}{\sqrt{2}} = \frac{10}{\sqrt{2}} = 0.707 \times 10 = 7.07\,\mathrm{A}$$

Q 예제　5.11

[그림 5-11]에서 처음 10초 간은 50 A의 전류를 흘리고, 다음 20초 간은 40 A의 전류를 흘릴 때 전류의 실효값을 구하여라.

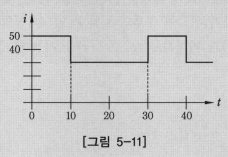

[그림 5-11]

풀이 주기가 30초이므로 실효값은

$$I = \sqrt{\frac{1}{T}\int_0^T i^2 dt} = \sqrt{\frac{1}{30}\left(\int_0^{10} 50^2 dt + \int_{10}^{30} 40^2 dt\right)}$$

$$= \sqrt{1900} \fallingdotseq 43.58 \text{ A}$$

Q 예제　5.12

[그림 5-12]와 같은 비정현파 교류 파형을 갖는 전류의 실효값을 구하여라.

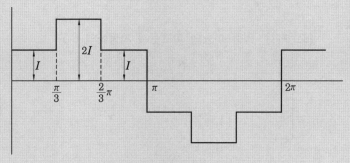

[그림 5-12]

풀이 실효값 $= \sqrt{\dfrac{I^2 + (2I)^2 + (I^2)\cdot\dfrac{\pi}{3}}{\pi}} = \sqrt{\dfrac{I^2 + 4I^2 + I^2}{3}} = \sqrt{\dfrac{6I^2}{3}} = \sqrt{2}\,I$

Q 예제　5.13

교류 전압의 실효값이 314 V라면, 평균값은 얼마인가?

풀이 $V_m = \dfrac{2\sqrt{2}}{\pi}\cdot V = \dfrac{2\sqrt{2}}{\pi}\cdot 314 \fallingdotseq 283 \text{ V}$

2.4 ○ 파고율과 파형률

일반적으로 교류는 실효값으로 나타내며 이 실효값으로는 파형을 알 수 없기 때문에 개략적으로 파형을 파악하기 위하여 구형파에 대한 일그러짐의 정도를 나타내는 계수로서 파고율(crest factor)과 파형률(form factor)을 사용한다.

$$파고율 = \frac{최댓값}{실효값}$$

$$파형률 = \frac{실효값}{평균값} \ 으로 \ 나타낸다.$$

실효값 V와 평균값 V_{av}로부터

$$파고율 = \frac{V_m}{V} = \frac{V_m}{V_m/\sqrt{2}} = \sqrt{2} \fallingdotseq 1.414 \quad \cdots\cdots\cdots\cdots\cdots (5-32)$$

$$파형률 = \frac{V}{V_{av}} = \frac{V_m/\sqrt{2}}{2\,V_m/\pi} = \frac{\pi}{2\sqrt{2}} \fallingdotseq 1.11 \quad \cdots\cdots\cdots\cdots\cdots (5-33)$$

[표 5-1]은 각종 파형의 파고율과 파형률을 비교하여 나타낸 것이다.

[표 5-1] 각종 파형의 파고율과 파형률의 비교

명칭	파형	파고율	파형률	실효값
구형파		1.0	1.0	V_m
정현파		1.414	1.11	$\frac{V_m}{\sqrt{2}} = 0.707 \ V_m$
삼각파		1.732	1.155	$\frac{V_m}{\sqrt{3}} = 0.577 \ V_m$
반파정류		2	1.57	$\frac{V_m}{2} = 0.5 \ V_m$

3. 복소수

3.1 복소수

복소수(complex mumber)는 실수(real number)와 허수(imabinary number)로 이루어진 수이다. 여기서 허수는 제곱하면 음수가 되는 수를 나타내며, 허수의 단위로 공학에서는 j를 사용한다.

$$j = \sqrt{-1}, \ j^2 = -1 \quad \text{................................} (5\text{-}34)$$

복소수 A를 식 (5-35)와 같은 형식으로 실수부와 허수부로 나타낼 수 있다.

$$A = (\text{실수부}) + j(\text{허수부}) = a + jb \quad \text{................................} (5\text{-}35)$$

복소수의 크기는 A로 절댓값(absolute value)을 나타낸다.

$$A = \sqrt{(\text{실수부})^2 + (\text{허수부})^2} = \sqrt{a^2 + b^2} \quad \text{................} (5\text{-}36)$$

3.2 공액복소수

복소수 $A_1 = a + jb$, $A_2 = a - jb$와 같이 실수부는 같고 허수부의 부호만이 서로 다른 경우의 복소수를 서로 공액(conjugate)이라고 한다.

$$(a + jb) \times (a - jb) = a^2 + b^2 \quad \text{................................} (5\text{-}37)$$

서로 공액인 복소수를 곱하면 항상 실수가 되는데, 이러한 특성은 복소수로 된 분모를 유리화하는 데 이용된다.

Q 예제 5.14

복소수 $A = 8 + j6$의 절댓값 A는 얼마인가?

풀이 $A = \sqrt{8^2 + 6^2} = \sqrt{100} = 10$

3.3 ● 복소수의 벡터표시

(1) 직각 좌표 표시

[그림 5-13]과 같이 직각 좌표축의 원점 O를 기점으로 하는 벡터 A는 OX축의 성분 a를 실수부, OY축의 성분 b를 허수부로 하면 다음과 같은 복소수로 표시할 수 있다.

$$A_1 = a + jb \quad\cdots\cdots\cdots (5\text{-}38)$$

이와 같이 직각 좌표상의 성분으로 벡터를 표시하는 것을 직각 좌표 형식이라 하고, 벡터 A의 크기(절댓값)와 편각은 식 (5-39), (5-40)과 같다.

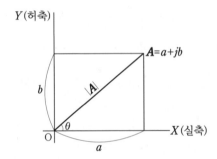

[그림 5-13] 복소수의 직각 좌표 표시

$$A = |A| = \sqrt{(\text{실수부})^2 + (\text{허수부})^2} = \sqrt{a^2 + b^2} \quad\cdots\cdots\cdots (5\text{-}39)$$

$$\theta = \tan^{-1}\frac{\text{허수부}}{\text{실수부}} = \tan^{-1}\frac{b}{a} \quad\cdots\cdots\cdots (5\text{-}40)$$

(2) 극좌표 표시

[그림 5-13]에서 벡터 A의 절댓값 A, 편각을 θ라 하면, 이 벡터의 실수부 성분 a와 허수부 성분 b는 다음과 같다.

$$a = A\cos\theta, \quad b = A\sin\theta \quad\cdots\cdots\cdots (5\text{-}41)$$

따라서 벡터 A는 다음과 같이 표시할 수 있다.

$$A = A\cos\theta + jA\sin\theta = A(\cos\theta + j\sin\theta) \quad\cdots\cdots\cdots (5\text{-}42)$$

이와 같이 표시하는 식을 특히 삼각함수 형식이라고 한다.

이것을 절댓값과 편각을 이용하여 다음과 같이 표현할 수 있다.

$$A = A\angle\theta \quad \cdots\cdots\cdots\cdots\cdots\cdots\cdots\cdots\cdots\cdots\cdots\cdots\cdots\cdots\cdots\cdots\cdots (5-43)$$

벡터 A를 이와 같이 표시하는 것을 극좌표 형식이라고 한다.

(3) 지수함수 표시

자연 대수의 밑을 ε라 하면, $\varepsilon^{j\theta}$는 오일러의 공식(Euler's formula)에 의해 다음과 같이 표시할 수 있다.

$$\varepsilon^{j\theta} = \cos\theta + j\sin\theta \quad \cdots\cdots\cdots\cdots\cdots\cdots\cdots\cdots\cdots\cdots\cdots\cdots (5-44)$$

따라서 크기가 A이고 편각이 θ인 복소수 A의 지수함수 형식의 표현은 다음과 같다.

$$A = A\varepsilon^{j\theta} \quad \cdots\cdots\cdots\cdots\cdots\cdots\cdots\cdots\cdots\cdots\cdots\cdots\cdots\cdots\cdots (5-45)$$

이와 같이 벡터를 지수함수 형식으로 나타낼 수 있으며, 이 표시법은 벡터의 곱셈과 나눗셈에 매우 유용하게 사용된다.

4. 복소수의 연산

4.1 ○ 덧셈과 뺄셈

복소수 $A_1 = a_1 + jb_1$, $A_2 = a_2 - jb_2$일 때 이들의 합과 차를 구하면 다음과 같다.

$$A_1 + A_2 = (a_1 + jb_1) + (a_2 - jb_2) = (a_1 + a_2) + j(b_1 - b_2)$$
$$A_1 - A_2 = (a_1 + jb_1) - (a_2 - jb_2) = (a_1 - a_2) + j(b_1 + b_2)$$

따라서 복소수의 덧셈과 뺄셈은 실수부는 실수부끼리, 허수부는 허수부끼리의 합과 차를 구하면 된다.

Q 예제 5.15

벡터 $A_1 = 60 + j80$, $A_2 = 40 + j30$ 있을 때 $A_1 + A_2$와 $A_1 - A_2$를 구하여라.

풀이 $A_1 + A_2 = (60 + j80) + (40 + j30) = (60 + 40) + j(80 + 30) = 100 + j110$
  $A_1 - A_2 = (60 + j80) - (40 + j30) = (60 - 40) + j(80 - 30) = 20 + j50$

4.2 ● 곱셈과 나눗셈

복소수 A_1과 A_2가 다음과 같을 때 곱셈과 나눗셈을 여러 가지 방법으로 구하여 본다.

$$A_1 = a_1 + jb_1 = A_1 \angle \theta_1 = A_1 \varepsilon^{j\theta_1}$$

단, $A_1 = \sqrt{a_1^2 + b_1^2}$, $\theta_1 = \tan^{-1} \dfrac{b_1}{a_1}$

$$A_2 = a_2 + jb_2 = A_2 \angle \theta_2 = A_2 \varepsilon^{j\theta_2}$$

단, $A_2 = \sqrt{a_2^2 + b_2^2}$, $\theta_2 = \tan^{-1} \dfrac{b_2}{a_2}$

(1) 곱셈

A_1과 A_2의 복소수가 있을 때, 곱셈을 하면 다음과 같다.

① 직각 좌표 형식

$$A_1 \times A_2 = (a_1 + jb_1) + (a_2 + jb_2) = (a_1 a_2 - b_1 b_2) + j(a_1 b_2 + b_1 a_2)$$

② 극좌표 형식

$$A_1 \times A_2 = A_1 \angle \theta_1 \times A_2 \angle \theta_2 = A_1 \times A_2 \angle \theta_1 + \theta_2$$

③ 지수함수 형식

$$A_1 \times A_2 = A_1 \varepsilon^{j\theta_1} \times A_2 \varepsilon^{j\theta_2} = A_1 \times A_2 \varepsilon^{j(\theta_1 + \theta_2)}$$

이와 같은 결과는 두 복소수의 곱의 절댓값은 각 복소수의 절댓값의 곱과 같고, 곱의 편각은 각 복소수의 편각의 합과 같다.

Q 예제 5.16

벡터 $A_1 = 3 + j4$, $A_2 = 6 + j8$이 있을 때 $A_1 \times A_2$를 구하여라.

풀이 ① 직각 좌표식 $A_1 \times A_2 = (3 + j4) \times (6 + j8) = -14 + j48$

절댓값 $A = \sqrt{(-14)^2 + (48)^2} = 50$

편각 $\theta = \tan^{-1} \dfrac{48}{-14} = 106°$

② 극 좌표식 $A_1 = A_1 \angle \theta_1$, $A_2 = A_2 \angle \theta_2$로 하면

절댓값 $A_1 = \sqrt{3^2 + 4^2} = 5$

편각 $\theta_1 = \tan^{-1}\dfrac{4}{3} = 53°$

절댓값 $A_2 = \sqrt{6^2 + 8^2} = 10$

편각 $\theta_1 = \tan^{-1}\dfrac{8}{6} = 53°$

$\therefore\ A_1 \times A_2 = 5\angle 53° \times 10\angle 53° = 5 \times 10 \angle 53° + 53° = 50\angle 106°$

(2) 나눗셈

A_1과 A_2의 복소수가 있을 때, 나눗셈을 하면 다음과 같다.

① 직각 좌표 형식

$$\frac{A_1}{A_2} = \frac{a_1 + jb_1}{a_2 + jb_2} = \frac{(a_1 + jb_1)(a_2 - jb_2)}{(a_2 + jb_2)(a_2 - jb_2)}$$

일반적으로 분모를 유리화하기 위해 분모의 공액 복소수를 분모, 분자에 곱하여 정리한다.

② 극좌표 형식

$$\frac{A_1}{A_2} = \frac{A_1 \angle \theta_1}{A_2 \angle \theta_2} = \frac{A_1}{A_2} \angle \theta_1 - \theta_2$$

③ 지수 함수 형식

$$\frac{A_1}{A_2} = \frac{A_1 \varepsilon^{j\theta_1}}{A_2 \varepsilon^{j\theta_2}} = \frac{A_1}{A_2} \varepsilon^{j(\theta_1 - \theta_2)}$$

이와 같은 결과는 두 복소수의 나눗셈의 절댓값은 각 복소수의 절댓값의 나누기와 같고, 나눗셈의 편각은 각 복소수의 편각의 차와 같다.

Q 예제 5.17

벡터 $A_1 = 6 + j8$, $A_2 = 3 + j4$가 있을 때, $\dfrac{A_1}{A_2}$을 구하여라.

풀이 ① 직각 좌표식 $\dfrac{A_1}{A_2} = \dfrac{6 + j8}{3 + j4} = \dfrac{(6 + j8)(3 - j4)}{(3 + j4)(3 - j4)} = \dfrac{50}{25} = 2$

② 극 좌표식 $A_1 = A_1 \angle \theta_1$, $A_2 = A_2 \angle \theta_2$로 하면

절댓값 $A_1 = \sqrt{6^2 + 8^2} = 10$

편각 $\theta_1 = \tan^{-1}\dfrac{8}{6} = 53°$

절댓값 $A_2 = \sqrt{3^2 + 4^2} = 5$

편각 $\theta_2 = \tan^{-1}\dfrac{4}{3} = 53°$

$\therefore \dfrac{A_1}{A_2} = \dfrac{10 \angle 53°}{5 \angle 53°} = \dfrac{10}{5} \angle 53° - 53° = 2 \angle 0°$

5. 교류 전류에 대한 RLC 작용

5.1 ○ 저항(R)만의 회로

(1) 저항의 작용

[그림 5-14(a)]와 같이 $R[\Omega]$의 저항 회로에 교류 순시 전압 v를 가하면

$$v = V_m \sin\omega t = \sqrt{2}\, V \sin\omega t [\text{V}] \quad\cdots\cdots\cdots\cdots\cdots (5\text{-}46)$$

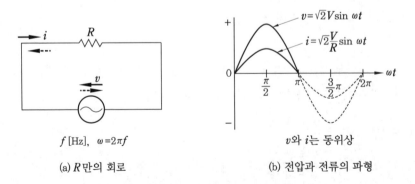

(a) R만의 회로

(b) 전압과 전류의 파형

[그림 5-14] 저항(R) 만의 회로

회로에 흐르는 순시 전류 i는 옴의 법칙에 따라 다음과 같이 된다.

$$i = \frac{v}{R} = \frac{V_m}{R}\sin\omega t = \frac{\sqrt{2}\,V}{R}\sin\omega t \quad \text{(5-47)}$$

여기서, $I = \dfrac{V}{R}$라 하면 다음과 같은 식이 된다.

$$i = I_m\sin\omega t = \sqrt{2}\,I\sin\omega t\,[\text{A}] \quad \text{(5-48)}$$

(2) 전압과 전류의 관계

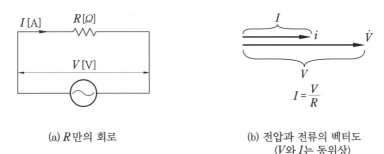

(a) R만의 회로

(b) 전압과 전류의 벡터도
(V와 I는 동위상)

[그림 5-15] 저항만의 회로와 벡터도

[그림 5-15]와 같이 저항 R만의 회로에서 전류의 크기는 전압의 크기를 저항으로 나눈 값이 되고 전압과 전류는 동상이다.

전압과 전류의 크기를 실효값으로 나타내면 다음과 같다.

$$I = \frac{V}{R}\,[\text{A}] \quad \text{(5-49)}$$

(3) 복소 기호법의 표현

저항 R만의 회로에서 전압 $V[\text{V}]$를 가하여 $I[\text{A}]$의 전류가 흐르는 경우 V와 I의 관계는 [그림 5-15(b)]와 같은 벡터도로 다음과 같이 나타낸다.

$$V = RI\angle 0°\,[\text{V}] \quad \text{(5-50)}$$

$$I = \frac{V}{R}\angle 0°\,[\text{A}] \quad \text{(5-51)}$$

일반적으로 전압 V와 전류 I의 비를 임피던스(impedance)라 하며 기호로는 Z로 나타낸다.

$$\therefore\ Z = \frac{V\angle 0°}{I\angle 0°} = R\angle 0 = R\,[\Omega] \quad \text{(5-52)}$$

Q 예제 5.18

$20\,\Omega$의 저항 회로에 $v = 100\sqrt{2}\sin\omega t\,[\text{V}]$의 전압을 가했을 때 순시 전류값과 전류의 실효값은 각각 얼마인가?

풀이 순시 전류값 $i = \dfrac{v}{R} = \dfrac{100\sqrt{2}}{20}\sin\omega t = 5\sqrt{2}\sin\omega t\,[\text{A}]$

실효값 $I = \dfrac{I_m}{\sqrt{2}} = \dfrac{5\sqrt{2}}{\sqrt{2}} = 5\,\text{A}$

5.2 ● 인덕턴스(L)만의 회로

(1) 인덕턴스의 작용

[그림 5–16]과 같이 자체 인덕턴스 $L\,[\text{H}]$의 코일 회로에 정현파 교류 순시 전류 i를 흘리면, 코일의 자체유도 작용에 의하여 코일에는 식 (5–54)와 같은 유도전압 v'이 발생한다.

$$i = I_m \sin\omega t\,[\text{A}] \quad\cdots\cdots\cdots\cdots\cdots\cdots\cdots\cdots\cdots\cdots\cdots\cdots\cdots\cdots\cdots\cdots\cdots (5-53)$$

$$v' = -L\frac{\Delta i}{\Delta t} = -\sqrt{2}\,\omega L I \cos\omega t$$

$$= -\sqrt{2}\,\omega L I \sin\!\left(\omega t + \frac{\pi}{2}\right) \quad\cdots\cdots\cdots\cdots\cdots\cdots\cdots\cdots\cdots\cdots\cdots (5-54)$$

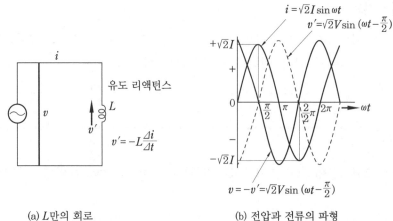

(a) L만의 회로   (b) 전압과 전류의 파형

[그림 5–16] 인덕턴스(L)만의 회로

[그림 5-16(a)]와 같이 코일 회로에 전류 i를 계속 흐르게 하기 위해서는 유도 전압 v'를 제거할 수 있는 크기가 같고 위상이 반대인 식 (5-55)와 같은 전압을 가해 주어야 한다.

$$v = -v' = \sqrt{2}\,\omega LI\sin\left(\omega t + \frac{\pi}{2}\right)$$ ·········· (5-55)

식 (5-54)와 식 (5-55)로부터 전압 v의 위상은 전류 i의 위상보다 $\frac{\pi}{2}$[rad]만큼 앞선다. 또는 전류 i의 위상이 전압 v의 위상보다 $\frac{\pi}{2}$[rad]만큼 뒤진다.

(2) 전압과 전류의 관계

인덕턴스 L만의 회로에서 식 (5-55)로부터 전류 I[A]와 전압 V[V]의 실효값은 다음과 같은 관계가 성립한다.

$$I = \frac{V}{\omega L}[\text{A}]$$ ·········· (5-56)

식 (5-56)에서 인덕턴스 L도 저항과 마찬가지로 전류의 흐름을 방해하는 성질이 있다. 교류 인덕턴스 회로에서 전류의 크기 I[A]는 ωL에 반비례한다.

회로 전류의 위상은 전압보다 $\frac{\pi}{2}$[rad]만큼 뒤진다.

ωL을 유도 리액턴스라 하고, 기호는 X_L로 나타내며, 단위는 Ω을 사용한다.

$$X_L = \omega L = 2\pi f L\,[\Omega]$$ ·········· (5-57)

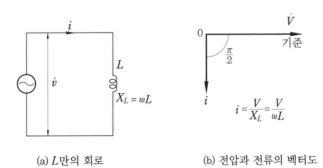

(a) L만의 회로   (b) 전압과 전류의 벡터도

[그림 5-17] 인덕턴스만의 회로와 벡터도

(3) 복소 기호법의 표현

인덕턴스 L만의 회로에 전압 V[V]를 가하여 I[A]의 전류가 흐르는 경우 V와 I의 관계는 [그림 5-17(b)]와 같은 벡터도이므로 다음과 같이 나타낸다.

$$V = j\omega LI = \omega LI \angle \frac{\pi}{2} \,[\mathrm{V}] \quad\text{(5-58)}$$

$$I = \frac{V}{j\omega L} = -j\frac{V}{\omega L} = \frac{V}{\omega L} \angle -\frac{\pi}{2} \quad\text{(5-59)}$$

인덕턴스 L만의 회로에서 전압 V가 전류 I보다 $\frac{\pi}{2}$[rad]만큼 위상이 앞선다.

임피던스를 복소 기호법으로 나타내면 다음과 같다.

$$\therefore \ Z = \frac{V\angle\frac{\pi}{2}}{I\angle 0} = j\omega L = \omega L\angle\frac{\pi}{2}\,[\Omega] \quad\text{(5-60)}$$

Q 예제 5.19

자체 인덕턴스 20 mH의 코일에 60 Hz의 교류 전압을 가할 때 코일의 유도 리액턴스는 얼마인가?

풀이 $X_L = 2\pi f L = 2 \times 3.14 \times 60 \times 20 \times 10^{-3} \fallingdotseq 3.77 \ \Omega$

5.3 ○ 정전용량(C)만의 회로

(1) 정전용량의 작용

[그림 5-18(a)]와 같이 정전용량 C[F]의 콘덴서 회로에 정현파 교류 전압

$$v = \sqrt{2}\,V\sin\omega t\,[\mathrm{V}] \quad\text{(5-61)}$$

을 가할 때, 콘덴서에 축적되는 전하 q[C]은

$$q = Cv = \sqrt{2}\,CV\sin\omega t\,[\mathrm{C}] \quad\text{(5-62)}$$

이 되며 [그림 5-18(b)]와 같이 가해진 전압 v와 동상인 정현파 모양으로 변화한다. 전류 i[A]는 단위 시간당 이동하는 전하이므로 다음과 같이 된다.

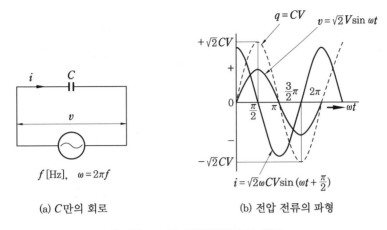

(a) C만의 회로 · (b) 전압 전류의 파형

[그림 5-18] 정전용량만의 회로

$$i = \frac{\Delta q}{\Delta t} = \frac{\Delta(\sqrt{2}\,CV\sin\omega t)}{\Delta t}$$

$$= \sqrt{2}\,\omega CV\sin\left(\omega t + \frac{\pi}{2}\right)[\text{A}] \quad \cdots\cdots (5\text{-}63)$$

식 (5-6)에서 $I=\omega CV$라 하면, 전류 i[A]는 식 (5-64)로 나타낼 수 있다.

$$i = \sqrt{2}\,\omega CV\sin\left(\omega t + \frac{\pi}{2}\right)$$

$$= \sqrt{2}\,I\sin\left(\omega t + \frac{\pi}{2}\right)[\text{A}] \quad \cdots\cdots (5\text{-}64)$$

식 (5-63)과 (5-64)로부터 전압 v의 위상은 전류 i의 위상보다 $\frac{\pi}{2}$[rad]만큼 뒤진다. 또는, 전류 i의 위상이 전압 v의 위상보다 $\frac{\pi}{2}$[rad]만큼 앞선다.

(2) 전압과 전류의 관계

정전용량 C만의 회로에서 전류 I[A]와 전압 V[V]의 실효값은

$$I = \omega CV = \frac{V}{\dfrac{1}{\omega C}}\,[\text{A}] \quad \cdots\cdots (5\text{-}65)$$

정전용량 C도 저항과 같이 전류의 흐름을 방해하는 성질이 있다.

교류 정전용량 회로에서 전류의 크기 I[A]는 $\frac{1}{\omega C}$에 반비례한다.

$\dfrac{1}{\omega C}$은 회로 전류의 위상도 전압보다 $\dfrac{\pi}{2}$[rad]만큼 앞서게 만든다. $\dfrac{1}{\omega C}$을 용량 리액턴스(capacitive reactance)라 하고, 기호는 X_C로 나타내며 단위는 저항과 같은 Ω을 사용한다.

$$X_C = \frac{1}{\omega C} = \frac{1}{2\pi f C}[\Omega] \quad \cdots\cdots (5\text{--}66)$$

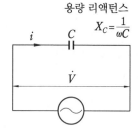

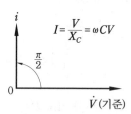

i는 $\dot{V}$보다 $\dfrac{\pi}{2}$[rad] 위상이 앞섬.

(a) 벡터에 의한 C만의 회로 (b) 전압과 전류의 벡터도

[그림 5-19] 정전용량만의 회로와 벡터도

(3) 복소 기호법의 표현

정전용량 C만의 회로에 전압 V[V]를 가하여 I[A]의 전류가 흐르는 경우 V와 I의 관계는 다음과 같다.

$$V = -j\frac{1}{\omega C}I = \frac{1}{\omega C}I \angle -\frac{\pi}{2}[\text{V}] \quad \cdots\cdots (5\text{--}67)$$

$$I = j\omega CV = \omega CV \angle \frac{\pi}{2}[\text{A}] \quad \cdots\cdots (5\text{--}68)$$

정전용량 C만의 회로에서 전압 V가 전류 I보다 $\dfrac{\pi}{2}$[rad]만큼 위상이 뒤진다.

$$\therefore Z = \frac{V\angle 0}{I\angle \frac{\pi}{2}}[\Omega] = -j\frac{1}{\omega C} = \frac{1}{\omega C}\angle -\frac{\pi}{2}[\Omega] \quad \cdots\cdots (5\text{--}69)$$

Q 예제 5.20

정전용량 20μF인 콘덴서에 100 V, 60 Hz의 교류 전압을 가할 때 용량 리액턴스 X_C는 얼마인가?

풀이 $X_C = \dfrac{1}{2\pi f C} = \dfrac{1}{2\times 3.14 \times 60 \times 20 \times 10^{-6}} \fallingdotseq 133\ \Omega$

6. RLC 회로의 계산

6.1 ◦ RLC 직렬회로

(1) RL 직렬회로

[그림 5-20(a)]와 같이 저항 $R[\Omega]$과 자체 인덕턴스 $L[H]$를 직렬접속한 회로에서 주파수 $f[Hz]$, 전압 $V[V]$의 교류를 가할 때, 회로에 흐르는 전류가 $I[A]$라면, 저항 R 양단에 걸리는 전압 V_R과 인덕턴스 L에 걸리는 전압 V_L은 다음과 같이 된다.

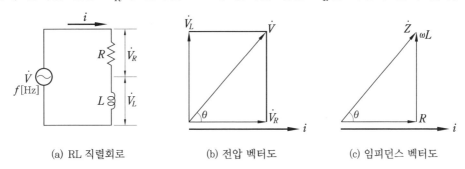

(a) RL 직렬회로	(b) 전압 벡터도	(c) 임피던스 벡터도

[그림 5-20] RL 직렬회로와 벡터도

V_R은 전류 I와 동상이고 크기는 다음과 같다.

$$V_R = IR[V] \quad \cdots\cdots (5-70)$$

자체 인덕턴스 $L[H]$의 유도 리액턴스는

$X_L = \omega L = 2\pi f L[\Omega]$이고, $L[H]$의 양단에 걸리는 전압 V_L은 전류 I보다 위상이 $\frac{\pi}{2}$ [rad]만큼 앞서고 크기는 다음과 같다.

$$V_L = X_L I = \omega L I = 2\pi f L I[V] \quad \cdots\cdots (5-71)$$

$V[V]$는 V_R과 V_L의 벡터 합이 되므로

$$V = V_R + V_L[V] \quad \cdots\cdots (5-72)$$

$V[V]$의 크기는 다음과 같이 나타낼 수 있다.

$$V = \sqrt{V_R^2 + V_L^2} = \sqrt{(RI)^2 + (\omega L I)^2}$$

$$= \sqrt{R^2 + (\omega L)^2}\, I[V] \quad \cdots\cdots (5-73)$$

식 (5-73)으로부터 전류 I[A]는 다음과 같다.

$$I = \frac{V}{\sqrt{R^2 + (\omega L)^2}} = \frac{V}{\sqrt{R^2 + (2\pi f L)^2}} \text{[A]} \quad \cdots\cdots (5-74)$$

식 (5-74)에서 전압과 전류의 비를 나타내면 다음과 같다.

$$\frac{V}{I} = \sqrt{R^2 + (\omega L)^2} = \sqrt{R^2 + (2\pi f L)^2} = Z[\Omega] \quad \cdots\cdots (5-75)$$

전압 V와 전류 I의 위상차 θ는 다음과 같다.

$$\tan\theta = \frac{V_L}{V_R} = \frac{X_L I}{RI} = \frac{\omega L I}{RI} = \frac{\omega L}{R} = \frac{2\pi f L}{R} \quad \cdots\cdots (5-76)$$

$$\therefore \ \theta = \tan^{-1}\frac{X_L}{R} = \tan^{-1}\frac{\omega L}{R} = \tan^{-1}\frac{2\pi f L}{R} \text{[rad]} \quad \cdots\cdots (5-77)$$

이와 같이 RL 직렬회로에 가해진 전압 V의 위상은 전류 I보다 θ[rad]만큼 앞선다.

Q 예제 5.21

저항 $R = 60\ \Omega$과 유도 리액턴스 $\omega L = 80\ \Omega$인 코일이 직렬로 연결된 회로에 200 V의 전압을 인가할 때, 임피던스와 전류의 크기를 구하고, 전압과 전류의 위상차를 구하여라.

풀이 $Z = \sqrt{R^2 + (\omega L)^2} = \sqrt{60^2 + 80^2} = 100\ \Omega$

$I = \dfrac{V}{Z} = \dfrac{200}{100} = 2\ \text{A}$

$\theta = \tan^{-1}\dfrac{\omega L}{R} = \tan^{-1}\dfrac{80}{60} \fallingdotseq 53.13°$

(2) RC 직렬회로

[그림 5-21(a)]와 같이 저항 $R[\Omega]$과 정전용량 C[F]를 직렬접속한 회로에서 주파수 f[Hz], 전압 V[V]의 교류를 가할 때, 회로에 흐르는 전류를 I[A]라 하면, 저항 R양단에 걸리는 전압 V_R과 정전용량 C에 걸리는 전압 V_C는 다음과 같다.

$$V_R = RI \text{[V]} \quad \cdots\cdots (5-78)$$

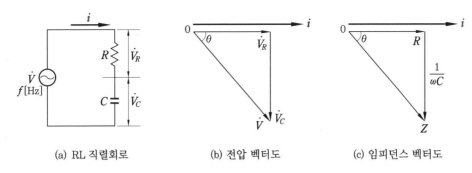

(a) RL 직렬회로　　　(b) 전압 벡터도　　　(c) 임피던스 벡터도

[그림 5-21] RC 직렬회로와 벡터도

정전용량 $C[\text{F}]$의 용량 리액턴스 $X_C = \dfrac{1}{\omega C} = \dfrac{1}{2\pi f C}[\Omega]$이 되고 $C[\text{F}]$의 양단에 걸리는 전압 V_C는 전류 I보다 위상이 $\dfrac{\pi}{2}[\text{rad}]$만큼 뒤진다.

$$V_C = X_C I = \frac{1}{\omega C} I = \frac{1}{2\pi f C} I[\text{V}] \quad\text{(5-79)}$$

$V[\text{V}]$는 V_R과 V_C의 벡터 합이 되므로

$$V = V_R + V_C[\text{V}] \quad\text{(5-80)}$$

[그림 5-21(b)]에서 전 전압 $V[\text{V}]$의 크기는 다음과 같이 나타낼 수 있다.

$$V = \sqrt{V_R^2 + V_C^2} = \sqrt{(RI)^2 + \left(\frac{1}{\omega C}I\right)^2} = \sqrt{R^2 + \left(\frac{1}{\omega C}\right)^2}\,I[\text{V}] \quad\text{(5-81)}$$

식 (5-81)로부터 전류 $I[\text{A}]$는 다음과 같다.

$$I = \frac{V}{\sqrt{R^2 + \left(\frac{1}{\omega C}\right)^2}} = \frac{V}{\sqrt{R^2 + \left(\frac{1}{2\pi f C}\right)^2}} \quad\text{(5-82)}$$

식 (5-82)에서 전압과 전류의 비를 나타내면 다음과 같이 된다.

$$\frac{V}{I} = \sqrt{R^2 + \left(\frac{1}{\omega C}\right)^2} = \sqrt{R^2 + \left(\frac{1}{2\pi f C}\right)^2} = Z[\Omega] \quad\text{(5-83)}$$

전압 V와 전류 I의 위상차 θ는 다음과 같은 식으로 나타낼 수 있다.

$$\tan\theta = \frac{V_C}{V_R} = \frac{X_C I}{RI} = \frac{\frac{I}{\omega C}}{RI} = \frac{\frac{1}{\omega C}}{R} = \frac{\frac{1}{2\pi f C}}{R} \quad\text{(5-84)}$$

$$\therefore \; \theta = \tan^{-1}\frac{X_C}{R} = \tan^{-1}\frac{1/\omega C}{R} = \tan^{-1}\frac{1/2\pi f C}{R} \text{[rad]} \quad\text{(5-85)}$$

Q 예제 5.22

저항 $R = 50\ \Omega$과 용량 리액턴스 $\dfrac{1}{\omega C} = 50\ \Omega$인 콘덴서가 직렬로 연결된 회로에 200 V의 전압을 인가할 때, 임피던스와 전류의 크기를 구하고 전압과 전류의 위상차는 얼마인가?

풀이 $Z = \sqrt{R^2 + \left(\dfrac{1}{wC}\right)^2} = \sqrt{50^2 + 50^2} = 50\sqrt{2}\ \Omega$

$I = \dfrac{V}{Z} = \dfrac{200}{50\sqrt{2}} = 2\text{ A}$

$\theta = \tan^{-1}\dfrac{1/\omega C}{R} = \tan^{-1}\dfrac{50}{50} = 45°$

(3) RLC 직렬회로

① R–L–C 직렬회로의 임피던스

[그림 5-22(a)]와 같이 저항 $R[\Omega]$, 인덕턴스 $L[\text{H}]$, 정전용량 $C[\text{F}]$를 직렬접속한 회로에 주파수 $f[\text{Hz}]$, 전압 $V[\text{V}]$의 교류를 가할 때, 회로에 흐르는 전류를 $I[\text{A}]$라고 하면, 저항 R에 걸리는 전압 V_R, 인덕턴스 L에 걸리는 전압 V_L, 정전용량 C에 걸리는 전압 V_C는 다음과 같다.

$$V_R = RI[\text{V}], \quad V_L = \omega LI[\text{V}], \quad V_C = I/\omega C[\text{V}] \quad\text{(5-86)}$$

$$V = V_R + V_L + V_C[\text{V}] \quad\text{(5-87)}$$

전압 V_R은 전류 I와 동상이고 그 크기는

$$V_R = RI[\text{V}] \quad\text{(5-88)}$$

전압 V_L은 전류 I보다 $\dfrac{\pi}{2}$[rad]만큼 위상이 앞선다.

$$V_L = X_L I = \omega LI = 2\pi f LI[\text{V}] \quad\text{(5-89)}$$

전압 V_C는 전류 I보다 $\dfrac{\pi}{2}$[rad]만큼 위상이 뒤진다.

$$V_C = X_C I = \frac{1}{\omega C} I = \frac{1}{2\pi f C} I \, [\text{V}] \quad \cdots\cdots (5\text{-}90)$$

전압의 크기는 다음과 같다.

$$V = \sqrt{V_R^2 + (V_L - V_C)^2}$$

$$= I\sqrt{R^2 + (X_L - X_C)^2} \, [\text{V}] \quad \cdots\cdots (5\text{-}91)$$

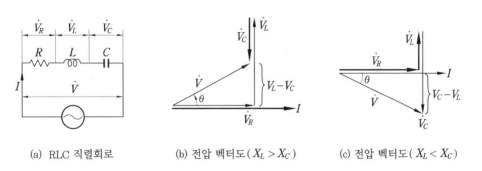

(a) RLC 직렬회로　　(b) 전압 벡터도($X_L > X_C$)　　(c) 전압 벡터도($X_L < X_C$)

[그림 5-22] RLC 직렬회로와 전압 벡터도

식 (5-91)에서 전압과 전류의 비를 임피던스라고 하면 다음과 같이 된다.

$$\frac{V}{I} = \sqrt{R^2 + (X_L - X_C)^2} = \sqrt{R^2 + \left(\omega L - \frac{1}{\omega C}\right)^2} = Z \, [\Omega] \quad \cdots\cdots (5\text{-}92)$$

$$I = \frac{V}{\sqrt{R^2 + (\omega L - 1/\omega C)^2}} = \frac{V}{Z} \quad \cdots\cdots (5\text{-}93)$$

$$\therefore \ Z = \sqrt{(R^2 + (\omega L - 1/\omega C)^2} \, [\Omega] \quad \cdots\cdots (5\text{-}94)$$

전압 V와 전류 I의 위상차 θ는 다음과 같은 식으로 나타낼 수 있다.

$$\tan\theta = \frac{V_L - V_C}{V_R} = \frac{X_L I - X_C I}{RI} = \frac{X_L - X_C}{R} \quad \cdots\cdots (5\text{-}95)$$

$$\therefore \ \theta = \tan^{-1}\frac{X_L - X_C}{R} = \tan^{-1}\frac{\omega L - \frac{1}{\omega C}}{R} = \tan^{-1}\frac{X}{R}[\text{rad}] \quad \cdots\cdots (5\text{-}96)$$

이와 같이 RLC 직렬회로에 가해진 전압 V와 전류 I의 위상차는 리액턴스 성분에 따라 θ[rad]만큼 앞서거나 뒤진다.

Q 예제 5.23

저항 $R=80\ \Omega$, 유도 리액턴스 $X_L=80\ \Omega$, 용량 리액턴스 $X_C=20\ \Omega$인 RLC 직렬 회로에 200 V의 교류 전압을 가할 때, 합성 임피던스 $Z[\Omega]$, 전류 $I[A]$와 저항 양단에 걸리는 전압 $V_R[V]$, 리액턴스 양단에 걸리는 전압 $V_L[V]$ 및 $V_C[V]$는 각각 얼마인가?

풀이 $Z[\Omega]=\sqrt{R^2+(X_L-X_C)^2}=\sqrt{80^2+(80-20)^2}=\sqrt{10000}=100\ \Omega$

$$I=\frac{V}{Z}=\frac{200}{100}=2\ A$$

$$V_R=IR=2\times 80=160\angle 0\ [V]$$

$$V_L=IX_L=2\times 80=160\angle\frac{\pi}{2}\ [V]$$

$$V_C=IX_C=2\times 20=40\angle -\frac{\pi}{2}\ [V]$$

② 직렬 공진

[그림 5-23(a)]와 같이 저항 $R[\Omega]$, 인덕턴스 $L[H]$, 정전용량 $C[F]$를 직렬로 접속한 회로에 주파수 $f[Hz]$, 전압 $V[V]$의 교류를 가할 때, 회로에 흐르는 전류를 $I[A]$, 저항 R에 걸리는 전압 V_R, 인덕턴스 L에 걸리는 전압 V_L, 정전용량 C에 걸리는 전압이 V_C라면 [그림 5-23]과 같다.

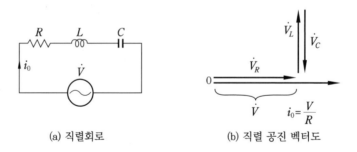

(a) 직렬회로   (b) 직렬 공진 벡터도

[그림 5-23] RLC 직렬 공진 회로

회로에서 전원 전압을 일정하게 유지하고 주파수를 변화시키면 전류의 크기가 최대가 되는 주파수가 존재하는데 이 경우 $\omega L=1/\omega C$가 되어 리액턴스는 0이 되고 $V_L=V_C$가 된다.

따라서 전압과 전류는 동상이 되고 이때 임피던스는 다음과 같다.

$$Z=\sqrt{R^2+\left(\omega L-\frac{1}{\omega C}\right)^2}=R[\Omega]\ \cdots\cdots\cdots\cdots\cdots\cdots (5-97)$$

이때의 전류 I_0는 다음과 같다.

$$I_0 = \frac{V}{Z} = \frac{V}{R} [\text{A}] \quad \cdots\cdots\cdots\cdots\cdots\cdots\cdots\cdots\cdots\cdots\cdots\cdots\cdots\cdots\cdots\cdots\cdots\cdots (5\text{-}98)$$

즉, 회로의 임피던스가 $Z = R$이 되고 전류 I는 최대가 된다.

이와 같은 상태로 되는 것을 직렬 공진(series resonance)이라고 한다.

직렬 공진의 경우 $\omega L = 1/\omega C$의 관계가 성립하므로 이때의 주파수를 f_0, 각 주파수를 ω_0라 하면 다음과 같은 식이 성립한다.

$$\omega_0^2 = \frac{1}{LC}$$

$$\omega = \frac{1}{\sqrt{LC}}$$

$$\therefore f_0 = \frac{1}{2\pi\sqrt{LC}} [\text{Hz}] \quad \cdots\cdots\cdots\cdots\cdots\cdots\cdots\cdots\cdots\cdots\cdots\cdots\cdots\cdots\cdots\cdots (5\text{-}99)$$

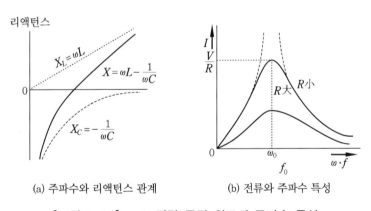

(a) 주파수와 리액턴스 관계   (b) 전류와 주파수 특성

[그림 5-24] RLC 직렬 공진 회로의 주파수 특성

위 식에서 f_0를 공진 주파수(resonance frequency), 또는 고유 진동수(natural frequency) 라고 한다.

또, 공진 시에는 $V_L = V_C = \dfrac{\omega_0 L}{R} V = \dfrac{1}{\omega_0 CR} V[\text{V}]$

$$\therefore \frac{V_L}{V} = \frac{V_C}{V} = \frac{\omega_0 L}{R} = \frac{1}{\omega_0 CR} = Q \quad \cdots\cdots\cdots\cdots\cdots\cdots\cdots\cdots\cdots\cdots\cdots\cdots (5\text{-}100)$$

여기서, Q는 공진할 때의 V_L 또는 V_C와 V의 비이며, 회로 상수 R, L, C에 의하여 정해지는 값으로 회로의 Q 또는 선택도라고 한다.

[그림 5-24(b)]에서와 같이 R이 작아질수록 곡선의 모양은 뾰족해지는데, 이와 같이 곡선의 뾰족한 정도를 나타내는 계수가 Q이다.

Q 예제 5.24

$R = 5\,\Omega$, $L = 10\,\text{mH}$, $C = 1\,\mu\text{F}$가 직렬로 접속된 회로에 교류전압 10 V가 가해져 공진 상태가 되었다고 한다. 이 경우 전원의 공진 주파수, 공진 시의 전류와 공진 시의 인덕턴스와 콘덴서의 단자 전압을 구하여라.

풀이 $f_0 = \dfrac{1}{2\pi \sqrt{LC}} = \dfrac{1}{2\pi \sqrt{10 \times 10^{-3} \times 1 \times 10^{-6}}} \fallingdotseq 1{,}600\,\text{Hz}$

공진 전류는 리액턴스가 0이므로

$$I_0 = \frac{V}{Z_0} = \frac{V}{R} = \frac{10}{5} = 2\,\text{A}$$

선택도 $Q = \omega_0 L / R$이므로 인덕턴스와 콘덴서의 단자 전압은 다음과 같다.

$$V_L = V_C = QV = \frac{\omega_0 L V}{R} = \frac{2\pi \times 1{,}600 \times 10 \times 10^{-3} \times 10}{5} = 201\,\text{V}$$

익·힘·문·제

1. 정현파 교류 전압과 전류의 순시값 $v = 200 \sin \omega t [\text{V}]$, $i = 5 \sin \omega t [\text{A}]$일 때, 전압과 전류의 실효값은 얼마인가?

2. [그림 5-25]와 같은 파형의 평균값을 구하여라.

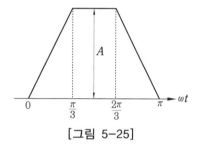

[그림 5-25]

3. [그림 5-26]과 같은 구형파 전압의 평균값을 구하여라.

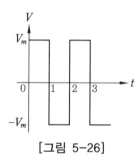

[그림 5-26]

4. [그림 5-27]과 같이 시간축에 대하여 대칭인 3각파 교류 전압 평균값은 얼마인가?

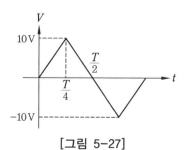

[그림 5-27]

5. R.L.C 직렬회로에서 $R = 5\,\Omega$, $\omega L = 20\,\Omega$, $\dfrac{1}{\omega C} = 15\,\Omega$ 이라고 한다. $V = 9 + j12\,[\text{V}]$ 의 전압을 가할 때 회로에 흐르는 전류 I와 그 크기를 구하여라.

6. 자체 인덕턴스 $L\,[\text{H}]$인 코일에 100 V, 60 Hz의 교류 전압을 가할 때 2.5 A의 전류가 흘렀다. 코일의 자체 인덕턴스는 얼마인가?

7. 정전용량 $100\,\mu\text{C}$인 콘덴서에 200 V의 교류 전압을 가할 때 용량 리액턴스 X_C와 전류 $I[\text{A}]$는 얼마인가? (단, 교류 전압의 주파수는 $f = 60\,\text{Hz}$이다.)

8. 저항 $R = 8\,\Omega$과 유도 리액턴스 $\omega L = 6\,\Omega$인 코일이 직렬로 연결된 회로의 임피던스는 몇 Ω인가?

9. 저항 $R = 5\,\Omega$과 용량 리액턴스 $\dfrac{1}{\omega C} = 4\,\Omega$인 콘덴서가 직렬로 연결된 회로의 임피던스는 얼마인가?

10. 저항 $R = 80\,\Omega$, 유도 리액턴스 $X_L = 80\,\Omega$, 용량 리액턴스 $X_C = 20\,\Omega$인 R.L.C 직렬 회로에 100 V의 교류 전압을 가할 때, 합성 임피던스 $Z[\Omega]$, 전류 $I[\text{A}]$와 저항 양단에 걸리는 전압 $V_R[\text{V}]$, 리액턴스 양단에 걸리는 전압 $V_L[\text{V}]$ 및 용량 리액턴스에 걸리는 전압 $V_C[\text{V}]$는 각각 얼마인가?

11. $R = 100\,\Omega$, $L = 1.5\,\text{H}$, $C = 5\,\mu\text{F}$인 R.L.C 직렬회로에 220 V, 60 Hz의 정현파 교류 전압을 인가할 때 공진이 발생되는 공진 주파수와 공진 발생 시의 공진전류 및 선택도를 구하시오.

제6장 3상 교류 회로

1. 3상 교류

1.1 ○ 3상 교류의 발생

평등 자장 내에서 동일한 구조를 갖는 3개의 코일 a, b, c를 기하학적으로 $\dfrac{2\pi}{3}$[rad] 만큼의 간격을 두고 [그림 6-1(a)]와 같이 배치시킨 다음 반시계 방향을 회전시키면 각 코일에는 [그림 6-1(b)]와 같이 서로 $\dfrac{2\pi}{3}$[rad]만큼의 위상차를 가지고 크기가 같은 3개의 정현파 전압이 발생한다.

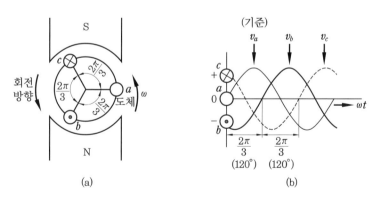

[그림 6-1] 3상 교류의 발생

이와 같이 주파수가 동일하고 위상이 $\dfrac{2\pi}{3}$[rad]만큼씩 다른 3개의 파형을 3상 교류 (three-phase alternating current)라고 한다.

이때 코일을 반시계 방향으로 각속도 ω[rad/s]의 속도로 회전시키면, 코일 a에서 발생하는 순시 전압 v_a를 기준으로 하여 각 코일에 발생되는 전압들의 최댓값에 도달하는 순서를 상순(phase sequence)이라고 하며, 상순은 시계방향으로 $v_a{\to}v_b{\to}v_c$의 순서이다.

각 상의 순시 전압은 다음과 같다.

$$v_a = \sqrt{2}\ V\sin\omega t\,[\text{V}]$$

$$v_b = \sqrt{2}\ V\sin\left(\omega t - \frac{2\pi}{3}\right)[\text{V}]$$

$$v_c = \sqrt{2}\ V\sin\left(\omega t - \frac{4\pi}{3}\right)[\text{V}] \cdots\cdots\cdots\cdots\cdots\cdots\cdots\cdots\cdots\cdots\cdots\cdots (6\text{-}1)$$

식 (6-1)에서 3상 교류는 실효값이 같고 $\dfrac{2\pi}{3}$[rad]만큼의 위상차를 갖는 3개의 단상 교류라고 볼 수 있다.

1.2 ○ 3상 교류의 표시

(1) 3상 교류의 벡터 표시

식 (6-2)의 3상 교류를 벡터도로 나타내면 [그림 6-2(a)]와 같이 된다. 이 경우 V_a를 기준 벡터로 하여 위상이 각각 $\dfrac{2\pi}{3}$[rad], $\dfrac{4\pi}{3}$[rad]만큼 뒤지게 하여 상전압 V_b, V_c를 그린다. [그림 6-2(b)]에서와 같이 대칭 3상 벡터 전압의 합은 0이 된다.

$$V_a + V_b + V_c = 0 \cdots\cdots\cdots\cdots\cdots\cdots\cdots\cdots\cdots\cdots\cdots\cdots\cdots\cdots\cdots\cdots\cdots (6\text{-}2)$$

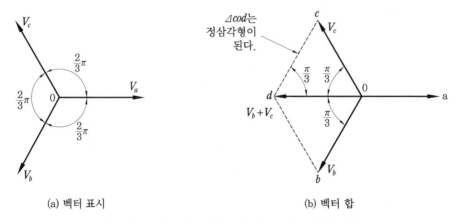

(a) 벡터 표시   (b) 벡터 합

[그림 6-2] 3상 교류의 벡터 표시 및 벡터 합

(2) 3상 교류의 기호법 표시

전압의 크기가 V[V]이고 상순이 a, b, c인 대칭 3상 전압을 a상 전압 V_a를 기준 벡터로 하여 직각 좌표축상의 2개의 성분으로 나누어 나타내면 [그림 6-3(a)]와 같이 된다.

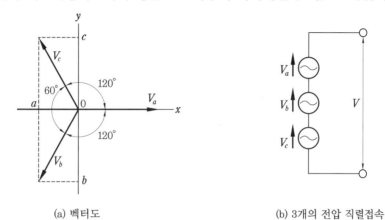

(a) 벡터도   (b) 3개의 전압 직렬접속

[그림 6-3] 대칭 3상 전압의 분해

대칭 3상 전압을 V_a를 기준으로 기호법으로 나타내면 다음과 같이 된다.

$$V_a = V \angle 0[\text{V}]$$

$$\left.\begin{array}{l} V_b = V \angle -\dfrac{2\pi}{3} = V\left(\cos\dfrac{2\pi}{3} - j\sin\dfrac{2\pi}{3}\right) = V\left(-\dfrac{1}{2} - j\dfrac{\sqrt{3}}{2}\right)[\text{V}] \\[3mm] V_c = V \angle -\dfrac{4\pi}{3} = V\left(\cos\dfrac{4\pi}{3} - j\sin\dfrac{4\pi}{3}\right) = V\left(-\dfrac{1}{2} + j\dfrac{\sqrt{3}}{2}\right)[\text{V}] \end{array}\right\} \quad \cdots\cdots (6\text{-}3)$$

식 (6-3)을 간단히 표시하기 위해 상(phase) 연산자를 사용하는데 다음과 같다.

$$\left.\begin{array}{l} a = \varepsilon^{j\frac{2\pi}{3}}\left(=\varepsilon^{-j\frac{4\pi}{3}}\right) = \cos\dfrac{2\pi}{3} + j\sin\dfrac{2\pi}{3} = -\dfrac{1}{2} + j\dfrac{\sqrt{3}}{2} \\[3mm] a^2 = \varepsilon^{j\frac{4\pi}{3}}\left(=\varepsilon^{-j\frac{2\pi}{3}}\right) = \cos\dfrac{4\pi}{3} + j\sin\dfrac{4\pi}{3} = -\dfrac{1}{2} - j\dfrac{\sqrt{3}}{2} \end{array}\right\} \quad \cdots\cdots (6\text{-}4)$$

$$a^3 = 1, \quad 1 + a + a^2 = 0$$

식 (6-3)을 식 (6-4)의 상 연산자에 대입하면

$$V_a = V, \quad V_b = a^2 V, \quad V_c = aV \quad \cdots\cdots (6\text{-}5)$$

식 (6-5)를 이용한 평형 3상 전압의 벡터 합은

$$V_a + V_b + V_c = V + a^2 V + aV = V(1 + a^2 + a) = 0 \quad \cdots\cdots (6\text{-}6)$$

Q 예제 6.1

100 V인 대칭 3상 전압 V_a, V_b, V_c의 상순을 a, b, c로 하고, 전압 V_a를 기준으로 하여 기호법으로 나타내어라.

풀이 식 (6-3)으로부터

$$V_a = 100 \angle 0 = 100 \, \text{V}$$

$$V_b = 100 \angle -\frac{2\pi}{3} = 100\left(\cos\frac{2\pi}{3} - j\sin\frac{2\pi}{3}\right) = 100\left(-\frac{1}{2} - j\frac{\sqrt{3}}{2}\right) [\text{V}]$$

$$V_c = 100 \angle -\frac{4\pi}{3} = 100\left(\cos\frac{4\pi}{3} - j\sin\frac{4\pi}{3}\right) = 100\left(-\frac{1}{2} + j\frac{\sqrt{3}}{2}\right) [\text{V}]$$

2. 3상 교류의 결선

3상 교류의 결선 방법은 Y 결선법과 Δ 결선법이 주로 사용되며 경우에 따라 V 결선법도 사용된다.

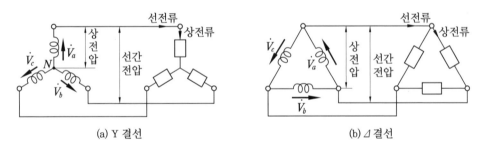

(a) Y 결선　　　　　　　(b) Δ 결선

[그림 6-4] Y 결선과 Δ 결선의 전압과 전류

[그림 6-4]에서 각 상(phase)의 전압을 상전압(phase voltage) V_p라 하고, 각 상에 흐르는 전류를 상전류(phase current) I_p라 하며, 부하에 전력을 공급하는 도선 사이의 전압을 선간 전압(line voltage) V_l, 도선에 흐르는 전류를 선전류(line current) I_l이라고 한다.

(1) Y 결선과 전압

[그림 6-5]와 같이 전원과 부하를 Y형으로 접속하는 방법을 Y 결선(Y-connection) 또는 성형 결선(star connection)이라고 한다.

[그림 6-5(a)]의 대칭 3상 회로에서 V_a, V_b, V_c를 상전압이라 하면, 각 선간 전압은 상전압의 차가 되므로 다음과 같은 관계가 된다.

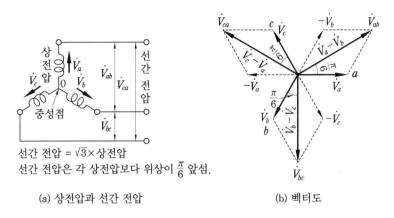

| (a) 상전압과 선간 전압 | (b) 벡터도 |

선간 전압 = $\sqrt{3}$×상전압
선간 전압은 각 상전압보다 위상이 $\dfrac{\pi}{6}$ 앞섬.

[그림 6-5] Y 결선의 상전압과 선간 전압

$$\left.\begin{array}{l} V_{ab} = V_a - V_b\,[\mathrm{V}] \\[2mm] V_{bc} = V_b - V_c\,[\mathrm{V}] \\[2mm] V_{ca} = V_c - V_a\,[\mathrm{V}] \end{array}\right\} \quad \cdots\cdots\cdots\cdots\cdots\cdots\cdots\cdots (6\text{-}7)$$

[그림 6-5(b)]에서 선간 전압 V_{ab}, V_{bc}, V_{ca}의 위상은 V_a, V_b, V_c보다 각각 $\dfrac{\pi}{6}\,[\mathrm{rad}]$ 앞서게 되고 크기는 $V_{ab} = 2\,V_a \cos\dfrac{\pi}{6} = \sqrt{3}\,V_a\,[\mathrm{V}]$가 되며 b상과 c상도 같다.

대칭 3상 회로의 선간 전압 V_l과 상전압 V_p 사이에는 다음 관계식이 성립된다.

$$V_l = \sqrt{3}\,V_p \angle \dfrac{\pi}{6}\,[\mathrm{V}] \quad \cdots\cdots\cdots\cdots\cdots\cdots\cdots\cdots (6\text{-}8)$$

따라서 Y 결선에서 선간 전압 V_l의 크기는 상전압 V_p의 $\sqrt{3}$ 배이며, 위상이 $\dfrac{\pi}{6}\,[\mathrm{rad}]$ 즉, 30°만큼 앞선다.

Q 예제 6.2

성형 결선의 3상 교류 발전기의 단자 전압이 3300 V이면 상전압은 얼마인가?

풀이 $V_l = \sqrt{3}\,V_p\,[\mathrm{V}]$로부터

$$V_p = \frac{V_l}{\sqrt{3}} = \frac{3300}{\sqrt{3}} = 1100\sqrt{3} \fallingdotseq 1905\,\mathrm{V}$$

(2) Y-Y 결선과 전류

3상 대칭 전원과 임피던스 $Z = R + jX = Z\angle\theta[\Omega]$, $\theta = \tan^{-1}\dfrac{X}{R}$인 평형 부하를 [그림 6-6(a)]와 같이 Y-Y 결선되어 있을 때, 각 상에 흐르는 상전류 I_a, I_b, I_c는 다음과 같다.

$$\left. \begin{array}{l} I_a = \dfrac{V_a}{Z} = \dfrac{V_a}{Z}\angle-\theta = \dfrac{V_a}{Z}\angle-\theta[\text{A}] \\[2mm] I_b = \dfrac{V_b}{Z} = \dfrac{V_b}{Z}\angle-\theta = \dfrac{V_a}{Z}\angle-\dfrac{2\pi}{3}-\theta[\text{A}] \\[2mm] I_c = \dfrac{V_c}{Z} = \dfrac{V_c}{Z}\angle-\theta = \dfrac{V_a}{Z}\angle-\dfrac{4\pi}{3}-\theta[\text{A}] \end{array} \right\} \quad \cdots (6\text{-}9)$$

식 (6-9)에서 상전류 I_a, I_b, I_c의 위상은 V_a, V_b, V_c보다 각각 임피던스가 $\theta[\text{rad}]$만큼 뒤지게 된다. 이를 [그림 6-6(c)]와 같이 나타낼 수 있다.

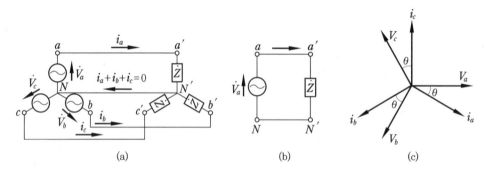

[그림 6-6] Y-Y 결선과 전류 벡터도

Y-Y 결선 회로에서 상전류 I_p는 그대로 선전류 I_l이 되므로 다음과 같은 관계가 성립된다.

$$\therefore I_l = I_p \quad \cdots (6\text{-}10)$$

[그림 6-6]과 같은 평형 3상 회로(balanced three-phase circuit)에서는 중성점(neutral point) 간에 흐르는 전류 I_N는 다음과 같이 된다.

$$I_N = I_a + I_b + I_c = 0\,\text{A} \quad \cdots (6\text{-}11)$$

따라서 평형 3상 회로의 중성선(nerural line)에는 전류가 흐르지 않는다.

(3) △ 결선과 전압

[그림 6-7]과 같이 전원과 부하를 △형으로 접속하는 방법을 △ 결선(delta connection) 또는 삼각 결선이라고 한다.

[그림 6-7(a)]의 대칭 3상 회로에서 V_a, V_b, V_c를 상전압이라 하면, 그대로 각 선간 전압 V_{ab}, V_{bc}, V_{ca}가 되므로 상전압과 선간 전압의 관계는 다음과 같이 동일하다.

$$V_{ab} - V_a[\text{V}], \quad V_{bc} - V_b[\text{V}], \quad V_{ca} - V_c[\text{V}] \quad \cdots\cdots (6\text{-}12)$$

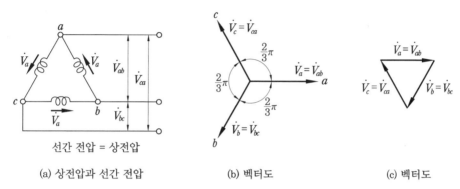

| (a) 상전압과 선간 전압 | (b) 벡터도 | (c) 벡터도 |

[그림 6-7] △ 결선의 상전압과 선간 전압

따라서 △ 결선 회로에서는 상전압 V_p가 그대로 선간 전압 V_l이 되므로 다음과 같은 관계가 성립된다.

$$\therefore \quad V_p = V_l[\text{V}] \quad \cdots\cdots (6\text{-}13)$$

△ 결선에서 대칭 3상 전압의 경우에는 $V_a + V_b + V_c = 0\,\text{V}$가 된다.

(4) △-△ 결선과 전류

3상 대칭 전원과 임피던스 $Z = R + jX = Z\angle\theta[\Omega]$, $\theta = \tan^{-1}\dfrac{X}{R}$인 평형 부하를 [그림 6-8(a)]와 같이 △-△ 접속되어 있을 때, 각 상에 흐르는 상전류 I_{ab}, I_{bc}, I_{ca}는 다음과 같다.

$$\left.\begin{aligned} I_{ab} &= \frac{V_a}{Z} = \frac{V_a}{Z}\angle -\theta = \frac{V_a}{Z}\angle -\theta[\text{A}] \\[2mm] I_{bc} &= \frac{V_b}{Z} = \frac{V_b}{Z}\angle -\theta = \frac{V_a}{Z}\angle \frac{2\pi}{3} -\theta[\text{A}] \\[2mm] I_{ca} &= \frac{V_c}{Z} = \frac{V_c}{Z}\angle -\theta = \frac{V_a}{Z}\angle \frac{4\pi}{3} -\theta[\text{A}] \end{aligned}\right\} \quad \cdots\cdots (6\text{-}14)$$

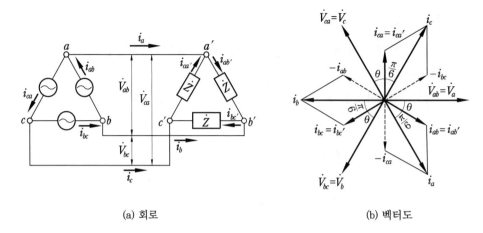

(a) 회로   (b) 벡터도

[그림 6-8] $\Delta-\Delta$ 결선과 전류 벡터

Δ 결선에서 선전류를 I_a, I_b, I_c라 하면 상전류 I_{ab}, I_{bc}, I_{ca}와의 관계는 다음과 같다.

$$\left.\begin{array}{l} I_a = I_{ab} - I_{ca}[\text{A}] \\ I_b = I_{bc} - I_{ab}[\text{A}] \\ I_c = I_{ca} - I_{bc}[\text{A}] \end{array}\right\} \cdots\cdots (6\text{-}15)$$

[그림 6-8(b)]와 같이 선전류 I_a, I_b, I_c의 위상은 상전류 I_{ab}, I_{bc}, I_{ca}보다 각각 $\frac{\pi}{6}$ [rad] 뒤지게 되고, 크기는 벡터도의 I_a와 I_{ab}의 관계에서 $I_a = 2I_{ab}\cos\frac{\pi}{6} = \sqrt{3}\,I_{ab}[\text{A}]$ 가 되므로, b상과 c상도 똑같이 성립된다.

$$\left.\begin{array}{l} I_a = \sqrt{3}\,I_{ab}\angle -\frac{\pi}{6} = \sqrt{3}\,I_{ab}\angle -\frac{\pi}{6}\,[\text{A}] \\ I_b = \sqrt{3}\,I_{bc}\angle -\frac{\pi}{6} = \sqrt{3}\,I_{ab}\angle -\frac{2\pi}{3}-\frac{\pi}{6}\,[\text{A}] \\ I_c = \sqrt{3}\,I_{ca}\angle -\frac{\pi}{6} = \sqrt{3}\,I_{ab}\angle -\frac{4\pi}{3}-\frac{\pi}{6}\,[\text{A}] \end{array}\right\} \cdots (6\text{-}16)$$

대칭 3상 회로의 선전류 I_l과 상전류 I_p 사이에는 다음 관계식이 성립된다.

$$\therefore\ I_l = \sqrt{3}\,I_p\angle -\frac{\pi}{6}[\text{A}] \cdots\cdots (6\text{-}17)$$

Q 예제 **6.3**

저항 100 Ω인 Δ 결선의 평형 3상 부하에 대칭 3상 전압 200 V를 가할 때의 선전류는 얼마인가?

풀이 $I_p = \dfrac{V_p}{R} = \dfrac{200}{100} = 2$ A이므로

$I_l = \sqrt{3}\,I_p$ [A]로부터

$I_l = \sqrt{3}\,I_p = \sqrt{3} \times 2 \fallingdotseq 3.46$ A

3. $\Delta \leftrightarrow$ Y 등가 변환

3.1 ◦ 부하의 $\Delta \rightarrow$ Y 등가 변환

[그림 6-9]에서 (a)의 Δ 결선과 (b)의 Y 결선의 단자 a, b, c에 각각 같은 단자 전압을 인가할 때, 두 회로에 흐르는 선전류가 같다면 두 회로는 서로 등가인 회로라고 할 수 있다.

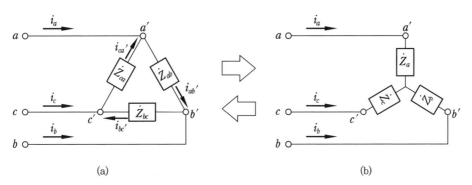

(a)   (b)

[그림 6-9] Δ 결선 부하와 Y 결선 부하의 등가회로

이 관계를 식으로 정리하면 다음과 같이 표현할 수 있다.

$$Z_a = \frac{Z_{ca}Z_{ab}}{Z_{ab} + Z_{bc} + Z_{ca}}\,[\Omega]$$

$$Z_b = \frac{Z_{ab}Z_{bc}}{Z_{ab} + Z_{bc} + Z_{ca}}\,[\Omega]$$

$$Z_c = \frac{Z_{bc}Z_{ca}}{Z_{ab}+Z_{bc}+Z_{ca}}\,[\Omega] \quad \cdots\cdots (6-18)$$

평형 3상 부하인 경우는 $Z_\Delta = Z_{ab} = Z_{bc} + Z_{ca}$, $Z_\mathrm{Y} = Z_a = Z_b + Z_c$ 라면

$$\therefore\ Z_\mathrm{Y} = \frac{Z_\Delta}{3}\,[\Omega] \quad \cdots\cdots (6-19)$$

따라서 평형 3상 부하인 경우 Δ 결선을 Y 결선으로 등가 변환하려면 Z_Y는 Z_Δ의 $\frac{1}{3}$ 배 하면 된다.

Q 예제 6.4

평형 3상 부하 회로의 각 상의 임피던스 $Z = 12 + j9\,[\Omega]$인 Δ 결선에서 Y 결선으로 등가 변환하면 각 변의 임피던스는 얼마인가?

풀이 $Z_\mathrm{Y} = \dfrac{Z_\Delta}{3} = \dfrac{1}{3}(12+j9) = 4+j3\,[\Omega]$에서

$$Z = 4+j3\,[\Omega]$$

3.2 ○ 부하의 Y→Δ 등가 변환

[그림 6-9]의 (b)에서 Z_{ab}, Z_{bc}, Z_{ca}를 구하면 다음과 같다.

$$Z_{ab} = \frac{Z_aZ_b + Z_bZ_c + Z_cZ_a}{Z_c}\,[\Omega]$$

$$Z_{bc} = \frac{Z_aZ_b + Z_bZ_c + Z_cZ_a}{Z_a}\,[\Omega]$$

$$Z_{ca} = \frac{Z_aZ_b + Z_bZ_c + Z_cZ_a}{Z_b}\,[\Omega] \quad \cdots\cdots (6-20)$$

평형 3상 부하인 경우에 $Z_\mathrm{Y} = Z_a + Z_b + Z_c$, $Z_\Delta = Z_{ab} + Z_{ab} + Z_{ab}$라고 하면

$$\therefore\ Z_\Delta = 3Z_\mathrm{Y}\,[\Omega] \quad \cdots\cdots (6-21)$$

따라서 평형 3상 부하인 경우 Y 결선을 Δ 결선으로 등가 변환하려면, Z_Δ는 Z_Y의 3배를 하면 된다.

Q 예제 6.5

평형 3상 부하 회로의 각 상의 임피던스 $Z=10+j5[\Omega]$인 Y 결선에서 Δ 결선으로 등가 변환하면 각 변의 임피던스는 얼마인가?

풀이 $Z_\Delta = 3Z_Y = 3(10+j5) = 30+j15\,[\Omega]$

4. 3상 교류 전력

4.1 ○ 3상 교류 전력

(1) 3상 부하 전력

[그림 6-10(a)]와 같은 3상 회로에서 공급되는 각 상의 전력 P_a, P_b, P_c는 각 부하의 임피던스 Z_a, Z_b, Z_c의 역률이 각각 $\cos\theta_a$, $\cos\theta_b$, $\cos\theta_c$이라 할 때 다음과 같이 된다.

$$P_a = V_a I_a \cos\theta_a [\text{W}]$$
$$P_b = V_b I_b \cos\theta_b [\text{W}]$$
$$P_c = V_c I_c \cos\theta_c [\text{W}] \quad\cdots\cdots\cdots\cdots\cdots\cdots\cdots\cdots\cdots\cdots\cdots\cdots (6\text{--}22)$$

따라서 3상 전력 $P[\text{W}]$는 각 상의 전력의 합이므로 다음과 같이 된다.

$$P = P_a + P_b + P_c [\text{W}] \quad\cdots\cdots\cdots\cdots\cdots\cdots\cdots\cdots\cdots\cdots\cdots\cdots\cdots (6\text{--}23)$$

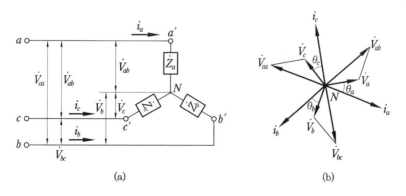

(a)   (b)

[그림 6-10] 3상 부하 회로의 전력

또한, 부하 각 상의 무효율이 각각 $\sin\theta_a$, $\sin\theta_b$, $\sin\theta_c$라고 하면 무효 전력 P_r[Var]는 다음과 같이 된다.

$$P_{ar} = V_a I_a \sin\theta_a [\text{Var}]$$

$$P_{br} = V_b I_b \sin\theta_b [\text{Var}]$$

$$P_{cr} = V_c I_c \sin\theta_c [\text{Var}] \cdots\cdots\cdots\cdots\cdots\cdots\cdots\cdots\cdots\cdots\cdots\cdots\cdots\cdots (6-24)$$

따라서 3상 무효 전력 P_r[Var]는 각 상의 무효 전력의 합이므로 다음과 같이 된다.

$$P_r = P_{ar} + P_{br} + P_{cr} [\text{Var}] \cdots\cdots\cdots\cdots\cdots\cdots\cdots\cdots\cdots\cdots\cdots\cdots (6-25)$$

(2) 평형 3상 부하의 전력

[그림 6-11]과 같이 평형 3상 부하 회로에서 상전압 V_p[V], 상전류 I_p[A], 위상차 θ [rad]이라 하면 각 상 전력은 $V_p I_p \cos\theta$[W]가 되므로 3상 평형 부하의 전력 P[W]는 단상 전력 3개의 합과 같으므로 다음과 같이 된다.

$$P = 3V_p I_p \cos\theta [\text{W}] \cdots\cdots\cdots\cdots\cdots\cdots\cdots\cdots\cdots\cdots\cdots\cdots\cdots\cdots (6-26)$$

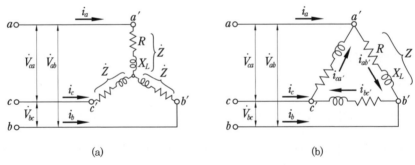

[그림 6-11] 평형 3상 부하 회로의 전력

[그림 6-11(a)]와 같은 평형 3상 Y 결선 회로에서 선간 전압 V_l, 선전류 I_l과 상전압 V_p, 상전류 I_p사이에는 $V_l = \sqrt{3}\,V_p$[V], $I_l = I_p$[A]의 관계가 성립하므로, 이것을 식 (6-26)에 대입하면 평형 3상 부하 전력 P[W]는 다음과 같다.

$$P_Y = 3V_p I_p \cos\theta = 3\frac{V_l}{\sqrt{3}} I_l \cos\theta = \sqrt{3}\,V_l I_l \cos\theta [\text{W}] \cdots\cdots\cdots\cdots\cdots (6-27)$$

[그림 6-11(b)]와 같은 평형 3상 Δ 결선 회로에서는 $V_l = V_p$[V], $I_l = \sqrt{3}\,I_p$[A]의 관계가 성립하므로, 이것을 식 (6-27)에 대입하면 평형 3상 부하 전력 P[W]는 다음과

같이 된다.

$$P_\Delta = 3V_p I_p \cos\theta = 3V_l \frac{I_l}{\sqrt{3}} \cos\theta = \sqrt{3}\, V_l I_l \cos\theta\,[\text{W}] \quad \cdots\cdots\cdots (6\text{-}28)$$

따라서 3상 평형 부하의 전력은 부하의 결선 방법에 관계없이 다음과 같이 나타낼 수 있다.

$$\text{유효전력}\quad P = 3V_l I_l \cos\theta\,[\text{W}] \quad \cdots\cdots\cdots\cdots (6\text{-}29)$$

또, 평형 3상 회로에서 3상 피상 전력 $P_a\,[\text{VA}]$는 식 (6-30)과 같은 식이 된다.

$$\text{피상전력}\quad P_a = \sqrt{3}\, V_l I_l = \sqrt{P^2 + P_r^2}\,[\text{VA}] \quad \cdots\cdots\cdots (6\text{-}30)$$

무효전력 $P_r\,[\text{Var}]$는 식 (6-31)과 같이 나타낼 수 있다.

$$\text{무효전력}\quad P_r = \sqrt{3}\, V_l I_l \sin\theta\,[\text{Var}] \quad \cdots\cdots\cdots\cdots (6\text{-}31)$$

Q 예제 6.6

평형 3상 Δ 결선 부하의 각 상의 임피던스 $Z = 8 + j6\,[\Omega]$인 회로에 대칭 3상 전원 전압 100 V를 가할 때 피상전력, 역률, 유효전력, 무효율, 무효전력은 각각 얼마인가?

풀이 임피던스 $Z = \sqrt{8^2 + 6^2} = 10\,\Omega$,

상전압 $V_p = V_l = 100\,\text{V}$,

상전류 $I_p = \dfrac{V_p}{Z} = \dfrac{100}{10} = 10\,\text{A}$,

선전류 $I_l = \sqrt{3}\, I_p = \sqrt{3} \times 10 \fallingdotseq 17.3\,\text{A}$이다.

① 피상전력 : $P_a = \sqrt{3}\, V_l I_l = \sqrt{3} \times 100 \times \sqrt{3} \times 10 = 3000\,\text{VA}$

② 역률 : $\cos\theta = \dfrac{R}{Z} = \dfrac{8}{10} = 0.8$

③ 유효전력 : $P = \sqrt{3}\, V_l I_l \cos\theta = P_a \cos\theta = 3000 \times 0.8 = 2400\,\text{W}$

④ 무효율 : $\sin\theta = \dfrac{X}{Z} = \dfrac{6}{10} = 0.6$ 또는 $\sin\theta = \sqrt{1 - \cos^2\theta} = 0.6$

⑤ 무효전력 : $P_r = \sqrt{3}\, V_l I_l \sin\theta = P_a \sin\theta = 3000 \times 0.6 = 1800\,\text{Var}$

4.2 ● 3상 교류 전력의 측정

(1) 3전력계법

3상 전력의 측정에서 3전력계법은 [그림 6-12]와 같이 3대의 단상 전력계를 사용하는 방법으로 평형 회로의 전력뿐만 아니라 불평형 회로의 전력도 정확히 측정할 수 있는 방법이다.

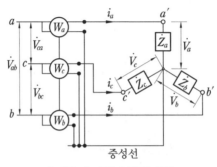

[그림 6-12] 3전력계법

[그림 6-12]에서 각 전력계 W_a, W_b, W_c의 지시값을 P_a, P_b, P_c라 하면, 3상 전력 P[W]는 다음과 같이 각 전력계의 지시값의 합이 된다.

$$P = P_1 + P_2 + P_3 [\text{W}] \quad \cdots\cdots (6\text{-}32)$$

(2) 2전력계법

3상 부하 회로에서 불평형의 경우에도 2대의 단상 전력계를 [그림 6-13]과 같이 접속해서 측정하는 방법으로 전력계 W_1, W_2의 지시값을 P_1, P_2라 하면, 3상 전력 P[W]는 다음과 같이 두 전력계의 지시값의 합이 된다.

$$P = P_1 + P_2 [\text{W}] \quad \cdots\cdots (6\text{-}33)$$

그리고 3상 무효전력 P_r[Var]은 식 (6-34)과 같은 계산식으로 구해진다.

$$P_r = \sqrt{3}\,(P_1 - P_2)[\text{Var}] \quad \cdots\cdots (6\text{-}34)$$

위상각 θ[rad]와 역률 $\cos\theta$는 다음과 같이 나타낼 수 있다.

$$\theta = \tan^{-1}\frac{P_r}{P} = \tan^{-1}\frac{\sqrt{3}\,(P_1 - P_2)}{P_1 + P_2}[\text{rad}] \quad \cdots\cdots (6\text{-}35)$$

$$\cos\theta = \frac{P_1 + P_2}{2\sqrt{P_1^2 + P_2^2 - P_1 P_2}} \cdots\cdots\cdots\cdots\cdots\cdots\cdots\cdots\cdots\cdots\cdots\cdots\cdots\cdots\cdots (6-36)$$

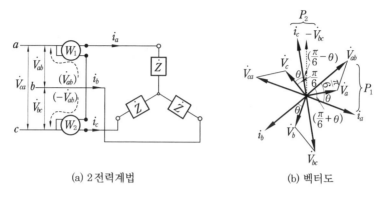

(a) 2전력계법   (b) 벡터도

[그림 6-13] 2전력계법

Q 예제 6.7

2전력계법으로 3상 전력을 측정하였더니 $P_1 = 200\,\text{W}$, $P_2 = 100\,\text{W}$를 지시하였다. 이 때 소비전력 및 역률은 각각 얼마인가?

풀이 ① 소비전력 : $P = P_1 + P_2 = 200 + 100 = 300\,\text{W}$

② 역률 : $\cos\theta = \dfrac{P_1 + P_2}{2\sqrt{P_1^2 + P_2^2 - P_1 P_2}}$

$\qquad\qquad = \dfrac{200 + 100}{2\sqrt{200^2 + 100^2 - 200 \times 100}} \fallingdotseq 0.866$

익·힘·문·제

1. 200 V인 대칭 3상 전압 V_a, V_b, V_c의 상순을 a, b, c로 하고 전압 V_a를 기준 벡터로 하여 기호법으로 나타내어라.

2. Y 결선의 3상 교류 발전기의 선간 전압이 380 V이면 상전압은 얼마인가?

3. 200 V의 3상 3선식 회로에 $R = 8\,\Omega$, $X_L = 6\,\Omega$의 부하 3조를 Y 결선했을 때 상전압과 선전류는 얼마인가?

4. 임피던스 $Z = 8 + j6[\Omega]$인 평형 3상 $\triangle$ 결선 부하에 선간 전압 100 V의 대칭 3상 전압을 가할 때 상전압 V_p, 상전류 I_p, 선전류 I_l은 얼마인가?

5. 평형 3상 부하 회로의 각 상의 임피던스 $Z = 60 + j30[\Omega]$인 $\triangle$ 결선에서 Y 결선으로 등가 변환하면 각 변의 임피던스는 몇 Ω인가?

6. 평형 3상 부하 회로의 각 상의 임피던스 $Z = 50 + j80\,\Omega$인 Y 결선에서 $\triangle$ 결선으로 등가 변환하면 각 변의 임피던스는 몇 Ω인가?

7. [그림 6-14]와 같이 $\triangle$ 결선을 Y 결선으로 등가 변환할 때 Z는 몇 Ω인가?

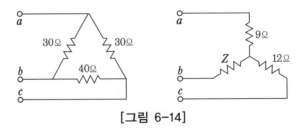

[그림 6-14]

8. 평형 3상 $\triangle$ 결선 부하의 각 상의 임피던스 $Z = 8 + j6\,\Omega$인 회로에 대칭 3상 전원 전압 100 V를 가할 때 피상전력, 역률, 유효전력, 무효율, 무효전력은 각각 얼마인가?

9. 2전력계법으로 3상 전력을 측정하였더니 $P_1 = 400\,\text{W}$, $P_2 = 200\,\text{W}$를 지시하였다. 이 때 소비전력 및 역률은 각각 얼마인가?

10. Y-Y 평형 3상 교류회로에서 $R = 16\,\Omega$, $X_L = 12\,\Omega$의 부하 임피던스를 접속하였다. 여기에 선전압 220 V의 3상 전원을 공급할 때 상전압과 부하에 흐르는 전류 및 역률을 구하여라.

11. Y－Δ 결선된 평형 3상 교류회로에서 $R = 8\,\Omega$, $X_L = 6\,\Omega$을 접속하고, 선전압 $V_{ab} = 220\angle 0°\,[\text{V}]$를 공급할 때, 부하에 흐르는 상전류와 선전류를 구하여라.

12. Δ－Y 에서 선간 전압이 220 V 평형 3상 Δ 결선이고, 각 상의 부하 임피던스는 $R = 4\,\Omega$, $X_L = 3\,\Omega$인 평형 부하의 선전류를 구하여라.

13. Δ－Δ 결선 회로에서 선전압이 440 V이고, 부하 각 상의 임피던스가 $R = 80\,\Omega$, $X_L = 60\,\Omega$으로 구성되어 있다. 이때의 상전류와 선전류를 구하여라.

제 **7** 장   회로망

1. 회로망의 정리

1.1 ❍ 전압원과 전류원

(1) 정전압 전원

전기회로에서 부하의 크기에 관계없이 전원 단자에 일정한 전압을 발생하는 전원을 정전압 전원(constant voltage source)이라고 한다. 따라서 정전압 전원은 항상 일정한 전압을 발생해야 하므로 부하에 흐르는 전류에 의한 전원의 내부 임피던스 전압 강하는 0이므로 전원의 내부 임피던스 Z가 0Ω이 된다.

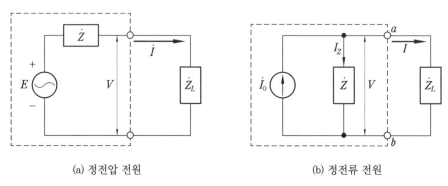

(a) 정전압 전원   (b) 정전류 전원

[그림 7-1] 정전압 전원과 정전류 전원

그러나 실제로는 전원의 내부 임피던스가 있기 때문에 [그림 7-1(a)]와 같이 전압원 E(개방 단자 전압)와 전원의 내부 임피던스 Z를 직렬회로로 나타낼 수 있으며, 부하 전류가 I일 때 부하의 단자 전압 V는 다음과 같이 된다.

$$V = E - ZI\,[\text{V}] \quad\text{(7-1)}$$

(2) 정전류 전원

전기회로에서 부하의 크기에 관계없이 전원 단자에 일정한 전류를 흘릴수 있는 전원을 정전류 전원(contant current source)이라 한다. 따라서, 정전류 전원은 항상 일정한 전류를 흘리기 위해서는 전원의 내부 임피던스 Z는 $\infty[\Omega]$가 된다.

그러나 실제로는 전원의 내부 임피던스가 있기 때문에 [그림 7-1(b)]와 같이 전류원 I_0(단락 단자 전류)와 전원의 내부 임피던스 Z를 병렬회로로 나타낼 수 있으며, 단자 전압 V일 때 부하 전류 I는 다음과 같이 된다.

$$I = \frac{E-V}{Z} = \frac{E}{Z} - \frac{V}{Z} = I_0 - I_Z [\text{A}] \quad\cdots\cdots (7-2)$$

[그림 7-1]에서 (a)는 (b)로, (b)는 (a)로 등가 변환이 되므로, 전압원과 전류원을 서로 등가 변환할 수 있다.

1.2 ● 중첩의 원리

1장의 직류회로에서 언급했던 바와 같이 2개 이상의 전원을 포함한 회로망 즉, 다수의 전원을 포함하는 선형 회로망에 있어서 회로 내의 임의의 점의 전류 또는 임의의 두 점 간의 전압은 개개의 전원이 개별적으로 작용할 때에 그 점에 흐르는 전류 또는 두 점 간의 전압을 합한 것과 같다. 이것을 중첩의 원리(principle of superposition)라 한다. 여기서, 전원이 개별적으로 작용한다는 것은 다른 전원을 제거한다는 것을 의미하며, 이때 전압원은 단락하고 전류원은 개방한다는 것을 말한다.

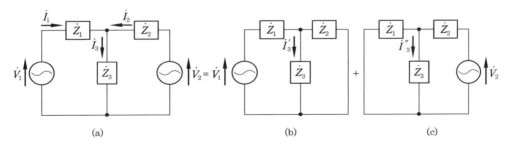

[그림 7-2] 중첩의 원리

[그림 7-2(a)]와 같은 회로에서 Z_3에 흐르는 I_3를 구해보자. 먼저 전원 전압 V_1에 의하여 Z_3에 흐르는 전류 I_3'는 다음과 같이 된다.

$$I_3' = \frac{V_1}{Z_1 + Z_2 Z_3/(Z_2 + Z_3)} \cdot \frac{Z_2}{Z_2 + Z_3} = \frac{Z_2 V_1}{Z_1 Z_2 + Z_2 Z_3 + Z_3 Z_1} \,[\mathrm{A}] \quad \cdots\cdots\cdots\cdots (7-3)$$

또, 그림 (c)에서 전원 전압 V_2에 의하여 Z_3에 흐르는 전류 I_3''는 다음과 같이 된다.

$$I_3'' = \frac{V_2}{Z_2 + Z_1 Z_3/(Z_1 + Z_3)} \cdot \frac{Z_1}{Z_1 + Z_3} = \frac{Z_1 V_2}{Z_1 Z_2 + Z_2 Z_3 + Z_3 Z_1} \,[\mathrm{A}] \quad \cdots\cdots\cdots\cdots (7-4)$$

여기서 Z_3에 흐르는 전류 $I_3 = I_3' + I_3''$이므로 다음과 같이 된다.

$$I_3 = I_3' + I_3'' = \frac{Z_2 V_1}{Z_1 Z_2 + Z_2 Z_3 + Z_3 Z_1} + \frac{Z_1 V_2}{Z_1 Z_2 + Z_2 Z_3 + Z_3 Z_1}$$

$$= \frac{Z_2 V_1 + Z_1 V_2}{Z_1 Z_2 + Z_2 Z_3 + Z_3 Z_1} \,[\mathrm{A}] \quad \cdots\cdots\cdots\cdots\cdots\cdots\cdots\cdots (7-5)$$

따라서 중첩의 원리를 이용하여 구한 식 (7-5)는 키르히호프의 법칙을 이용하여 구한 것과 같다. 회로망에서 전압이나 전류를 구할 때 키르히호프의 법칙이나 중첩의 원리를 모두 사용할 수 있으나, 한 회로망 내에 포함된 전원의 주파수가 서로 다른 경우에는 중첩의 원리를 이용하는 것이 효과적이다.

Q 예제 7.1

[그림 7-2]에서 $Z_1 = 8\,\Omega$, $Z_2 = 4\,\Omega$, $Z_3 = 6\,\Omega$이고, $V_1 = 10$, $V_2 = 8\,\mathrm{V}$를 가할 때, 중첩의 원리를 이용하여 Z_3에 흐르는 전류 I_3를 구하여라.

풀이 [그림 7-2]의 (a)를 개별 전압원으로 그림 (b)와 (c)로 분해해 놓고 전압원 V_1에 의하여 Z_3에 흐르는 전류를 I_3'라 하고, 전압원 V_2에 의하여 Z_3에 흐르는 전류를 I_3''라고 하고 구하면 다음과 같이 된다.

$$I_3 = I_3' + I_3'' = \frac{Z_2 V_1 + Z_1 V_2}{Z_1 Z_2 + Z_2 Z_3 + Z_3 Z_1}$$

$$= \frac{4 \times 10 + 8 \times 8}{8 \times 4 + 4 \times 6 + 6 \times 8} = \frac{104}{104} = 1\,\mathrm{A}$$

Q 예제 **7.2**

[그림 7-3]과 같은 회로에서 저항 20Ω에 흐르는 전류 I[A]를 구하여라.

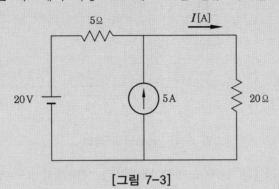

[그림 7-3]

풀이 [그림 7-3]을 [그림 7-2]의 (b)와 (c)로 분리해 놓고 전압원 20 V에 의하여 20Ω에 흐르는 전류를 I'[A]라고 하고, 전류원 5 A에 의해서 20Ω에 흐르는 전류를 I''[A]라고 하면 다음과 같다.

$$I' = \frac{V}{R} = \frac{20}{25} = 0.8A$$

$$I'' = \frac{R_1}{R_1 + R_2} \times I = \frac{5}{5+20} \times 5 = 1A$$

따라서 $I = I' + I'' = 0.8 + 1 = 1.8A$

1.3 ○ **테브난의 정리와 노튼의 정리**

1장의 직류회로에서 취급했던 바와 같이 교류에서도 같은 방법으로 적용된다.

(1) 테브난의 정리

회로망 내에 전원을 갖고 있는 회로망을 능동 회로망이라고 하고 전원을 갖고 있지 않는 회로망을 수동 회로망이라고 한다.

[그림 7-4(a)]와 같이 전원을 포함하는 능동 회로망에서 끌어낸 두 단자 a, b에 임피던스 Z_L을 접속하고 임피던스에 흐르는 전류 I를 구할 때 [그림 7-4(b)]와 같은 등가회로로 바꾸어 계산할 수 있는데 이와 같은 방법을 테브난의 정리(Thevenin's theorem)라고 한다. 이는 복잡한 회로망에서 특정 부분의 전압이나 전류를 구하는데 매우 편리하다.

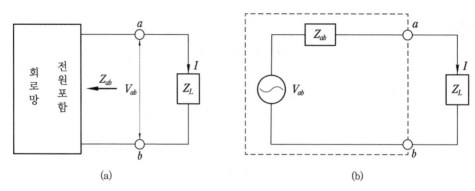

(a)   (b)

[그림 7-4] 테브난의 정리

[그림 7-4(b)]에서 V_{ab} 는 단자 $a-b$ 를 개방시킨 상태에서 $a-b$ 에 나타나는 전압이고, Z_{ab} 는 회로망 내의 모든 전원을 제거(전압원은 단락, 전류원은 개방)하고 $a-b$ 단자에서 회로망 쪽을 보았을 때의 임피던스이며, 전압원 V_{ab} 와 임피던스 Z_{ab} 를 직렬접속하면 점선 내부와 같이 된다. 이를 테브난의 등가회로라고 한다.

따라서 [그림7-4(b)]의 등가회로에 부하 임피던스 Z_L 을 단자 a , b 에 접속하면 전체 회로망이 직렬접속이므로 부하에 흐르는 전류는 다음과 같이 된다.

$$I = \frac{V_{ab}}{Z_{ab} + Z_L} \, [\text{A}]$$ ·· (7-6)

Q 예제 7.3

다음과 같은 [그림 7-5(a)]의 브리지 회로에서 $a-b$ 사이에 흐르는 전류를 구하여라.

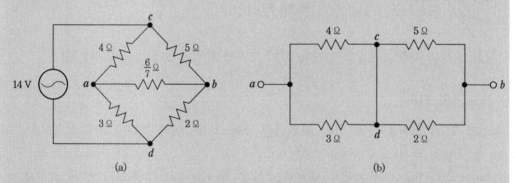

[그림 7-5]

풀이 $a-b$ 사이의 전압을 V_{ab} , a 점의 전위를 V_a , b 점의 전위를 V_b 라고 하면

$$V_{ab} = V_a - V_b = \frac{3}{4+3} \times 14 - \frac{2}{5+2} \times 14 = \frac{42}{7} - \frac{28}{7} = 2\,\text{V}$$

$a-b$에서 본 합성 임피던스를 구하기 위해 테브난의 등가회로를 그리면 [그림 7-5]의 (b)와 같고, 임피던스 Z_{ab}는 다음과 같다.

$$Z_{ab} = \frac{3 \times 4}{3+4} + \frac{5 \times 2}{5+2} = \frac{22}{7} \, \Omega$$

따라서 $a-b$ 사이에 흐르는 전류는 다음과 같이 된다.

$$I = \frac{V_{ab}}{Z_{ab} + Z_L} = \frac{2}{\dfrac{22}{7} + \dfrac{6}{7}} = 0.5 \, \text{A}$$

(2) 노튼의 정리

[그림 7-6(a)]와 같이 전원을 포함한 능동 회로망에서 끌어낸 두 단자 a, b에 어드미턴스 Y_L을 접속하고 어드미턴스에 걸리는 단자 전압 V_{ab}를 구할 때 [그림 7-6(b)]와 같은 등가회로로 바꾸어 계산할 수 있는데 이와 같은 방법을 노튼의 정리(Noton's theorem)라고 한다. 이는 테브난의 정리와 상대적인 관계가 있다.

[그림 7-6(b)]에서 $I_{ab}(=I_s)$는 단자 $a-b$를 단락시킨 상태에서 $a-b$에 흐르는 단락 전류이고, Y_{ab}는 회로망 내의 모든 전원을 제거(전압원은 단락, 전류원은 개방)하고 $a-b$ 단자에서 회로망 쪽을 보았을 때의 어드미턴스이며, 전류원 $I_{ab}(=I_s)$와 어드미턴스 Y_{ab}를 병렬접속하면 점선 내부와 같이 된다. 이를 노튼의 등가회로라고 한다.

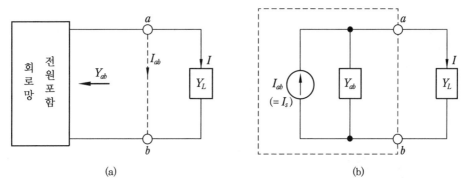

[그림 7-6] 노튼의 정리

따라서 [그림 7-6(b)]의 등가회로에 부하 어드미턴스 Y_L을 단자 a, b에 접속하면 전체 회로망이 병렬접속이므로 부하 어드미턴스 Y_L에 흐르는 전류 I는 다음과 같다.

$$I = \frac{Y_L}{Y_{ab} + Y_L} I_{ab} [\text{A}] \quad \cdots\cdots\cdots\cdots\cdots\cdots\cdots\cdots\cdots\cdots\cdots\cdots\cdots\cdots\cdots \text{(7-7)}$$

그리고 어드미턴스 Y_L에 걸리는 전압 V_{ab}는 다음과 같이 된다.

$$V_{ab} = \frac{I_{ab}}{Y_{ab} + Y_L} [\text{V}] \quad \cdots\cdots\cdots\cdots\cdots\cdots\cdots\cdots\cdots\cdots\cdots\cdots\cdots\cdots \text{(7-8)}$$

Q 예제 7.4

[그림 7-7]에서 단자 a, b 사이에 $R_L = 4\,\Omega$ 의 저항을 접속했을 때 저항에 흐르는 전류 I를 구하여라.

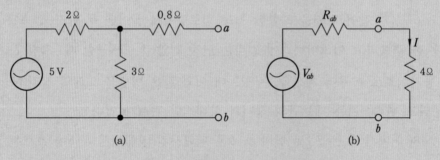

[그림 7-7]

풀이 단자 a, b를 개방했을 때 개방 전압 $V_{ab} = \dfrac{5}{2+3} \times 3 = 3\,\text{V}$이고, 5 V의 전원을 단락 제거하고 단자 a, b에서 본 합성 임피던스 R_{ab}를 구하면

$$R_{ab} = \frac{2 \times 3}{2+3} + 0.8 = 2\,\Omega\ \text{이고, 등가회로는 [그림 7-7(b)]와 같이 된다.}$$

따라서 전류 $I = \dfrac{V_{ab}}{R_{ab} + R_L} = \dfrac{3}{2+4} = 0.5\,\text{A}$

1.4 ◦ 밀만의 정리

[그림 7-8(a)]와 같이 여러 개의 전압 전원이 병렬로 접속되어 있는 경우에 전압 전원을 [그림 7-8(b)]와 같은 등가 전류 전원으로 변환시켜 단자 a–b 사이의 전압 V_{ab}를 계산할 수 있는데 이와 같은 방법을 밀만의 정리(Millman's theorem)라고 한다.

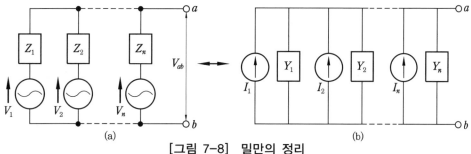

[그림 7-8] 밀만의 정리

[그림 7-8]에서 $I_1 = \dfrac{V_1}{Z_1}$, $I_2 = \dfrac{V_2}{Z_2}$, $\cdots I_n = \dfrac{V_n}{Z_n}$ 이고, $Y_1 = \dfrac{1}{Z_1}$, $Y_2 = \dfrac{1}{Z_2}$, $\cdots Y_n = \dfrac{1}{Z_n}$

이므로 [그림 7-8(a)]를 [그림 7-8(b)]의 등가 전류원 회로로 변환하여 단자 $a-b$ 사이의 전압 V_{ab}를 구하면 다음과 같이 된다.

$$V_{ab} = \frac{I_1 + I_2 + \cdots + I_n}{Y_1 + Y_2 + \cdots + Y_n} = \frac{\sum\limits_{k=1}^{n} I_k}{\sum\limits_{k=1}^{n} Y_k} \, [\text{V}] \quad \cdots\cdots\cdots\cdots\cdots\cdots\cdots\cdots\cdots\cdots \text{(7-9)}$$

Q 예제 7.5

다음 [그림 7-9(a)]의 회로망에서 단자 a, b사이에 걸리는 전압 V_{ab}를 구하여라.

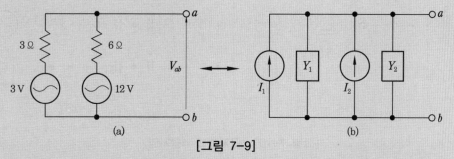

[그림 7-9]

풀이 그림 (a)를 (b)와 같이 등가 전류원으로 나타내면 $I_1 = \dfrac{V_1}{Z_1} = \dfrac{3}{3} = 1\,\text{A}$,

$I_2 = \dfrac{V_2}{Z_2} = \dfrac{12}{6} = 2\,\text{A}$이고, $Y_1 = \dfrac{1}{3}$, $Y_2 = \dfrac{1}{6}$ 이다.

따라서 전압 V_{ab}는 다음과 같이 된다.

$$V_{ab} = \frac{I_1 + I_2}{Y_1 + Y_2} = \frac{1 + 2}{\dfrac{1}{3} + \dfrac{1}{6}} = 6\,\text{V}$$

2. 4단자망

실제의 전기회로에는 여러 가지 복잡한 회로가 자주 사용되는데 특히 전기에너지 전송회로는 입력측과 출력측에 한 쌍의 단자를 가지는 4단자의 회로망이 사용된다.

2.1 ○ 4단자 회로망

[그림 7-10(a)]와 같이 회로망의 입출력 단의 한 쌍의 단자를 갖는 회로망을 2단자망(two terminal network)이라고 하며, [그림 7-10(b)]와 같이 두 개의 단자쌍 즉 4개의 단자를 갖는 회로망을 4단자망(four terminal network)이라고 한다.

4단자망은 선형회로와 비선형 회로, 수동회로와 능동회로, 쌍방향성 회로와 단방향성 회로 등으로 분류되며, 여기서는 선형이고 내부에 전원을 포함하지 않는 수동 회로망 중에서 쌍방향성이고 유한 소자로 구성되며 RLC 집중 상수로 구성된 회로에 대해서 설명한다.

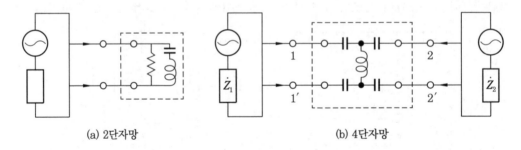

(a) 2단자망   (b) 4단자망

[그림 7-10] 2단자망과 4단자망

(1) 4단자 상수

4단자망의 내부 구조는 임의의 소자와 임의의 형태로 구성되지만, 회로 해석에 필요한 것은 오직 4개의 단자뿐이다. 즉, 두 쌍의 단자 전압과 전류의 관계이다. [그림 7-11]과 같이 4단자망에서 A, B, C, D의 상수를 사용하여 입력측의 전압 V_1과 전류 I_1을 출력측의 전압 V_2와 I_2의 함수로 나타내면 다음과 같이 된다.

$$\left.\begin{array}{l} V_1 = A V_2 + B I_2 \\ I_1 = C V_2 + D I_2 \end{array}\right\} \quad \cdots\cdots\cdots\cdots\cdots\cdots\cdots\cdots\cdots\cdots\cdots\cdots\cdots\cdots\cdots\cdots\cdots\cdots\cdots (7\text{-}10)$$

이것을 4단자망의 기본식이라 하며 A, B, C, D를 4단자 상수(four terminal constants)라고 한다. 기본식을 행렬로 표시하면 다음과 같이 된다.

$$\begin{bmatrix} V_1 \\ I_1 \end{bmatrix} = \begin{bmatrix} A & B \\ C & D \end{bmatrix} \begin{bmatrix} V_2 \\ I_2 \end{bmatrix} \quad \cdots\cdots\cdots\cdots\cdots\cdots\cdots\cdots\cdots\cdots\cdots\cdots\cdots\cdots\cdots\cdots (7\text{-}11)$$

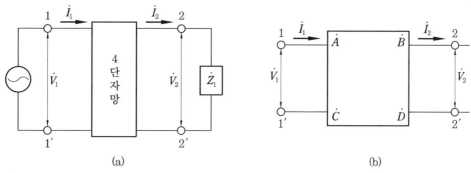

[그림 7-11] 4단자망의 전압과 전류

식 (7-10)으로부터 4단자 상수 A, B, C, D는 다음과 같은 두 가지의 경우로 나누어서 구할 수 있다.

먼저 [그림 7-12(a)]와 같이 출력 단자 2-2′를 개방하면 $I_2 = 0$이 되므로 식 (7-10)은 $V_1 = A V_2$, $I_1 = C V_2$로 되어 상수 A, C는 다음과 같이 된다.

$$A = \left(\frac{V_1}{V_2}\right)_{I_2=0}, \quad C = \left(\frac{I_1}{V_2}\right)_{I_2=0} \quad \cdots\cdots\cdots\cdots\cdots\cdots\cdots\cdots\cdots\cdots\cdots\cdots (7\text{-}12)$$

식 (7-12)에서 4단자 상수 A는 출력 단자를 개방했을 때의 입력 전압과 출력 전압의 비로서 개방 전압비(이득)를 나타내고, C는 출력 단자를 개방했을 때의 입력 전류와 출력 전압의 비로서 개방 전달 어드미턴스라고 하며 단위는 ℧이다.

다음은 [그림 7-12(b)]와 같이 출력 단자 2-2′를 단락하면 $V_2 = 0$이 되므로 식 (7-10)은 $V_1 = B I_2$, $I_1 = D I_2$로 되어 상수 B, D는 다음과 같이 된다.

$$B = \left(\frac{V_1}{I_2}\right)_{V_2=0}, \quad D = \left(\frac{I_1}{I_2}\right)_{V_2=0} \quad \cdots\cdots\cdots\cdots\cdots\cdots\cdots\cdots\cdots\cdots\cdots\cdots (7\text{-}13)$$

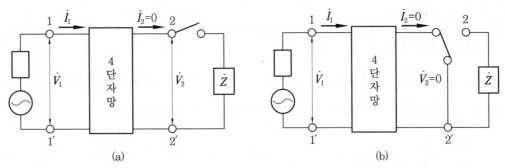

[그림 7-12]   4단자 상수를 구하는 법

식 (7-13)에서 4단자 상수 B는 출력 단자를 단락했을 때의 입력 전압과 출력 전류의 비로서 단락 전달 임피던스라고 하며 단위는 Ω이고, D는 출력 단자를 단락했을 때의 입력 전류와 출력 전류의 비로서 단락 전류비(이득)를 나타낸다.

선형 4단자 회로망에서는 식 (7-12)와 식 (7-13)으로부터 구한 4단자 상수는 다음과 같은 관계가 성립한다.

$$AD - BC = 1 \quad\cdots\cdots\cdots\cdots\cdots\cdots\cdots\cdots\cdots\cdots\cdots\cdots\cdots\cdots\cdots (7-14)$$

또한 4단자 회로망이 대칭이면 $A = D$가 된다.

그리고 4단자 상수를 이용하여 출력 단자 2-2′를 개방했을 때의 입력 임피던스 Z_{1f}와 출력 단자를 단락했을 때의 입력 임피던스 Z_{1s}를 식 (7-11)로부터 다음과 같이 나타낼 수 있다.

$$Z_{1f} = \left(\frac{V_1}{I_1}\right)_{I_2=0} = \left(\frac{AV_2}{CV_2}\right)_{I_2=0} = \frac{A}{C} \quad\cdots\cdots\cdots\cdots\cdots\cdots\cdots\cdots\cdots (7-15)$$

$$Z_{1s} = \left(\frac{V_1}{I_1}\right)_{V_2=0} = \left(\frac{BI_2}{DI_2}\right)_{V_2=0} = \frac{B}{D} \quad\cdots\cdots\cdots\cdots\cdots\cdots\cdots\cdots\cdots (7-16)$$

(2) 입력 단자와 출력 단자의 교환

[그림 7-11]의 4단자 회로망에서 [그림 7-13]과 같이 입력 단자와 출력 단자를 서로 바꾸었을 때 입력과 출력의 관계는 반대로 되고 4단자망의 기본식은 식 (7-10)에서 A와 D를 서로 바꾸어 나타내면 다음과 같이 된다.

$$\left.\begin{array}{l} V_2 = DV_1 + BI_1 \\ I_2 = CV_1 + AI_1 \end{array}\right\} \quad\cdots\cdots\cdots\cdots\cdots\cdots\cdots\cdots\cdots\cdots\cdots\cdots\cdots\cdots (7-17)$$

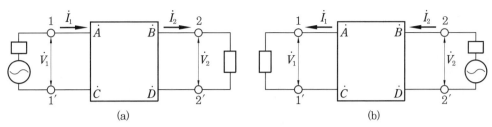

[그림 7-13] 입력 단자와 출력 단자의 교환

그리고 4단자 상수를 이용하여 출력 단자 1-1'을 개방했을 때의 입력 임피던스 Z_{2f} 와 출력 단자를 단락했을 때의 입력 임피던스 Z_{2s}를 식 (7-15)와 식 (7-16)으로부터 다음과 같이 나타낼 수 있다.

$$Z_{2f} = \left(\frac{V_2}{I_2}\right)_{I_1=0} = \left(\frac{DV_1}{CV_1}\right)_{I_1=0} = \frac{D}{C} \quad \cdots\cdots\cdots\cdots\cdots\cdots\cdots (7-18)$$

$$Z_{2s} = \left(\frac{V_2}{I_2}\right)_{V_1=0} = \left(\frac{BI_1}{AI_1}\right)_{V_1=0} = \frac{B}{A} \quad \cdots\cdots\cdots\cdots\cdots\cdots\cdots (7-19)$$

[표 7-1] 회로의 종류와 4단자 상수

회로의 종류 ＼ 4단자 상수	A	B	C	D
○—[Z]—○ ○————○	1	Z	0	1
○————○ [Z] ○————○	1	0	$\dfrac{1}{Z}$	1
○—[Z_1]—○ [Z_2] ○————○	$1 + \dfrac{Z_1}{Z_2}$	Z_1	$\dfrac{1}{Z_2}$	1
○——[Z_1]—○ [Z_2] ○————○	1	Z_1	$\dfrac{1}{Z_2}$	$1 + \dfrac{Z_1}{Z_2}$
○—[Z_1]—[Z_3]—○ [Z_2] ○————○	$1 + \dfrac{Z_1}{Z_2}$	$\dfrac{Z_1 Z_2 + Z_2 Z_3 + Z_3 Z_1}{Z_2}$	$\dfrac{1}{Z_2}$	$1 + \dfrac{Z_3}{Z_2}$
○———[Z_2]———○ [Z_1] [Z_3] ○————○	$1 + \dfrac{Z_2}{Z_3}$	Z_2	$\dfrac{Z_1 + Z_2 + Z_3}{Z_1 Z_3}$	$1 + \dfrac{Z_2}{Z_1}$

또한 회로의 종류에 따라 4단자 상수를 [표 7-1]과 같이 나타낼 수 있다.

Q 예제 **7.6**

다음 [그림 7-14(a)]의 회로망에서 4단자 상수 A, B, C, D를 구하여라.

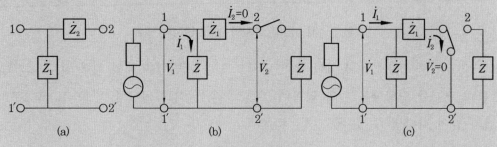

[그림 7-14]

풀이 ① 단자 2-2′를 개방하면 [그림 7-14(b)]와 같이 되고 식 (7-12)로부터 다음과 같이 구할 수 있다.

$$V_2 = Z_1 I_1 = V_1 \text{이므로 } A = \left(\frac{V_1}{V_2}\right)_{I_2=0} = 1 \text{이고, } C = \left(\frac{I_1}{V_2}\right)_{I_2=0} = \frac{I_1}{Z_1 I_1} = \frac{1}{Z_1} \text{이다.}$$

② 단자 2-2′를 단락하면 [그림 7-14(c)]와 같이 되고 식 (7-13)으로부터 다음과 같이 구할 수 있다.

$$I_2 = \frac{Z_1}{Z_1 + Z_2} I_1 = \frac{V_1}{Z_2} \text{이므로 } B = \left(\frac{V_1}{I_2}\right)_{V_2=0} = \frac{V_1}{\dfrac{V_1}{Z_2}} = Z_2 \text{이고,}$$

$$D = \left(\frac{I_1}{I_2}\right)_{V_2=0} = \frac{I_1}{\dfrac{Z_1 I_1}{Z_1 + Z_2}} = 1 + \frac{Z_2}{Z_1} \text{이다.}$$

따라서, V_1과 I_1을 식으로 나타내면 다음과 같다.

$$V_1 = V_2 + Z_2 I_2, \quad I_1 = \frac{1}{Z_1} V_2 + \left(1 + \frac{Z_2}{Z_1}\right) I_2$$

2.2 ○ 영상 파라미터

(1) 영상 파라미터

[그림 7-15]와 같이 4단자 회로의 입력 단자 1-1′에 임피던스 Z_{01}을 접속하고 출력 단자 2-2′에 임피던스 Z_{02}를 연결한 경우에 입력 단자 1-1′에서 좌우측으로 본 임피던

스가 Z_{01}이 되고, 또한 출력 단자 2-2′에서 좌우측으로 본 임피던스가 Z_{02}가 된다면 이를 영상 임피던스(image impedance)라 하며, 이와 같이 회로망의 접속점 좌우에서 본 임피던스를 같게 만드는 것을 임피던스 정합(image matching)이라고 한다.

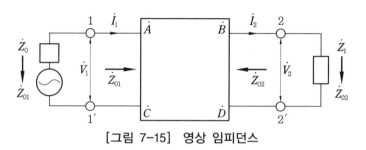

[그림 7-15] 영상 임피던스

(2) 영상 임피던스와 4단자 상수의 관계

[그림 7-16(a)]와 같이 입력 단자 1-1′에서 회로망 전체를 본 임피던스 Z_{01}을 4단자 상수로 나타내면 식 (7-10)으로부터

$Z_{01} = \dfrac{V_1}{I_1} = \dfrac{AV_2+BI_2}{CV_2+DI_2}$ 가 되고, $Z_{02} = \dfrac{V_2}{I_2}$ 이므로 다음과 같다.

$$Z_{01} = \frac{AZ_{02}+B}{CZ_{02}+D} \quad\quad\quad (7-20)$$

[그림 7-16(b)]와 같이 입출력 단자를 바꾸었을 때의 입력 단자 2-2′에서 회로망 전체를 본 임피던스 Z_{02}를 4단자 상수로 나타내면 식 (7-17)로부터

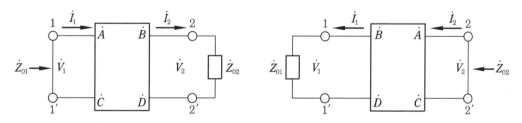

[그림 7-16] 영상 임피던스와 4단자 상수

$Z_{02} = \dfrac{V_2}{I_2} = \dfrac{DV_1+BI_1}{CV_1+AI_1}$ 이 되고, $Z_{01} = \dfrac{V_1}{I_1}$ 이므로 다음과 같다.

$$Z_{02} = \frac{DZ_{01}+B}{CZ_{01}+A} \quad\quad\quad (7-21)$$

따라서 식 (7-20)과 식 (7-21)로부터 다음과 같은 관계식이 성립한다.

$$Z_{01}Z_{02} = \frac{B}{C}, \quad \frac{Z_{01}}{Z_{02}} = \frac{A}{D} \quad \cdots\cdots\cdots\cdots\cdots\cdots\cdots\cdots\cdots\cdots\cdots\cdots\cdots\cdots (7-22)$$

식 (7-22)로부터 두 식을 서로 곱하고 나누어서 정리하면 다음과 같이 된다.

$$Z_{01} = \sqrt{\frac{AB}{CD}}, \quad Z_{02} = \sqrt{\frac{DB}{CA}} \quad \cdots\cdots\cdots\cdots\cdots\cdots\cdots\cdots\cdots\cdots (7-23)$$

식 (7-23)에서 대칭 4단자망이면 $A = D$이므로 $Z_0 = Z_{01} = Z_{02} = \sqrt{\dfrac{B}{C}}$ 이 되고, Z_0를 특성 임피던스라고도 한다.

또한, 영상 임피던스를 식 (7-15), 식 (7-16), 식 (7-18), 식 (7-19)의 개방 임피던스와 단락 임피던스로부터 다음과 같은 관계식으로 구할 수 있다.

$$Z_{01} = \sqrt{Z_{1f}Z_{1s}}\,[\Omega], \quad Z_{02} = \sqrt{Z_{2f}Z_{2s}}\,[\Omega] \quad \cdots\cdots\cdots\cdots\cdots\cdots (7-24)$$

Q 예제 7.7

[그림 7-17] 과 같은 회로망의 영상 임피던스 Z_{01}과 Z_{02}를 구하여라.

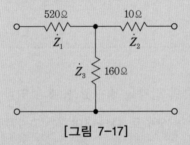

[그림 7-17]

풀이 그림의 회로망에서 4단자 상수를 구하면

$$A = 1 + \frac{Z_1}{Z_3} = 1 + \frac{520}{160} = \frac{17}{4}$$

$$B = Z_1 + Z_2 + \frac{Z_1 Z_2}{Z_3} = 520 + 10 + \frac{520 \times 10}{160} = \frac{9000}{16}$$

$$C = \frac{1}{Z_3} = \frac{1}{160}$$

$$D = 1 + \frac{Z_2}{Z_3} = 1 + \frac{10}{160} = \frac{17}{16}$$ 이므로 Z_{01}과 Z_{02}는 다음과 같이 된다.

$$Z_{01} = \sqrt{\frac{(17/4)(9000/16)}{(1/160)(17/16)}} = 600\ \Omega, \quad Z_{02} = \sqrt{\frac{(17/16)(9000/16)}{(1/160)(17/4)}} = 150\ \Omega$$

(3) 영상 전달 상수

[그림 7-18]과 같이 영상 임피던스를 접속한 4단자망에서 기본식

$V_1 = A V_2 + B I_2$ 에

$I_2 = \dfrac{V_2}{Z_{02}}$ 의 관계를 고려하면 다음과 같이 된다.

$$V_1 = \left(A + \frac{B}{Z_{02}} \right) V_2$$

이것을 4단자 상수로 나타내어 $\dfrac{V_1}{V_2}$ 을 구하면 다음과 같이 된다.

$$\frac{V_1}{V_2} = A \frac{B}{Z_{02}} = A + \frac{B}{\sqrt{DB/CA}} = \sqrt{\frac{A}{D}} \left(\sqrt{AD} + \sqrt{BC} \right) \quad \cdots\cdots\cdots\cdots\cdots\cdots (7-25)$$

또 기본식 $I_1 = C V_2 + D I_2$ 에 $V_2 = I_2 Z_{02}$ 의 관계를 고려하면 다음과 같이 된다.

$$I_1 = \left(C Z_{02} + D \right) I_2$$

이것을 4단자 상수로 나타내어 $\dfrac{I_1}{I_2}$ 를 구하면 다음과 같이 된다.

$$\frac{I_1}{I_2} = C Z_{02} + D = C \sqrt{\frac{DB}{CA}} + D = \sqrt{\frac{D}{A}} \left(\sqrt{BC} + \sqrt{AD} \right) \quad \cdots\cdots\cdots\cdots\cdots (7-26)$$

영상 임피던스를 접속한 4단자망에 대해서 입력 전력 $V_1 I_1$ 과 출력 전력 $V_2 I_2$ 의 비를 4단자 상수로 구하면 식 (7-25)와 식 (7-26)에 의해 다음과 같이 된다.

$$\frac{V_1 I_1}{V_2 I_2} = \left(\sqrt{AD} + \sqrt{BC} \right)^2 \quad \cdots\cdots\cdots\cdots\cdots\cdots\cdots\cdots\cdots\cdots\cdots (7-27)$$

식 (7-27)의 전력비의 제곱근에 자연 대수를 취한 것을 영상 전달 상수(image transfer constant), θ 라고 하며 다음과 같이 된다.

$$\theta = \log_e \sqrt{\frac{V_1 I_1}{V_2 I_2}} = \log_e \left(\sqrt{AD} + \sqrt{BC} \right) \quad \cdots\cdots\cdots\cdots\cdots\cdots (7-28)$$

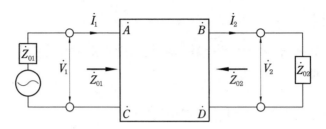

[그림 7-18] 영상 전달 상수

일반적으로 영상 전달 상수 θ를 복소수로도 다음과 같이 나타낸다.

$$\theta = \alpha + j\beta \quad\quad\quad\quad\quad\quad\quad (7-29)$$

식 (7-29)에서 α를 회로의 감쇠 상수(attenuation constant) 또는 감쇠량이라고 하며 단위는 네퍼(neper, [Np])를 사용한다. 그리고 β를 위상 상수(phase constant)라고 하며 단위는 라디안(radian, [rad])을 사용한다.

따라서 4단자망의 전달 상수는 입력측 전압과 전류가 출력측에서의 크기와 위상이 어떻게 나타날 것인지를 나타내는 상수이다.

Q 예제 **7.8**

[그림 7-19]의 회로에서 4단자 상수를 구하여라.

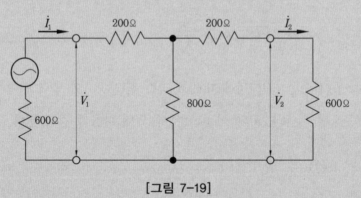

[그림 7-19]

풀이 그림의 회로에서 4단자 상수를 구하면

$A = \dfrac{5}{4}$, $B = 450\ \Omega$, $C = \dfrac{1}{800}$ S, $D = \dfrac{5}{4}$ 이므로 식 (7-25)에서

$$\frac{V_1}{V_2} = \sqrt{\frac{A}{D}}\left(\sqrt{AD} + \sqrt{BC}\right)$$

$$= \sqrt{\frac{5/4}{5/4}}\left(\sqrt{\left(\frac{5}{4}\right)^2} + \sqrt{\frac{450}{800}}\right) = \left(\frac{5}{4} + \frac{3}{4}\right) = 2$$

익·힘·문·제

1. [그림 7-20(a)]의 전압원을 [그림 7-20(b)]와 같은 등가 전류원으로 변환할 때
I와 R은 얼마인가 ?

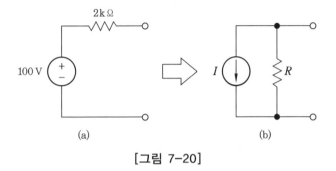

(a)　　　　　　　　(b)

[그림 7-20]

2. [그림 7-21]과 같은 회로에서 단자 a, b에 걸리는 전압 V_{ab}는 몇 V인가 ?

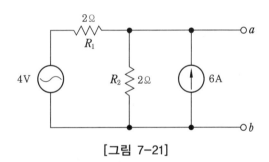

[그림 7-21]

3. [그림 7-22]와 같은 회로에서 단자 c, d에 걸리는 전압 V_{cd}는 몇 V인가 ?

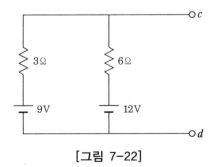

[그림 7-22]

4. [그림 7-23]의 회로에서 중첩의 정리를 이용하여 2Ω에 흐르는 전류 I를 구하여라.

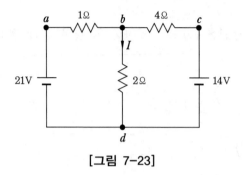

[그림 7-23]

5. [그림 7-24]와 같은 회로망에서 $a-b$ 사이의 단자 전압을 50 V, $a-b$ 단자에서 회로망 쪽을 본 임피던스 $Z_{ab}=6+j8\,[\Omega]$일 때 $a-b$ 단자에 임피던스 $Z=2-j1\,[\Omega]$을 연결할 경우 이 임피던스에 흐르는 전류를 구하여라.

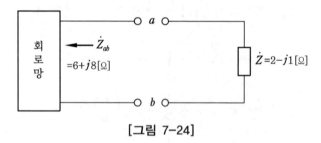

[그림 7-24]

6. [그림 7-25]와 같은 회로의 테브난 등가회로와 전류 I를 구하여라.

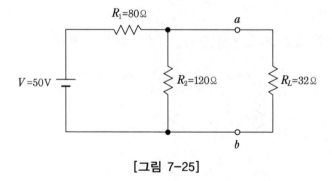

[그림 7-25]

7. [그림 7-26]과 같은 교류 회로의 테브난 등가회로를 구하여라.

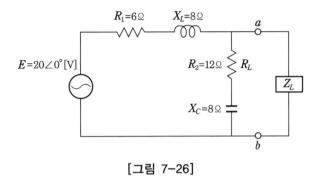

[그림 7-26]

8. [그림 7-27]과 같은 회로에서 4단자 상수 A, B, C, D와 영상 임피던스 Z_{01}과 Z_{02}를 구하여라.

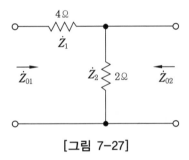

[그림 7-27]

9. [그림 7-28]과 같은 T형 회로망에서 영상 임피던스 Z_{01}과 Z_{02}를 구하여라.

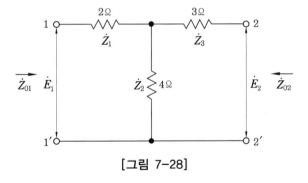

[그림 7-28]

10. [그림 7-29]와 같은 π형 회로망의 4단자 정수를 구하여라.

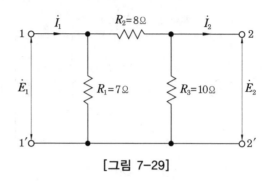

[그림 7-29]

11. [그림 7-30]과 같은 π형 4단자 회로의 4단자 정수 A, B, C, D의 값을 구하여라.

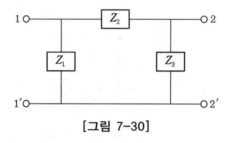

[그림 7-30]

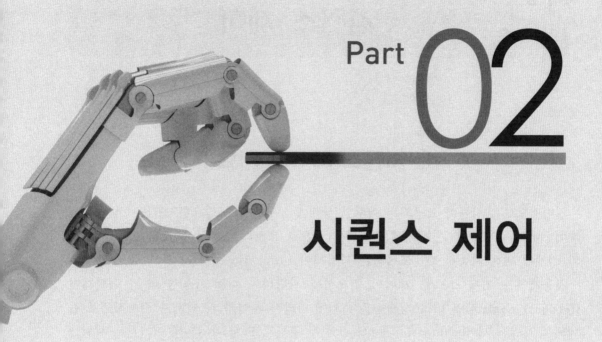

Part 02

시퀀스 제어

제 1 장 시퀀스 제어

1. 시퀀스 제어의 개요

일반적으로 대상물이 요구되는 어떠한 상태에 부합되도록 필요한 조작을 하는 것을 제어(control)라고 한다. 제어에는 사람이 손으로 조작하는 수동제어(manul control)와 기계에 의해 자동적으로 조작되는 자동제어(automatic control)가 있다.

자동제어는 기계 스스로 제어의 필요성을 판단하여 수정 조작을 하는 귀환제어(feedback control)와 미리 정해놓은 순서에 따라서 제어의 각 단계가 순차적으로 진행되는 시퀀스 제어(sequential control)의 두 종류로 크게 나누는데 여기서는 시퀀스 제어에 대해서만 다루기로 한다.

1.1 ○ 시퀀스 제어의 의미

시퀀스란 어떠한 일이나 작업 등에 대한 현상을 미리 정해진 순서 또는 일정한 논리에 의해 각 공정의 단계를 정해진 순서에 따라 진행시키는 제어를 말한다.

(1) 시퀀스 제어의 장점

시퀀스로 인한 효과적인 이점은 다음과 같다.
① 제품의 품질이 균일하고 향상되어 불량품이 감소
② 생산 속도의 증가
③ 생산 능률의 향상
④ 작업의 확실성 보장
⑤ 생산설비의 수명 연장
⑥ 작업원의 감소로 인건비의 절감 및 경제성 향상
⑦ 노동조건의 향상
⑧ 작업자의 작업 환경 개선

(2) 시퀀스 제어의 구성

시퀀스를 구성하는 부분은 입력부, 제어부, 출력부로 분류할수 있으며, 입력부는 입력요소에 따라 수동과 자동으로 분류하며, 제어부는 입력 신호를 이용하여 가장 중요한 부분으로 원하는 동작을 만들어 출력에 보내는 역할을 한다. 출력부는 어떠한 동작 상태를 알려 주는 표시부와 직접 움직이는 전동기, 솔레노이드 밸브 등의 구동부로 나눌 수 있다

(3) 시퀀스 제어를 구성하는 주요 부분

① 조작부 : 푸시버튼 스위치와 같이 조작자가 조작하는 부분이다.
② 검출부 : 구동부가 행한 일이 정해진 조건을 만족한 경우 그것을 검출하여 제어부에 신호를 보내는 것으로 기계적 변위와 전기적 변위를 리밋 스위치 등으로 검출한다.
③ 제어부 : 전자릴레이, 전자접촉기. 타이머 등으로 구성된다.
④ 구동부 : 모터, 전자 클러치, 솔레노이드 등으로 제어부로 받은 신호에 따라 실제 동작을 행하는 부분이다.
⑤ 표시부 : 표시램프와 카운터 등으로 제어의 진행 상태를 나타내는 부분이다.

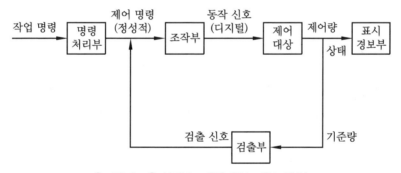

[그림 8-1] 시퀀스 제어계의 기본 구성

(4) 시퀀스 제어계의 구성요소

① 제어대상 : 기계, 프로세스, 시스템의 대상이 되는 전체 또는 일부분(전동기, 밸브 등)
② 제어장치 : 제어하기 위하여 제어대상에 부가되는 장치(자동 전압 조정장치 등)
③ 제어요소 : 동작 신호를 조작량으로 변환하는 요소이며 조절부와 조작부로 구성된다.
④ 목표값 : 입력신호이며 보통 기준입력과 같은 경우가 많다.
⑤ 제어량 : 제어되어야 할 제어대상의 양으로서 보통 출력이라 한다(회전수, 온도 등).
⑥ 기준입력 : 제어계를 동작시키는 기준으로 직접 폐회로에 가해지는 입력신호이며

목표값에 대하여 일정한 관계를 가진다.

⑦ 되먹임 신호 : 제어량을 목표값과 비교하기 위하여 궤환되는 신호

⑧ 조작량 : 제어장치로부터 제어대상에 가해지는 양

⑨ 동작신호 : 기준입력과 주 피드백 신호와의 차로 제어동작을 일으키는 신호

⑩ 외란 : 설정값 이외의 제어량을 변화시키는 모든 외적 인자를 말한다.

(5) 시퀀스 제어의 용어

① 개로(open) : 전기회로의 일부를 스위치, 릴레이 등으로 여는 것

② 폐로(close) : 전기회로의 일부를 스위치, 릴레이 등으로 닫는 것

③ 동작(actuation) : 어떤 원인을 주어서 소정의 동작을 하도록 하는 것

④ 복귀(reseting) : 동작 이전의 상태로 되돌리는 것

⑤ 여자(excitation) : 전자 릴레이, 전자접촉기, 타이머 등의 코일에 전류가 흘러서 전자석으로 되는 것

⑥ 소자(demagnetization) : 전자코일에 흐르고 있는 전류를 차단하여 자력을 잃게 하는 것

⑦ 기동(starting) : 기기 또는 장치가 정지 상태에서 운전 상태로 되기까지의 과정

⑧ 운전(running) : 기기 또는 장치가 소정의 동작을 하고 있는 상태

⑨ 제동(braking) : 기기의 운전 상태를 억제하는 것으로 전기적 제동과 기계적 제동이 있다.

⑩ 정지(stopping) : 기기 또는 장치를 운전 상태에서 정지 상태로 하는 것

⑪ 인칭(inching) : 기계의 순간 동작 운동을 얻기 위해 미소시간의 조작을 1회 반복해서 행하는 것

⑫ 보호(protect) : 피 제어 대상품의 이상 상태를 검출하여 기기의 손상을 막아 피해를 줄이는 것

⑬ 조작(operating) : 인력 또는 기타의 방법으로 소정의 운전을 하도록 하는 것

⑭ 차단(breaking) : 개폐기류를 조작하여 전기회로를 열어 전류가 통하지 않는 상태로 만드는 것

⑮ 투입(closing) : 개폐기류를 조작하여 전기회로를 닫아 전류가 통하는 상태로 만드는 것

⑯ 트리핑(tripping) : 유지 기구를 분리하여 개폐기 등을 개로하는 것

⑰ 쇄정(inter locking) : 복수의 동작을 관련시키는 것으로 어떤 조건을 갖추기까지의 동작을 정지시키는 것

⑱ 연동 : 복수의 동작을 관련시키는 것으로 어떤 조건이 갖추어졌을 때 동작을 진행시키는 것

⑲ 조정(adjustment) : 양 또는 상태를 일정하게 유지하거나 혹은 일정한 기준에 따라 변화시켜 주는 것

⑳ 경보(warning) : 제어대상의 고장 또는 위험 상태를 램프, 벨, 부저 등으로 표시하여 조작자에게 알리는 것

1.2 ● 시퀀스 제어의 분류

시퀀스 제어는 제어 명령에 따라 정성적 제어(qualitative control)와 정량적 제어(quantitative control)로 분류된다.

(1) 정성적 제어

정성적 제어란 전열기를 사용할 때 온도가 높거나 낮음, 열량이 많거나 적음에 관계없이 전류를 흐르게 하거나 흐르지 않게 하는 제어 명령만을 자동적으로 행하는 제어로서 제어 명령은 두 가지 상태로 나타내는데 이를 2값 신호(binary signal)라고 한다. 정성적 제어는 목표값과 제어량의 오차를 정정할 수 있는 부분을 갖지 않는 것이 특징이다.

[그림 8-2]에서 전원 스위치 S_c를 투입하면 전자 계전기 C_m이 여자되어 S_m접점이 붙어 전류가 흐르므로 전열기가 가열된다.

이는 단지 전열기의 발열량에는 관계없이 스위치를 개폐하여 전류를 흐르게 하거나 차단시키는 두 동작 가운데 어느 한 동작에 의해 제어 명령이 내려지는 것으로 정성적 제어의 예이다.

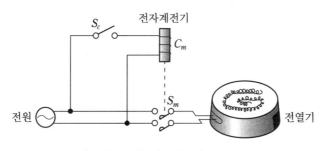

[그림 8-2] 정성적 제어의 예

(2) 정량적 제어

전기로와 같이 발열량의 많고 적음이나, 온도의 높고 낮음, 즉 크기 및 양에 대하여 제어 명령이 내려지는 것을 정량적 제어라고 하며, 제어 명령은 온도가 낮은 값으로부터 높은 값에 이르기까지 여러 상태를 구별해야 한다. 즉, 크기를 연속적으로 나타낼 수 있어 이를 아날로그 신호(analog signal)라고 한다.

[그림 8-3]은 전기로 안의 온도를 일정하게 유지하기 위한 전압 조정기 사용의 예로서, 이 제어계의 제어 명령인 목표값이 미리 정해졌을 때, 이에 따라 제어하려면 전압 조정기의 손잡이 위치를 목표값에 대응하여 움직이면 되지만 경우에 따라서는 주위 온도나 전원 전압의 변화 또는 가열 물질의 크기에 따라 손잡이를 어느 위치에 고정시켜도 노 안의 온도가 변하는 때가 있다. 이와 같이 목표값에 따라 제어하기 위해서는 노 안의 온도, 즉 제어량의 지시와 목표값의 지시를 비교해야 한다.

그 결과, 제어량의 목표값에 이르지 못한 때는 노의 온도를 높이고, 목표값보다 클 때는 온도를 내리도록 손잡이를 움직여서 항상 조정해야 한다. 이는 양의 조절을 의미하여 정량적 제어라 하고, 정량적 제어는 오차를 자동적으로 정정할 수 있어 피드백 제어라 하며, 폐회로 제어(closed loop control)라고도 한다.

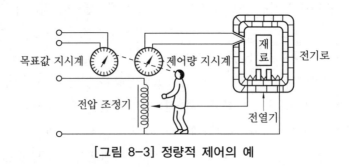

[그림 8-3] 정량적 제어의 예

1.3 ○ 시퀀스 제어의 종류

시퀀스 제어는 사용하는 소자에 따라 크게 유접점, 무접점, 프로그램 제어로 분류할 수 있다.

(1) 유접점 제어

유접점 제어는 전자 릴레이(magnetic relay)를 주로 사용하여 제어하는 방식으로 [표 8-1]과 같은 장단점이 있으며 [그림 8-4]와 같은 회로도로 구성된다.

[표 8-1] 전자 릴레이의 장단점

장점	단점
• 개폐 부하 용량이 크다. • 과부하에 견디는 힘이 크다. • 전기적 노이즈에 대하여 안정하다. • 온도 특성이 양호하다. • 입력과 출력을 분리하여 사용할 수 있다.	• 소비전력이 비교적 크다. • 접점이 소모되므로 수명에 한계가 있다. • 동작 속도가 늦다. • 기계적 진동, 충격 등에 비교적 약하다. • 외형의 소형화에 한계가 있다.

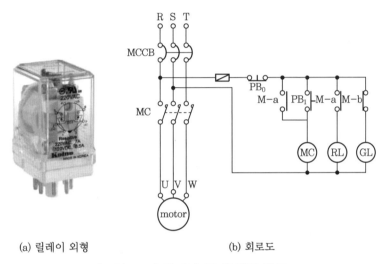

(a) 릴레이 외형   (b) 회로도

[그림 8-4] 릴레이 및 유접점 회로

(2) 무접점 제어

[그림 8-5]와 같이 무접점 소자 및 논리 회로와 같이 무접점 제어는 트랜지스터나 IC 등의 반도체를 사용한 논리 소자를 스위치로 이용하여 제어하는 방식으로 로직 시퀀스(logic squence)라고도 하며, 논리 회로를 사용하여 표현한다.

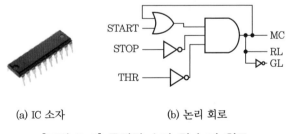

(a) IC 소자   (b) 논리 회로

[그림 8-5] 무접점 소자 및 논리 회로

무접점 제어방식의 장단점은 [표 8-2]와 같다.

[표 8-2] 무접점 제어의 장단점

장점	단점
• 동작 속도가 빠르다. • 고빈도 사용에 견디며 수명이 길다. • 고정밀도로서 동작 시간, 감도에 분산이 적다. • 진동, 충격에 대한 불량 동작의 우려가 없다. • 장치의 소형화가 가능하다.	• 전기적 노이즈, 서지에 약하다. • 온도 변화에 약하다. • 신뢰성이 떨어진다. • 별도의 전원을 필요로 한다.

(3) 프로그램 제어

[그림 8-6(a)]는 시퀀스 제어 전용의 마이크로 컴퓨터를 이용한 제어 장치로 PLC (programmable logic controller)라고 하며, 프로그램 제어장치라고도 한다.

[그림 8-6(b)]의 프로그램 방법은 니모닉(mnemonic) 또는 래더도(ladder diagram) 등이 사용된다.

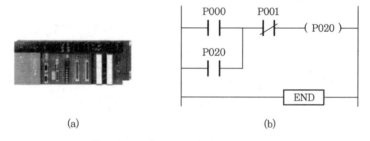

(a)   (b)

[그림 8-6] PLC 장치 및 래더도

[표 8-3] 프로그램 제어의 특징

특징	성능
기능	프로그램으로 어떠한 복잡한 제어도 쉽게 가능하다.
제어 내용의 가변성	프로그램 변경만으로도 가능하다.
신뢰성	높다(반도체).
범용성	많다.
장치의 확장성	자유롭게 확장 가능하다.
보수의 용이도	유닛 교환만으로 수리할 수 있다.
기술적인 이해도	프로그램 규칙의 습득이 필요하다.
장치의 크기	상대적으로 작다.
설계/제작 기간	짧다.

1.4 • 시퀀스 회로도

[그림 8-7]은 릴레이를 사용하여 램프를 동작시키는 회로이다. PBS를 누르면 전자 릴레이 X가 동작하여 전자 릴레이의 a접점이 연동되어 닫힌 회로가 되고, 전자 릴레이 a접점이 닫히면 램프 L이 점등하는 유접점 회로이다.

이와 같은 시퀀스 회로를 실체 배선도, 실제 배선도, 타임차트, 플로차트 등으로 표시할 수 있다.

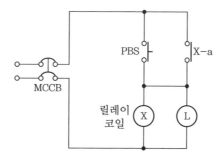

[그림 8-7] 시퀀스 회로도

(1) 실체 배선도

실체 배선도는 부품의 배치 또는 배선 상태 등을 실제의 구성에 맞추어 그리고 기구는 전기용 심벌로 표시한 배선도이다.

실체 배선도에는 기기의 구조와 배선 등이 정확히 기입되어 있기 때문에 실제로 장치를 제작하거나 보수 점검할 때 편리하다. 그러나 복잡한 회로에서는 계통의 동작원리 및 순서를 이해하는데 어려운 경우가 있기 때문에 간단한 시퀀스 회로 이외에는 사용하지 않는다.

(2) 실제 배선도

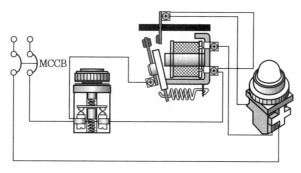

[그림 8-8] 실제 배선도

실제 배선도란 기구나 배선의 상태를 실제의 실물과 동일한 모양으로 그린 배선도로 [그림 8-8]과 같다.

(3) 타임차트

타임차트는 [그림 8-9]와 같이 시퀀스 제어에 있어서 입력 동작에 따라 출력의 동작이 시간에 따라 어떻게 변화하는가를 그래프, 도표로 나타낸 것이다.

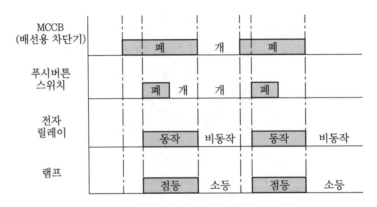

[그림 8-9] 타임차트

※ 그리는 순서와 방법
① 세로축에 제어 기기를 동작 순서에 따라 그린다.
② 가로축에 이들의 시간적 변화를 선으로 표현한다. 제어 기기의 동작이 다른 어느 기기의 동작과 어떤 관계가 있는가를 점선으로 나타내는 수도 있다.
③ 기동, 정지, 누르다, 떼다, 닫힌 회로(OFF), 개회로(ON), 점등, 소등 등의 동작 상태를 타임차트 위 또는 아래에 그려서 표시한다.

(4) 플로차트

시퀀스 제어에서는 각종 기기가 결합되어 복잡한 회로가 구성되므로 각 구성 기기 간의 작동 순서를 상세하게 그리면 복잡하여 오히려 전체를 이해하기 어렵다.

이러한 경우 회로의 이해를 돕기 위하여 기호와 화살표로 간단하게 표시하여 동작 순서를 나타낸 것이 플로차트이다. 플로차트에 사용되는 기호는 [표 8-4]와 같고 플로차트의 예는 [그림 8-10]과 같다.

[표 8-4] 플로차트 기호

기호	명칭	설명
—	흐름선 (flow line)	기호끼리의 연결을 나타내며, 교차와 결합의 2가지 상태가 있다.
=	병행 처리 (parallel mode)	둘 이상의 동시 조작 개시 또는 종료를 나타낸다.
○	결합자 (connector)	플로차트 다른 부분으로부터의 입구 또는 다른 부분의 출구를 나타낸다.
⬭	단자 (terminal interrupt)	플로차트의 단자를 표시하며 개시, 종료, 정지, 중단 등을 나타낸다.
□	처리 (process)	모드 종류의 작동 조작 등 처리 기능을 나타낸다.
◇	판단 (decision)	몇 개의 경로에서 어느 것을 선택하는가의 판단 또는 yes/no 중의 선택 등을 나타낸다.
⬡	준비 (preparation)	프로그램 자체를 바꾸는 등의 명령 또는 변경을 나타낸다.
▽	병합 (merge)	두 개 이상의 집합을 하나의 집합으로 결합하는 것을 나타낸다.
△	추출 (extract)	하나의 집합 중에서 한 개 이상의 특정 집합을 빼내는 것을 나타낸다.
▱	입·출력 (input/output)	입·출력 기능을 0과 1로 나타낸다. 즉, 정보의 처리를 가능하게 한다.
⬠	카드 (punched card)	펀칭 카드를 매개체로 하는 입·출력 기능을 나타낸다.

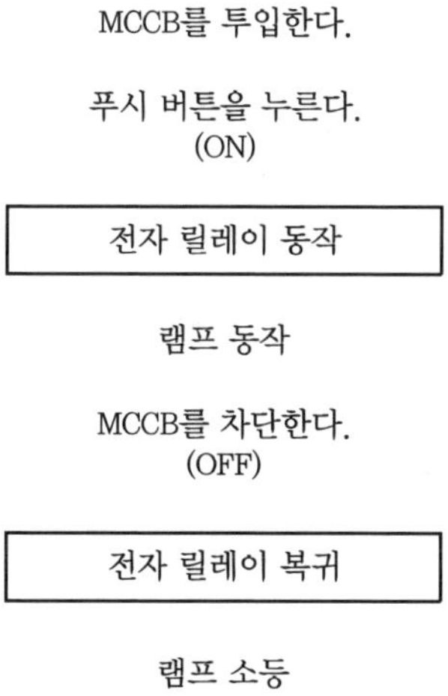

MCCB를 투입한다.

푸시 버튼을 누른다.
(ON)

┌─────────────────────┐
│   전자 릴레이 동작   │
└─────────────────────┘

램프 동작

MCCB를 차단한다.
(OFF)

┌─────────────────────┐
│   전자 릴레이 복귀   │
└─────────────────────┘

램프 소등

[그림 8-10] 플로차트

1.5 ○ 시퀀스 제어도 작성법

(1) 시퀀스도 그리기

각종 장치가 사용되는 복잡한 제어 회로에서 기기 상호간의 접속을 표시할 때 단선 접속도나 복선 접속도, 배치도 등을 보아서는 동작이 어떻게 이루어지는지 또는 어떤 형태로 제어 회로가 이루어지는지 이해하기 어려울 때가 많다. 이러한 경우에 제어 방식이나 동작 순서를 알기 쉽게 표시한 접속도의 필요성이 요구된다. 시퀀스도를 작성할 때 주의 사항은 다음과 같다.

① 제어 전원 모선은 전원 도선으로 도면 상하에 가로선으로 또는 도면 좌우에 세로선으로 표시한다.

② 제어 기기를 연결하는 접속선은 상하 전원선 사이에 가로선으로 또는 좌우 전원 모선 사이에 세로선으로 표시한다.

③ 접속선은 작동 순서에 따라 좌측에서 우측으로 또는 위에서 아래로 그린다.

④ 제어 기기는 비작동 상태로 하며 모든 전원은 차단한 상태로 표현한다.

⑤ 개폐 접점을 가진 제어 기기는 그 기구 부분이나 지지보호 부분 등의 기계적 관련 상태를 생략하고 접점 및 코일 등으로 표시하며, 접속선에서 분리하여 표시한다.

⑥ 제어 기기가 분산된 각 부분에는 그 제어 기기 명칭을 표시한 문자 기호를 첨가하여 기기의 관련 상태를 표시한다.

(2) 세로로 시퀀스도 그리기

[그림 8-11]의 시퀀스 제어도의 순서와 같이 그린다.

① 제어 전원 모선은 도면의 좌우 방향으로 세로선으로 그린다.

② 접속선은 제어 전원 모선 사이의 가로선으로 그린다.

③ 접속선은 작동 순서에 따라 위에서 아래로 그린다.

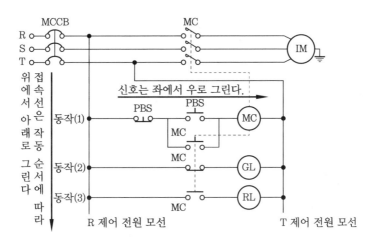

[그림 8-11] 세로로 그리는 방법

(3) 가로로 시퀀스도 그리기

[그림 8-12]의 시퀀스 제어도의 순서와 같이 그린다.

① 제어 전원 모선은 도면의 상하 방향의 가로선으로 그린다.

② 접속선은 제어 전원 모선 사이의 세로선으로 그린다.

③ 접속선은 작동 순서에 따라 좌측에서 우측으로 그린다.

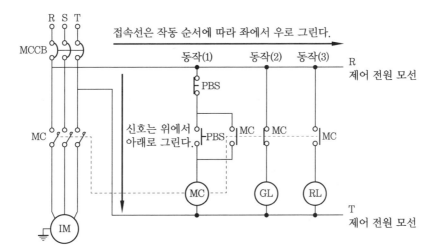

[그림 8-12] 가로로 그리는 방법

2. 접점의 종류

접점(contact)이란 회로를 접속하거나, 차단하는 것으로 a접점, b접점, c접점이 있다.
[표 8-5]는 접점의 종류를 나타낸 것이다.

[표 8-5] 접점의 종류

접점의 종류	접점의 상태	별칭
a접점	열려 있는 접점 (arbeit contact)	• 메이크 접점(make contact) • 상개 접점(normally open contact) (NO 접점 : 항상 열려 있는 접점)
b접점	닫혀 있는 접점 (break contact)	• 브레이크 접점(break contact) • 상폐 접점(normally closed contact) (NC 접점 : 항상 닫혀 있는 접점)
c접점	전환 접점 (change-over contact)	• 브레이크 메이크 접점(break make contact) • 트랜스퍼 접점(transfer contact)

2.1 접점

① a접점(arbeit contact) : 스위치를 조작하기 전에는 열려 있다가 조작하면 닫히
는 접점으로 메이크 접점(make contact), 또는 상시 개접점(normally open
contact, NO)이라고도 한다.
[그림 8-13]과 같이 항상 오른쪽에 띄어서 또는 위쪽에 띄어서 그린다.

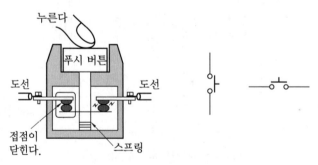

[그림 8-13] a접점의 기호

② b접점(break contact) : 스위치를 조작하기 전에는 닫혀 있다가 조작하면 열리는
접점으로 브레이크 접점 또는 상시 폐접점(normally closed contact, NC)이라고
도 한다.

[그림 8-14]와 같이 항상 왼쪽에 붙여서 또는 아래쪽에 붙여서 그린다.

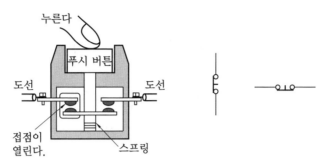

[그림 8-14] b접점의 기호

③ c접점(change-over contact) : 절환 접점이라는 뜻으로 a접점과 b접점을 공유하고 있으며 조작 전 b접점에 가동부가 접촉되어 있다가 누르면 a접점으로 이동하는 접점을 말하며 트랜스퍼 접점(transfer contact)이라고도 한다.

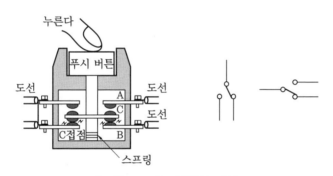

[그림 8-15] c접점의 기호

[표 8-6] 접점의 종류와 기호

항목		a접점		b접점		c접점	
		횡서	종서	횡서	종서	횡서	종서
수동 조작 접점	수동 복귀	∘─∘	∘╱	∘─∘	∘╱	∘─∘∘	∘∘╱
	자동 복귀	∘─∘	∘╱∘	∘ᴖ∘	∘╗∘	∘ᴖ∘∘	∘∘╗∘
릴레이 접점	수동 복귀	∘─×─∘	∘╱×∘	∘×∘	∘╗×∘	∘×∘∘	∘∘╗×∘
	자동 복귀	∘─∘	∘╱∘	∘∘	∘╗∘	∘─∘∘	∘∘╗∘

타이머 접점	수동 복귀						
	자동 복귀						
기계적 접점							

3. 제어용 기기의 종류

조작용 스위치는 사람이 손으로 조작하여 작업명령을 주거나 명령처리의 방법을 변경 또는 수동, 자동으로 변환되는 스위치를 말하며, 수동 조작 스위치란 인위적인 조작에 의해서 신호의 변환을 제어장치에 주는 기구이다.

3.1　조작용 스위치

(1) 조광형 푸시버튼 스위치

조광형 푸시버튼 스위치는 한 개의 제품으로 스위치 기능과 램프의 역할을 가지고 있는 스위치를 말한다.

[그림 8-16] 조광형 푸시버튼

(2) 푸시버튼 스위치(Push Button Switch)

유지형은 한번 누르면 손을 떼어도 동작 상태를 유지하다가 다시 한번 누르면 정지 상태로 된다.

(a) 복귀형   (b) 유지형

[그림 8-17] 푸시버튼 스위치의 종류

[표 8-7]은 버튼의 색상에 의한 기능의 분류와 적용을 나타낸 것이다.

[표 8-7] 버튼의 색상에 의한 기능의 분류와 적용

색상	기능	적용
녹색	기동	시퀀스의 기동, 전동기의 기동
적색	정지	전동기의 정지
	비상 정지	모든 시스템의 정지
황색	리셋	부분적인 동작
백색	상기 색상에서 규정되지 않은 이외의 동작	-

[그림 8-18]은 푸시버튼 스위치 a접점의 동작 원리를 나타낸 것이다.

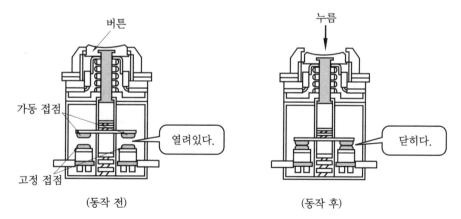

[그림 8-18] 푸시버튼 스위치 a접점 동작 원리

[그림 8-19]는 푸시버튼 스위치 b접점의 동작 원리를 나타낸 것이다.

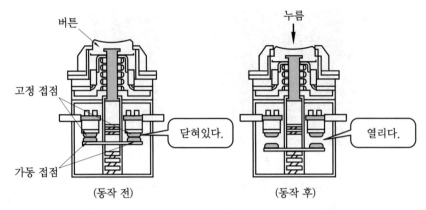

[그림 8-19] 푸시버튼 스위치 b접점 동작 원리

[그림 8-20]은 푸시버튼 스위치 c접점의 동작 원리를 나타낸 것이다.

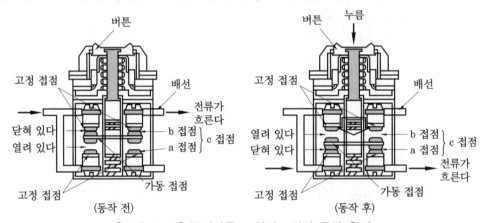

[그림 8-20] 푸시버튼 스위치 c접점 동작 원리

(3) 로터리 스위치(Rotary Switch)

접점부의 회전 작동에 의해 접점을 변환하는 스위치이며, 원주상으로 접촉 단자를 배열하고 회전축과 연결된 중심 단자와의 접속으로 회로가 연결된다. 감도의 전환이나 주파수의 선택 등 측정기에 사용하기 편리하다.

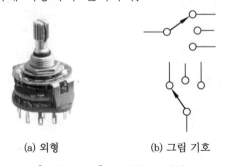

(a) 외형   (b) 그림 기호

[그림 8-21] 로터리 스위치

(4) 캠 스위치(Cam Switch)

캠 스위치는 캠과 접점으로 구성된 플러그로서 여러 단수를 연결해서 한 몸체로 만
든 것으로 드럼 스위치보다 이용도가 많으며 소형이다. 이것은 밀폐형이기 때문에 접
점부에 산화 및 먼지 등이 침입하지 못하는 특징이 있다. 주로 전류계, 전압계의 절환
용으로 이용되고 있다.

(a) 외형   (b) 내부 결선도

[그림 8-22] 캠 스위치

(5) 셀렉터 스위치(Selector Switch)

셀렉터 스위치는 조작을 가하면 반대 조작이 있을 때까지 조작 접점 상태를 유지하
는 유지형 스위치로서 운전/정지, 자동/수동, 연동/단동 등과 같이 조작 방법의 절환
스위치로 사용된다.

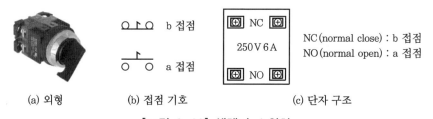

(a) 외형   (b) 접점 기호   (c) 단자 구조

[그림 8-23] 셀렉터 스위치

(6) 토글 스위치

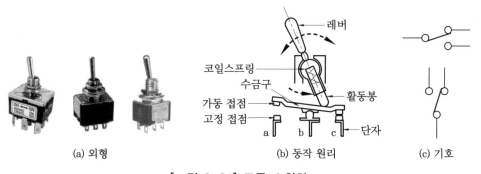

(a) 외형   (b) 동작 원리   (c) 기호

[그림 8-24] 토글 스위치

(7) 전압 절환용 스위치(voltage selector switch)

전압 절환용 스위치는 [그림 8-25]와 같이 슬라이드 스위치의 일종으로 사용 전압에 적당한 전압을 절환하는 유지형 스위치로서 특별한 경우에는 변압기를 내장하는 경우도 있다.

(a) 외형   (b) 기호

[그림 8-25] 전압 절환용 스위치

(8) 정역 스위치

전동기의 정역 스위치로 많이 사용된다. [그림 8-26]과 같이 전동기를 정역으로 조작할 수도 있으며 순서는 FOR(정회전), STOP(정지), REV(역회전) 순이다.

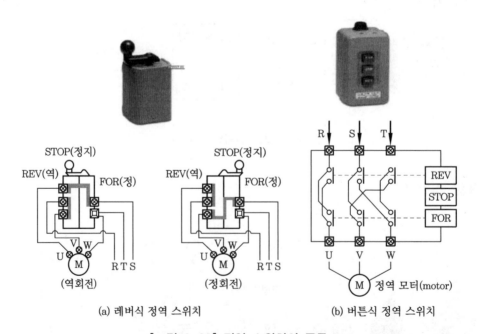

(a) 레버식 정역 스위치   (b) 버튼식 정역 스위치

[그림 8-26] 정역 스위치의 종류

(9) 비상용 스위치

비상 시 전 회로를 긴급히 차단할 때 사용하는 적색의 돌출형 스위치로서, 차단 시는 눌려져 유지시키고 복귀 시는 우측으로 돌려 복귀한다.

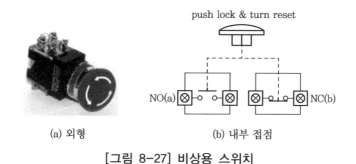

(a) 외형   (b) 내부 접점

[그림 8-27] 비상용 스위치

(10) 푸트 스위치(Foot Switch)

푸트 스위치는 양손으로 작업을 할 때 기계장치의 운전 및 정지의 조작을 위하여 위치 조작을 발로 할 수 있는 스위치이다. 전동 재봉틀, 프레스기계 등 산업현장에서 널리 사용된다.

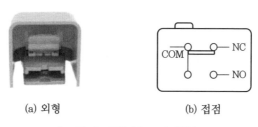

(a) 외형   (b) 접점

[그림 8-28] 푸트 스위치

(11) 커버 나이프(cover knife switch)

커버 나이프 스위치의 전면에 베이클라이트 또는 도자기 외피를 입힌 것이며, 단투와 쌍투 커버 나이프 스위치가 있고 밑부분에는 퓨즈가 달려 있다.

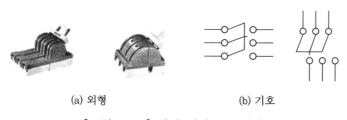

(a) 외형   (b) 기호

[그림 8-29] 커버 나이프 스위치

4. 검출용 스위치의 종류

검출용 스위치(Detect Switch)는 제어대상의 상태나 변화를 검출하기 위한 것으로 어떤 물체의 위치나 액체의 높이, 압력, 빛, 온도, 전압, 자계 등을 검출하여 조작기기를 작동시키는 스위치다. 검출용 스위치는 구조에 따라 리미트 스위치, 마이크로 스위치, 근접 스위치, 광전 스위치, 온도 스위치, 압력 스위치, 레벨 스위치, 플로우트 스위치, 플로트레스 스위치 등이 있다.

4.1 ● 접촉식 스위치

(1) 마이크로 스위치(Micro Switch)

마이크로 스위치는 성형 케이스에 접점 기구를 내장하고 있는 소형 스위치를 말하며 압력검출, 액면검출, 바이메탈을 이용한 온도조절, 중량검출 등 여러 곳에 사용되며 리미트 스위치와 같은 용도로 사용된다.

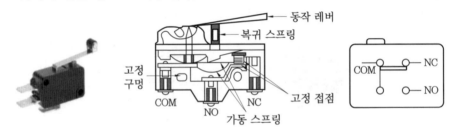

[그림 8-30] 마이크로 스위치의 구조와 기호

(2) 리미트 스위치(Limit Switch)

리미트 스위치는 제어대상의 위치 및 동작의 상태 또는 변화를 검출하는 스위치로서 공작기계 등 모든 산업현장에서 검출용 스위치로 사용되고 있다.

(a) 표준 롤러 레버형   (b) 조절 롤러 레버형   (c) 양레버 걸림형   (d) 조절 로드 레버형   (e) 코일 스프링형

[그림 8-31] 리미트 스위치의 종류

| (a) 외형 | (b) 접점 기호 | (c) 단자 구조 |

[그림 8-32] 리미트 스위치의 접점 기호와 단자 구조

(3) 액면 스위치(Float Switch)

레벨 스위치(Level Switch) 또는 액면 스위치는 여러 가지 물질의 표면과 기준면의 거리를 검출하는 스위치를 말하며 주로 액체의 레벨을 검출하기 때문에 액면 스위치라고 한다. 검출 방법에 따라 플로트를 사용하는 플로트식과 액체가 전극에 접촉했을 때 전극 간의 저항의 변화를 검출하는 전극식으로 분류된다. 플로트 스위치는 구조상 액체가 낮아지거나 높아지면 장치에 의해 플로트가 리밋 스위치의 가동부를 당기거나 밀어 올려서 접점을 개폐하는 장치이다.

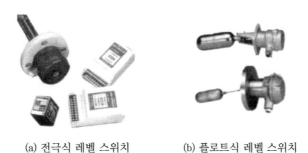

(a) 전극식 레벨 스위치　　(b) 플로트식 레벨 스위치

[그림 8-33] 액면 스위치의 종류

4.2 ● 비접촉식 스위치

(1) 근접 스위치(Proximity Switch)

대상 물체와의 직접 접촉에 의해 동작하는 것이 아니라 물체가 접근하는 것을 무접촉으로 검출하는 정지형 스위치로서 반도체 소자를 응용하여 기계적인 힘이 전혀 불필요하다.

① 고주파 발진형 : 검출 코일의 인덕턴스의 변화를 이용하여 개폐하는 스위치
② 정전용량형 : 도체 전극 간의 정전용량의 변화를 이용하여 개폐하는 스위치

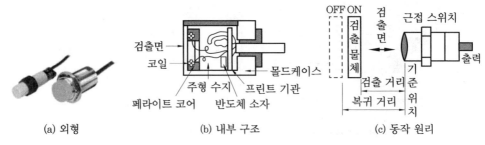

[그림 8-34] 고주파 발진형 근접 스위치

(2) 광전 스위치

대상 물체에 빛을 투과한 후 반사, 투과, 차광되는 원리를 이용하여 수광부에서 출력을 제어하는 원리이다. 검출물이 금속일 필요는 없고 비교적 원거리로부터 검출이 가능한 것이 장점이다.

① 투과형 광전 스위치 : 투과형 광전 스위치는 [그림 8-35]와 같이 투광기와 수광기를 수평으로 배치하여 빛을 차광 또는 감쇠시킴으로서 검출하는 방식이다.

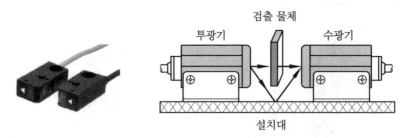

[그림 8-35] 투과형 광전 스위치

② 직접 반사형 광전 스위치 : 직접 반사형은 [그림 8-36]과 같이 투광기와 수광기 하나로 구성된 복합형이며, 투광부에서 반사된 빛이 직접 대상 물체에 닿으면 그 반사광을 수광부가 받아서 검출하는 방식이다.

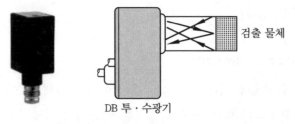

[그림 8-36] 직접 반사형 광전 스위치

③ 거울 반사형 광전 스위치 : 거울 반사형은 [그림 8-37]과 같이 투광기와 수광기가 하나로 구성된 투광기와 반사 거울로 구성되어 있으며, 투·수광기와 반사 거

울 사이의 대상 물체를 검출하는 방식이다.

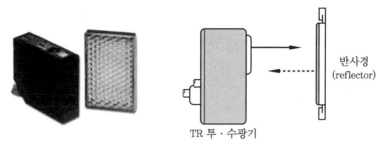

TR 투 · 수광기

반사경
(reflector)

[그림 8-37] 거울 반사형 광전 스위치

(3) 온도 스위치(Temperature Relay)

온도가 일정한 값에 도달하였을 때 동작 검출하는 계전기로 온도 변화에 대해 전기적 특성
이 변화하는 소자, 즉 서미스터, 백금 등의 저항이 변화하거나 열기전력을 일으키는 열전쌍
등을 측온체에 이용하여 그 변화에서 미리 설정된 온도를 검출하여 동작하는 계전기이다.

5. 계전기

5.1 ● 계전기의 종류

(1) 계전기(Relay)

계전기는 전자 코일에 전류가 흐르면 전자석이 되어 그 전자력에 의해 접점을 개폐
하는 기능을 가진 장치를 말하며, 일반 시퀀스 회로, 회로의 분기나 접속, 저압 전원의
투입이나 차단 등에 사용된다.

[그림 8-38]은 전자 계전기의 외형과 구조를 나타낸 것이다. 전자 계전기에서 코일
에 전류가 흘러 전자력을 갖는 상태를 여자라 하고, 전류가 흐르지 않아 전자력을 잃어
원래의 위치로 되는 상태를 소자라고 한다.

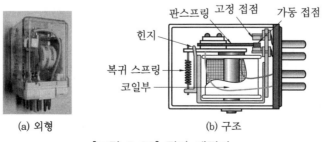

판스프링   고정 접점   가동 접점

힌지

복귀 스프링

코일부

(a) 외형   (b) 구조

[그림 8-38] 전자 계전기

(2) 계전기의 a접점

[그림 8-39]에서 계전기의 코일에 전류가 흐르지 않는 상태(복귀 상태)에서는 가동 접점과 고정 접점이 떨어져 개로(open)되고, 계전기의 코일에 전류가 흐르는 상태(동작 상태)에서는 가동 접점이 고정 접점에 접촉하게 되어 폐로(close)된다.

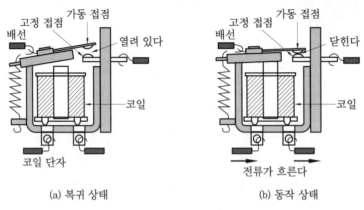

(a) 복귀 상태   (b) 동작 상태

[그림 8-39] 계전기의 a접점 동작 원리

(3) 계전기의 b접점

[그림 8-40]에서 계전기의 코일에 전류가 흐르지 않는 상태에서는 가동 접점이 고정 접점에 접촉하고 있어 폐로(close)되고, 계전기의 코일에 전류가 흐르는 상태에서는 가동 접점과 고정 접점이 떨어져 개로(open)된다.

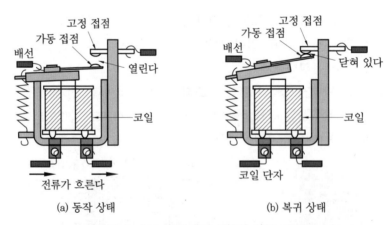

(a) 동작 상태   (b) 복귀 상태

[그림 8-40] 계전기의 b접점 동작 원리

(4) 계전기의 c접점

[그림 8-41]과 같이 고정 a접점과 b접점 사이에 가동 접점이 있는 구조로 복귀 상태에서는 가동 접점이 상부의 고정 접점에 접촉하여 b접점이 폐로 상태, 하부 a접점은 떨어져 개로 상태가 되며, 동작 상태에서는 가동 접점이 상부 b접점의 고정 접점에서 떨어져 개로 상태, 하부 a접점은 접촉하여 폐로 상태가 된다.

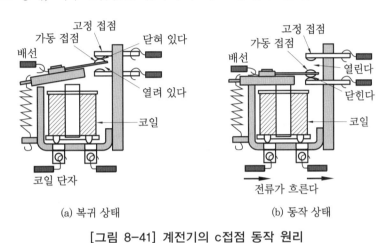

[그림 8-41] 계전기의 c접점 동작 원리

(5) 계전기의 종류

계전기는 힌지형과 플런저형이 있으며, 전원 방식으로는 코일에 공급되는 전압에 따라 직류용과 교류용이 있다. 릴레이 핀 수는 8핀(2c), 11핀(3c), 14핀(4c)이 있으며, 베이스를 사용하여 배선하고 계전기 핀을 베이스에 삽입하여 사용할 때는 가운데 홈 방향이 아래로 오도록 고정시켜야 하며, 계전기를 꽂아서 사용할 때는 홈에 맞도록 하여 사용한다.

① 8핀 계전기

[그림 8-42]는 8핀 계전기의 외관, 내부 접속도, 소켓을 나타낸 것이다.

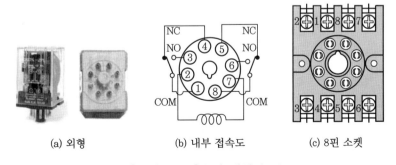

[그림 8-42] 8핀 계전기

② 11핀 계전기

[그림 8-43]은 11핀 계전기의 외관, 내부 접속도, 소켓을 나타낸 것이다.

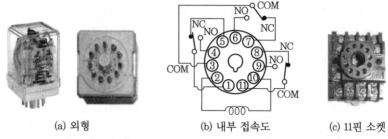

(a) 외형   (b) 내부 접속도   (c) 11핀 소켓

[그림 8-43] 11핀 계전기

③ 14핀 계전기

[그림 8-44]는 14핀 계전기의 외관, 내부 접속도, 소켓을 나타낸 것이다.

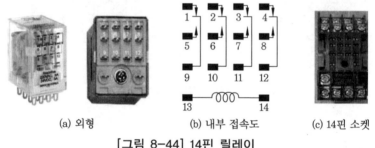

(a) 외형   (b) 내부 접속도   (c) 14핀 소켓

[그림 8-44] 14핀 릴레이

(6) 타이머(Timer)

타이머는 전기적 또는 기계적 입력을 부여하면 정해진 시한이 경과한 후에 그 접점이 폐로 또는 개로하는 장치를 말한다. 타이머의 종류에는 모터식 타이머, 전자식 타이머, 제동식 타이머 등이 있고 타이머의 출력 접점에는 동작 시에 시간 지연이 있는 것과 복귀 시에 시간 지연이 있는 것이 있다.

[그림 8-45]는 타이머의 외관, 접점 표시, 내부 접속도, 동작도를 나타낸 것이다.

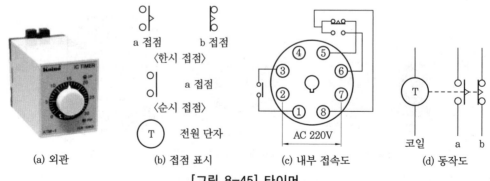

(a) 외관   (b) 접점 표시   (c) 내부 접속도   (d) 동작도

[그림 8-45] 타이머

① 한시 동작 순시 복귀형(on delay timer)

입력 신호가 들어오고 설정 시간이 지난 후 접점이 동작하며 신호 차단 시 접점이 순시 복귀되는 형태이다. [그림 8-46]은 한시 동작 순시 복귀형 타이머의 접점과 타임차트를 나타낸 것이다.

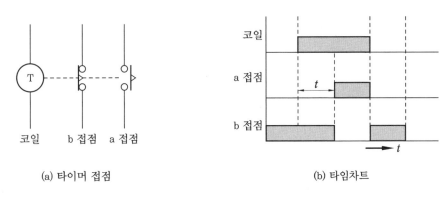

(a) 타이머 접점   (b) 타임차트

[그림 8-46] 한시 동작 순시 복귀형

② 순시 동작 한시 복귀형(off delay timer)

입력 신호가 들어오면 순간적으로 접점이 동작하고 입력 신호가 소자하면 접점이 설정 시간 후 동작되는 형태이다. [그림 8-47]은 순시 동작 한시 복귀형 타이머의 접점과 타임차트를 나타낸 것이다.

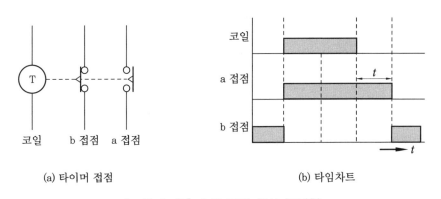

(a) 타이머 접점   (b) 타임차트

[그림 8-47] 순시 동작 한시 복귀형

③ 한시 동작 한시 복귀형

한시 동작 순시 복귀형과 순시 동작 한시 복귀형을 합성한 형태로 동작하는 타이머를 말한다. [그림 8-48]은 한시 동작 한시 복귀형 타이머의 접점과 타임차트를 나타낸 것이다.

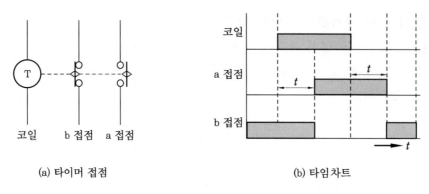

(a) 타이머 접점   (b) 타임차트

[그림 8-48] 한시 동작 한시 복귀형

(7) 플리커 릴레이(flicker relay)

전원이 투입되면 a접점과 b접점이 교대로 점멸되며, 점멸 시간을 사용자가 조절할 수 있고 경보 신호용 및 교재 점멸 등에 사용된다. [그림 8-49]는 플리커 릴레이의 외형과 내부 회로도 및 접점 표시를 나타낸 것이다.

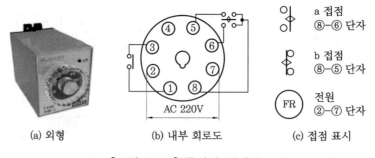

(a) 외형   (b) 내부 회로도   (c) 접점 표시

[그림 8-49] 플리커 릴레이

(8) 온도 릴레이(temperature relay)

온도가 일정한 값에 도달하였을 때 동작 검출하는 계전기로서 온도 변화에 대해 전기적 특성이 변화하는 소자, 즉 서미스터, 백금 등의 저항이 변화하거나 열기전력을 일으키는 열전쌍 등을 측온체에 이용하여 그 변화에서 미리 설정된 온도를 검출하여 동작하는 계전기이다.

[그림 8-50]은 온도 릴레이의 외형, 접점 표시, 내부 접속도를 나타낸 것이다.

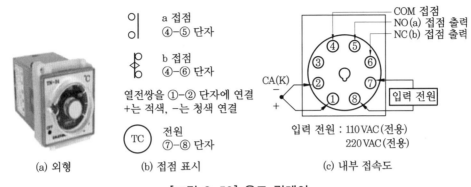

[그림 8-50] 온도 릴레이

(9) 카운터(counter)

각종 센서와 연결하여 길이 및 생산 수량 등의 숫자를 셀 때 사용되고 가산(up), 감산(down), 가·감산(up down)이 있으며 입력 신호가 들어오면 출력으로 수치를 표시한다. 카운터 내부 회로 입력이 되는 펄스 신호를 가하는 것을 셋(set), 취소(복귀) 신호에 해당되는 것을 리셋(reset)이라고 한다. 계수 방식에 따라 수를 적산하여 그 결과를 표시하는 적산 카운터와 처음부터 설정한 수와 입력한 수를 비교하여 같을 때 출력 신호를 내는 프리셋 카운터(free set counter)가 있으며, 출력 방법으로는 계수식과 디지털식이 있다. [그림 8-51]은 카운터의 외형과 내부 회로를 나타낸 것이다.

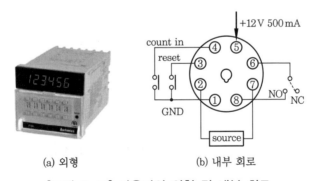

[그림 8-51] 카운터의 외형 및 내부 회로

(10) 플로트리스 스위치(floatless switch)

플로트리스 계전기라고도 하며, 공장 등에서 각종 액면 제어를 할 때 사용하고, 농업용수, 정수장, 오수처리장 및 일반 가정의 상하수도 등 다목적으로 사용된다. 소형 경량화 되어 설치가 편리하며, 입력 전압은 주로 220 V이고 전극 전압(2차 전압)은 8 V로 동작된다. 종류로는 압력식, 전극식, 전자식 등이 있으며, 베이스에 삽입하여 사용하도록 8핀과 11핀 등이 있다.

① 플로트리스 스위치의 구조 및 회로

[그림 8-52]는 플로트리스 스위치의 외형, 내부 회로도 및 핀 배선도를 나타낸 것 이다.

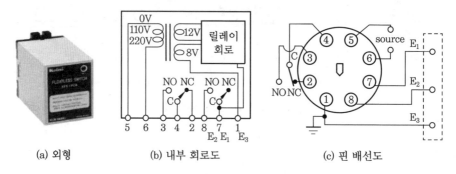

(a) 외형   (b) 내부 회로도   (c) 핀 배선도

[그림 8-52] 플로트리스 스위치의 외형 및 내부 회로

② 동작원리

[그림 8-53]은 플로트리스 스위치의 급수 회로 결선도이다. 급수 시 수면이 E_1에 도 달하면 모터 펌프가 자동 정지되며, E_2 이하로 되면 모터 펌프는 자동 동작된다.

전극 스위치 E_3 단자는 반드시 접지하여 사용한다.

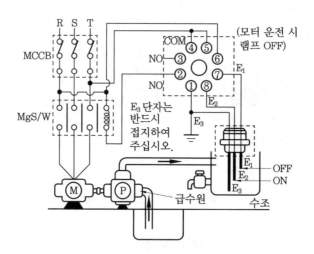

[그림 8-53] 급수 회로 결선도

[그림 8-54]는 플로트리스 스위치의 배수 회로 결선도이다. 배수 시 수면이 E_1에 도 달하면 모터 펌프가 자동 기동되며, E_2 이하로 되면 모터 펌프는 자동 정지된다.

전극 스위치 E_3 단자는 반드시 접지하여 사용한다.

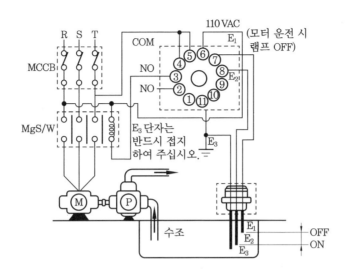

[그림 8-54] 배수 회로 결선도

(11) SR 릴레이(set-reset relay)

SR 릴레이는 set 과 reset 시킬 수 있는 릴레이라는 의미로 2개의 c접점 구조의 릴레이와 정류 회로로 구성되어 있다. c접점 구조의 릴레이는 set 코일의 전압에 의한 신호가 가해지면 set되고 전기를 off 하여도 reset을 시키지 않으면 스스로 복귀하지 않는 유지형 계전기 이다. 일반 릴레이에서 자기 유지를 구성하는 것과 같은 구조라고 볼 수 있다.

정류 회로는 소용량 직류 전원(12 V, 24 V)을 자체적으로 공급할 수 있는 구조로서 자체에 부착되어 있는 LED로 동작 상태를 확인할 수 있으며, 퓨즈가 내장되어 과부하나 결선이 잘못되었을 때 기기를 보호할 수 있다.

[그림 8-55]는 SR 릴레이의 외형, 접점 표시, 내부 구조를 나타낸 것이다.

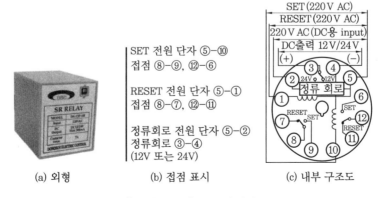

(a) 외형   (b) 접점 표시   (c) 내부 구조도

[그림 8-55] SR 릴레이

(12) 파워 릴레이(Power relay)

파워 릴레이는 전자 접촉기 대신 전력 회로의 개폐가 가능하도록 제작된 것으로 릴레이처럼 일체형으로서 취급이 간단하다.

베이스에 삽입하여 사용하므로 전자 접촉기가 고장 시 점검이 어려운 점에 비해 컨트롤 박스 제작 시 또는 고장 수리 시에 **빼**내어 점검할 수 있어 수리 시간이 단축되는 장점이 있고 가격이 비싸다는 단점이 있다.

[그림 8-56]은 파워 릴레이의 외형, 내부 결선도를 나타낸 것이다.

(a) 외형   (b) 내부 결선도

[그림 8-56] 파워 릴레이

5.2 ● 구동용 기기

구동용 기기란 제어계의 명령 처리부에서 명령에 따라 기계 본체를 제어 목적에 맞게 동작시키기 위한 것으로 명령에 따라 운전할 수 있도록 중계 역할을 하는 제어기기를 말한다. 구동용 기기는 동작시키는 동력원의 종류에 따라 전기식, 공압식, 유압식 등으로 분류된다.

(1) 전자 접촉기(elecrtomagnetic contactor)

전자 접촉기란 전자석의 동작에 의하여 부하 회로를 빈번하게 개폐하는 접촉기를 말하며, 일명 플런저형 전자 계전기라고 한다. 접점에는 주 접점과 보조 접점이 있으며, 주 접점은 전동기를 기동하는 접점으로 접점의 용량이 크고 a접점만으로 구성되어 있다. 보조 접점은 보조 계전기와 같이 작은 전류 및 제어 회로에 사용하며, a접점과 b접점으로 구성 되어 있다.

[그림 8-57]은 전자 접촉기의 외형 및 기호를 나타낸 것이다.

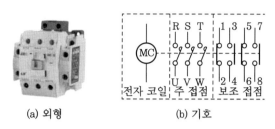

(a) 외형   (b) 기호

[그림 8-57] 전자 접촉기의 외형 및 기호

(2) 전자 개폐기(electromagnetic switch)

전자 개폐기는 전자 접촉기에 전동기 보호장치인 열동형 과전류 계전기를 조합한 주 회로용 개폐기이다. 전자 개폐기는 전동기 회로를 개폐하는 것을 목적으로 사용되며, 정격 전류 이상의 과전류가 흐르면 자동으로 차단하여 전동기를 보호할 수 있다.

[그림 8-58]은 전자 개폐기의 외형 및 기호를 나타낸 것이다.

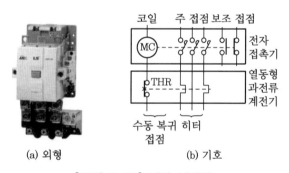

(a) 외형   (b) 기호

[그림 8-58] 전자 개폐기

5.3 ◦ 차단기 및 퓨즈

(1) 차단기

① 배선용 차단기(MCCB : molded case circuit breaker)

배선용 차단기란 개폐 기구 트립 장치 등을 절연물 용기 속에 일체로 조립한 기중 차단기를 말한다. 배선용 차단기는 부하 전류의 개폐를 하는 전원 스위치로 사용되는 것 외에 과전류 및 단락 시에 열동 트립 기구 또는 전자 트립 기구가 동작하여 자동적으로 회로를 차단한다.

과부하 장치가 있는 장치로서 일명 NFB(no fuse breaker)라고 하고, 전동기 0.2

kW 이상의 운전 회로, 주택 배전반용 및 각종 제어반에 사용되고 있으며, 전원의 상수와 정격 전류에 따라 구분하여 사용하고 주변의 온도는 40℃를 기준으로 한다. 배선용 차단기를 극수에 따라 분류하면 빌딩 등의 분전반에 사용되는 1극, 가정 분전반에 사용되는 2극, 3상 동력에 사용되는 3극, 3상 4선식 회로에 사용되는 4극 등이 있다.

[그림 8-59]는 배선용 차단기의 외형과 기호를 나타낸 것이다.

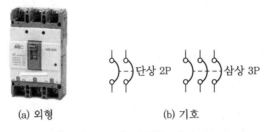

(a) 외형   (b) 기호

[그림 8-59] 배선용 차단기

② 누전 차단기(earth leakage circuit breaker)

교류 600 V 이하의 전로에서 인체에 대한 감전 사고 및 누전에 의한 화재, 아크에 의한 기구 손상을 방지하기 위한 목적으로 사용되는 차단기이다. 누전 차단기는 개폐 기구, 트립장치 등을 절연물 용기 내에 일체로 조립한 것으로 통전 상태의 전로를 수동 또는 전기 조작에 의해 개폐할 수 있으며, 과부하 및 단락 등의 상태나 누전이 발생할 때 자동적으로 전류를 차단하는 기구를 말한다.

누전 차단기는 전기 기기 등에 발생하기 쉬운 누전, 감전 등의 재해를 방지하기 위하여 누전이 발생하기 쉬운 곳에 설치하며, 이상 발생 시 감지하고 회로를 차단시키는 작용을 한다. [그림 8-60]은 누전 차단기의 외형과 회로 결선도를 나타낸 것이다.

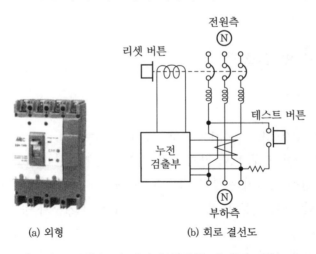

(a) 외형   (b) 회로 결선도

[그림 8-60] 누전 차단기의 외형 및 회로 결선도

[그림 8-61]은 누전 차단기의 동작 원리를 나타낸 것이다.

- 누전이 없는 상태 : 영상 변류기를 통해 들어가는 전류와 같은 수치로 되어 있고, 흐르는 전류에 따라 영상 변류기에 발생하는 자속은 서로 상쇄된다.
- 누전이 발생한 상태 : 누전이 발생하면 영상 변류기를 통해 흐르는 전류에 차가 생기며, 이 전류차에 따라 영상 변류기 2차 권선의 누전 검출부에 신호를 보내고, 이 신호에 따라서 누전 검출부가 누전 트립 기구를 작동시켜 누전 차단기가 회로를 차단하게 된다.

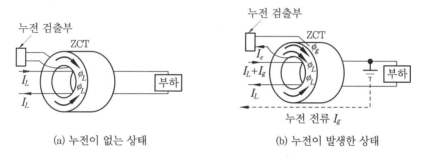

(a) 누전이 없는 상태　　　　　　(b) 누전이 발생한 상태

[그림 8-61] 누전 차단기의 동작 원리

(2) 과전류 계전기(over current relay)

① 전자식 과전류 계전기(EOCR : electronic over current relay)

전자식 과전류 계전기는 열동식 과전류 계전기에 비해 동작이 확실하고 과전류에 의한 결상 및 단상 운전이 완벽하게 방지된다. 전류 조정 노브(knob)와 램프에 의해 실제 부하 전류의 확인과 전류의 정밀 조정이 가능하고 지연 시간과 동작 시간이 서로 독립되어 있으므로 동작 시간의 선택에 따라 완벽한 보호가 가능하다.

[그림 8-62]는 EOCR의 외부 구조와 결선도를 나타낸 것이다. 테스트(test) 기능이 내장되어 있어 동작 시험과 회로 시험이 가능하고 전기회로에 콘덴서 드롭(condenser drop)방식을 채택하여 전력 소모가 적다.

또한 변류기(CT) 관통식을 관통 횟수를 가감하여 사용 범위를 확대할 수 있고, 신호 출력 회로가 내장되어 있으므로 촌동 및 파동 부하에도 오동작이 없으며, 온도 보상 회로가 내장되어 있으므로 안전하다.

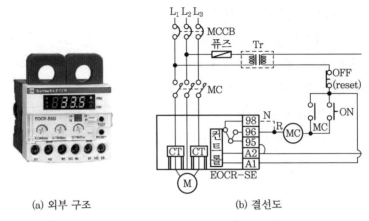

(a) 외부 구조   (b) 결선도

[그림 8-62] EOCR의 외부 구조와 결선도

[그림 8-63]에서 EOCR이 전동기 회로에 과전류가 흘렀을 때 회로를 보호하는 역할을 하고 전자 개폐기 기능을 하며 12핀 플러그와 베이스에 부착하여 편리하게 사용한다.

[그림 8-64]는 EOCR의 눈금 다이얼을 나타낸 것이다.

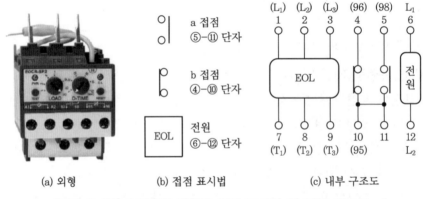

(a) 외형   (b) 접점 표시법   (c) 내부 구조도

[그림 8-63] EOCR의 외형과 접점 표시법 및 내부 구조도

- PWR : 전원을 공급하면 점등된다.
- TEST : 누르면 동작되어 OL 램프 점등
- RESET : 복귀 버튼
- LOAD : 동작 전류 설정
- O-TIME : 동작 지연 시간 설정

[그림 8-64] EOCR의 눈금 다이얼

② 열동형 과전류 계전기(Thermal Heater Relay)

열동형 과전류 계전기는 설정값 이상의 전류가 흐르면 접점을 동작 차단시키는 계전기로서, 전동기의 과부하 보호에 사용된다.

주회로에 삽입된 히터에 과전류가 흐르면, 열에 의해 바이메탈이 휘어지는 원리를 이용하여 회로를 차단하여 전동기의 소손을 방지하는 계전기이다. 열 전달 방식에 따라 직렬식, 반 간접식, 병렬식으로 분류한다.

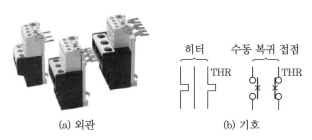

(a) 외관   (b) 기호

[그림 8-65] 열동형 과전류 계전기

(3) 퓨즈(Fuse)

퓨즈는 과전류, 특히 단락 전류가 흘렀을 때, 퓨즈 엘레멘트가 용단되어 회로를 자동적으로 차단시켜 주는 역할을 한다. 퓨즈는 납이나 주석 등 열에 녹기 쉬운 금속으로 되어 있으며 포장형과 비포장형 등이 있다. 퓨즈홀더는 퓨즈를 고정시키는 것이다.

① 퓨즈의 종류
- 실 퓨즈 : 정격전류 5 A 이하에서 사용한다.
- 판 퓨즈 : 경금속제로 그 양끝이 고리 모양으로 되어있다.
- 통형 퓨즈 : 퓨즈가 통속에 들어 있다.

(a) 유리형   (b) 통형

[그림 8-66] 퓨즈의 종류

② 플러그 퓨즈(plug fuse)
자동 제어의 배전반용에 가장 많이 사용되고 내부 구조는 [그림 8-67]과 같다.

③ 사용상 주의사항
- 퓨즈의 정격 용량에 적합한 것을 사용해야 한다.
- 개방형 퓨즈를 설치할 경우에는 확실하게 고정하고 인장력을 받지 않도록 해야 한다.

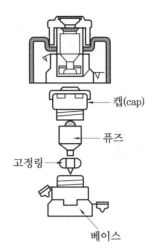

[그림 8-67] 플러그 퓨즈

(4) 단자대(Terminal Block)

단자대는 콘트롤반과 조작반의 연결 등에 사용하는 것으로 터미널 또는 단자라고 한다. 단자대를 접속하는 방법에는 압착 단자에 의한 방법, 링 고리에 의한 방법, 누름판 압착 방법 등이 있다.

(a) 고정식 단자대   (b) 조립식 단자대   (c) 단자대 레일

[그림 8-68] 단자대의 종류

제2장 시퀀스 기본 제어 회로

1. 시퀀스 기본 제어 회로

1.1 ● 계전기를 이용한 회로

(1) 릴레이(relay) 사용 기본 회로

[그림 9-1]은 계전기를 사용한 기본 회로이다.

※ 동작 설명

① 전원을 인가하면 GL이 점등된다.

② PB$_1$을 누르면 릴레이가 동작하여 GL이 소등되고 RL이 점등된다.

③ 정지 버튼 스위치 PB$_0$를 누르면 RL이 소등되고 처음 상태인 GL이 점등된다.

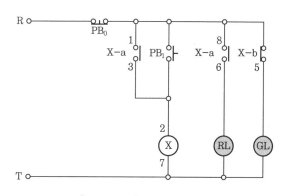

[그림 9-1] 릴레이 회로

(2) 타이머(Timer) 사용 기본 회로

[그림 9-2]는 타이머를 사용한 기본 회로이다.

※ 동작 설명

① 전원을 인가하면 GL이 점등된다.

② PB₁을 누르면 타이머가 동작하여 L₁이 점등되고 일정한 시간 후에 L₁이 소등되면서 L₂가 점등된다.

③ 정지 버튼 스위치 PB₀를 누르면 타이머가 동작을 중지하고 L₂도 소등된다.

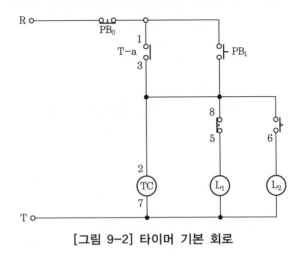

[그림 9-2] 타이머 기본 회로

(3) 플리커 릴레이(Flicker relay) 사용 기본 회로

전원이 투입되면 a접점과 b접점이 교대로 점멸되며 점멸 시간을 사용자가 조절할 수 있고 경보 신호용 및 교대 점멸 등에 사용된다.

[그림 9-3]은 플리커 릴레이를 사용한 기본 회로이다.

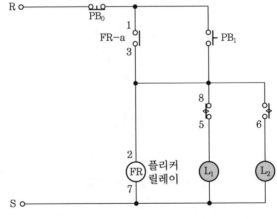

[그림 9-3] 플리커 릴레이 기본 회로

※ 동작 설명

① PB₁을 누르면 플리커 릴레이가 동작하여 L₁과 L₂가 설정된 시간에 따라 교대로 점멸한다.

② 정지 버튼 스위치 PB_0를 누르면 플리커 릴레이가 동작을 중지하고 L_1과 L_2도 소등이
된다.

(4) 전자 개폐기 사용 기본 회로

[그림 9-4]는 전자 개폐기(magnetic switch)를 사용한 기본 회로이다.

※ 동작 설명

① 기동용 푸시버튼 PB_1을 누르면 전자 접촉기(MC) 코일이 여자되면서 MC의 주접
점(NO)이 붙어 전동기가 동작한다. 이때 GL이 소등되고, RL은 점등된다.

② 정지 푸시버튼 스위치 PB_1을 누르면 전자 접촉기 코일이 소자되면서 MC의 주
접점이 떨어져 전동기의 동작이 정지된다. 이때 RL이 소등되고, GL은 점등된
다.

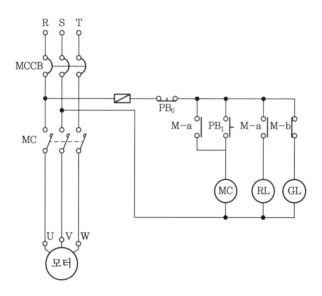

[그림 9-4] 전자 개폐기 기본 회로

(1) a접점 회로

[그림 9-5]에서 a접점 회로는 릴레이 코일 X에 전류가 흐르면 릴레이 코일이 여자
되어 코일 X의 a접점 X가 닫히고 전류를 끊으면 열리는 회로이다.

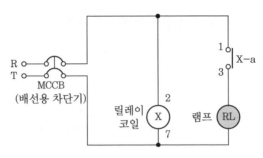

[그림 9-5] a접점 회로

※ 동작 설명

① R상과 T상에 전원이 투입되면 릴레이 코일 X가 여자되어 X의 a접점이 닫힌다.

② R상과 T상에 전원이 차단되면 릴레이 코일 X가 소자되어 X의 a접점이 열린다.

(2) b접점 회로

[그림 9-6]에서 b접점 회로는 a접점 회로와 반대로 릴레이 코일 X에 전류가 흐르면 코일이 여자되어 코일 X의 b접점 X가 열리고 전류를 끊으면 닫히는 회로이다.

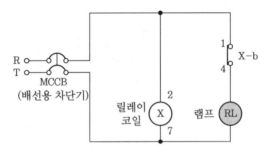

[그림 9-6] b접점 회로

※ 동작 설명

① R상과 T상에 전원이 투입되면 릴레이 코일 X가 여자되어 X의 b접점이 열린다.

② R상과 T상에 전원이 차단되면 릴레이 코일 X가 소자되어 X의 b접점이 닫힌다.

(3) c접점 회로

[그림 9-7]은 접점 증폭 회로라고도 하며, 릴레이 코일 X에 전류가 흐르면 b접점은 열리고 a접점은 닫힌다.

※ 동작 설명

① 전원이 투입되면 릴레이 코일 X가 여자되어 X의 a접점은 닫히고 b접점은 열린다.

② 전원이 차단되면 릴레이 코일 X가 소자되어 X의 a접점은 열리고 b접점은 닫힌다.

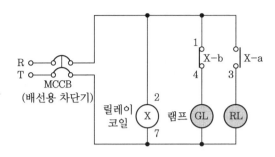

[그림 9-7] c접점 회로

(4) 직렬회로(AND)

[그림 9-8]은 논리곱 회로라고도 하며, 다수의 입력이 직렬로 연결된 회로이다. 릴레이 코일 X는 입력이 모두 닫혔을 때만 작동한다.

※ 동작 설명

PB_1, PB_2, PB_3의 스위치를 동시에 누르면 릴레이 코일 X가 동작하여 표시등 RL은 점등된다. 즉, 모든 입력 스위치가 ON일 때 출력이 나오는 회로이다.

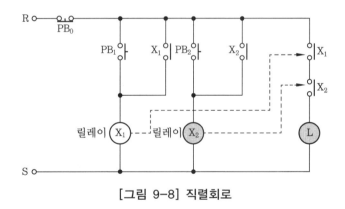

[그림 9-8] 직렬회로

(5) 병렬회로

[그림 9-9]는 논리합 회로라고도 하며, 다수의 입력이 병렬로 연결된 회로이다. 릴레이 코일 X는 입력 조건 중 어느 하나만 ON 되어도 RL이 점등된다.

※ 동작 설명

누름 버튼 스위치 PB_1, PB_2, PB_3의 접점 중 어느 한 개라도 누르면 릴레이 코일 X가 동작하여 표시등 RL은 점등된다. 즉, 많은 입력 스위치 중 한 개만 ON 되어도 출력이 나오는 회로이다.

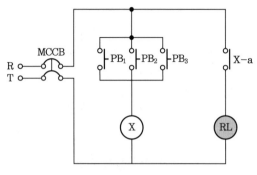

[그림 9-9] 병렬회로

(6) 부정회로(NOT)

[그림 9-10]은 논리 부정회로라고 하며, PB_1을 ON하면 릴레이 X가 여자되어 릴레이 코일 X의 b접점을 off시키는 회로이다. 즉, 출력의 값이 입력의 반대로 나오는 회로이다.

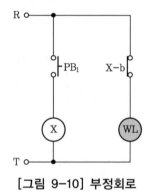

[그림 9-10] 부정회로

※ 동작 설명
① PB_1을 누르지 않았을 때 릴레이 코일 X는 작동하지 않으므로 X의 b접점에 의해서 표시등 WL은 점등된다.
② 누름 버튼 스위치 PB_1을 누르면 릴레이 코일 X가 동작하고 릴레이 코일 X의 b접점이 떨어져 표시등 WL은 소등된다.
③ PB_1을 누를 때는 WL이 점등되지 않고 PB_1을 누르지 않을 때, 즉 입력이 없을 때만 출력이 나온다.

(7) 논리곱 부정회로(NAND)

[그림 9-11]은 AND 회로와 NOT 회로의 조합이므로 AND 앞에 NOT의 N을 붙여 NAND 회로라고 부르며, 논리곱 부정회로라고 한다.

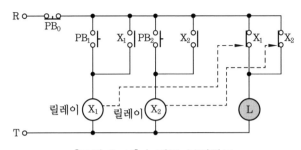

[그림 9-11] 논리곱 부정회로

※ 동작 설명

① 전원을 투입하면 L이 점등된다.

② PB$_1$ 또는 PB$_2$를 누르면 램프 L이 소등된다.

③ 정지버튼 PB$_0$를 누르면 X$_1$, X$_2$, L 모두 동작을 중지하고 처음 상태로 된다.

(8) 논리합 부정회로(NOR)

[그림 9-12]는 OR(논리합) 회로와 NOT(부정) 회로의 조합이므로 OR 앞에 NOT의 N을 붙여 NOR 회로 또는 논리합 부정회로라고 한다.

※ 동작 설명

① 전원을 투입하면 L이 소등된다.

② PB$_1$ 또는 PB$_2$를 누르면 램프 L이 소등된다.

③ 정지 버튼 스위치 PB$_0$를 누르면 X$_1$, X$_2$, L 모두 동작을 중지하고 처음 상태로 된다.

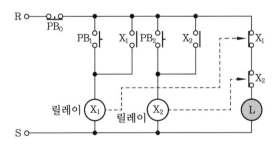

[그림 9-12] 논리합 부정회로

(9) 일치회로(EX-NOR)

[그림 9-13]은 두 입력이 모두 같은 상태(on 또는 off)로 일치할 때만 출력이 1이 되는 회로이다. 즉, 두 개의 입력 중 하나만 달라도 출력은 발생하지 않는 회로를 말하며, 일치회로 또는 배타적 NOR(exclusive NOR) 회로라고 한다.

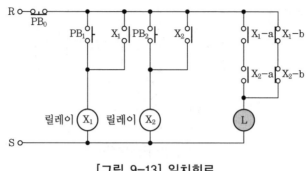

[그림 9-13] 일치회로

(10) 반일치 회로(EX-OR)

[그림 9-14]는 두 입력 신호가 서로 다른 상태에 있을 때 출력 신호가 1이 되는 회로이며, 반일치 회로 또는 배타적 OR(exclusive OR) 회로라고 한다.

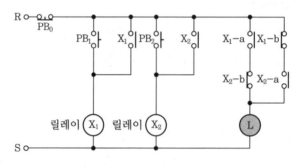

[그림 9-14] 반일치 회로

1.3 ◦ 자기 유지 회로

유지형 스위치를 사용하면 램프를 켜고 끌 수 있으며, 입력이 있을 때까지 현재의 상태가 계속 유지된다. 그러나 유지형 스위치를 이용해서는 자동 제어를 수행하기 곤란하여 시퀀스 제어에서는 복귀형 푸시버튼 스위치를 일반적으로 사용한다. 복귀형 스위치는 누를 때만 상태가 유지되고 압력을 가하지 않으면 초기의 상태로 복귀한다.

따라서 푸시버튼 스위치를 이용하여 그 상태를 계속 유지하기 위해 사용하는 회로가 자기 유지 회로이다.

(1) 자기 유지 기본 회로

[그림 9-15]는 기억 회로라고도 하며, 누름 버튼 스위치 PB_1 접점을 on하면 릴레이 작동 후 X-a접점이 붙어 누름 버튼 스위치 PB_1 접점을 off하여도 X-a접점은 계속 붙어 있어 X-a접점을 통하여 회로를 유지시켜 계속 동작되는 회로이다.

코일이 소자되도록 하려면 자기 유지 접점을 통하여 릴레이에 공급하는 전원을 차단시켜야 한다.

※ 동작 설명

① PB_1을 눌러 전원을 공급하였을 때 코일 X는 동작하고 X-a접점도 닫힌다. 따라서 코일 X에 전류가 흐른다.

② 입력 PB_1을 off하여도 회로는 X-a접점을 통하여 계속 전류가 흐르므로 코일은 동작을 계속한다. 자기 유지 접점인 X-a접점을 통하여 회로에는 계속 전류가 흐르므로 코일은 동작을 계속한다.

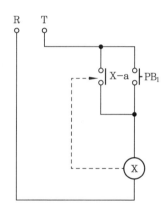

[그림 9-15] 자기 유지 기본 회로

(2) ON 우선 동작 회로

[그림 9-16]은 입력의 차단 방법을 말하는 것이며, 누름 버튼 스위치 PB_1과 PB_2를 동시에 누르면 릴레이가 여자되어 동작하는 회로이다.

※ 동작 설명

누름 버튼 스위치 PB_1과 PB_2를 동시에 눌렀을 때 누름 버튼 스위치 PB_1에 의해서 회로가 연결되어 릴레이 X가 동작되므로 ON이 우선인 회로이다.

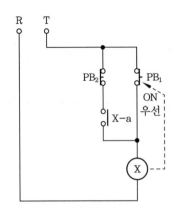

[그림 9-16] ON 우선 동작 회로

(3) OFF 우선 동작 회로

[그림 9-17]은 입력을 차단하는 방법의 한 가지이며, 누름 버튼 스위치 PB_1과 PB_2를 동시에 누르면 PB_2에 의해서 회로가 차단되는 회로이다.

※ 동작 설명

누름 버튼 스위치 PB_1과 PB_2를 동시에 눌렀을 때 입력 PB_2는 b접점이기 때문에 회로를 차단하여 릴레이가 동작하지 않는다.

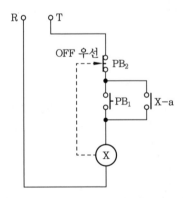

[그림 9-17] OFF 우선 동작 회로

(4) 2중 코일 회로

[그림 9-18]은 큰 전류가 흘러서 릴레이의 접점을 동작시키는 동작 코일 X_1과 동작 후 작은 전류로 동작 상태를 유지시키는 유지 코일 X_2를 가지고 있으며, 각각의 동작 상태를 이용하여 자기 유지시키는 회로이다.

※ 동작 설명

① 누름 버튼 스위치 PB₁을 눌러 코일 X₁에 전원을 공급하였을 때, 즉 PB₁만 눌렀을 때 코일 X₁이 여자되면 회로가 구성되어 릴레이 X₁의 a접점이 닫히고 누름 버튼 스위치 PB₂의 b접점과 X₁접점을 통하여 회로가 구성되어 코일 X₂도 동작한다.

② 누름 버튼 스위치 PB₁에서 손을 떼었을 때 동작 코일 X₁은 소자되어 동작이 정지되고, 코일 X₂는 작동을 계속한다.

③ 누름 버튼 스위치 PB₂를 눌렀을 때 유지 회로도 차단되고 X₂가 소자되어 모든 동작이 중지된다.

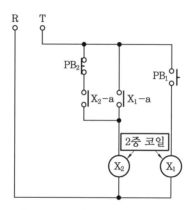

[그림 9-18] 2중 코일 회로

(5) 쌍안정 회로

[그림 9-19]는 기계적 접점인 유지형 접점을 사용한 릴레이로서 작동 코일과 2개의 복귀 코일이 있으며, 접점은 기계적으로 유지되고, 단일 접점을 한 방향에서 다른 쪽으로 이동시키는 일을 한다.

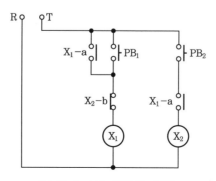

[그림 9-19] 쌍안정 회로

※ 동작 설명

① 누름 버튼 스위치 PB₁을 눌러 전원을 공급하였을 때 릴레이 코일 X_1이 작동하고 릴레이 코일 a접점 X_1이 닫혀, 입력 PB₁을 제거해도 그 상태를 계속 유지한다.

② PB₂를 눌렀을 때 기계적 a접점 X_1이 작동 상태를 유지하고 있기 때문에 입력 PB₂를 누르면 릴레이 코일 a접점 X_1이 닫혀 있는 상태이므로 릴레이 코일 X_2가 동작하고, 따라서 릴레이 코일 b접점 X_2가 열려 릴레이 코일 X_1이 동작을 하지 않아 릴레이 코일 X_2도 동작을 정지한다.

(6) 수동 복귀 회로

[그림 9-20]은 일반적으로 열동형 과전류 계전기(THR), 전자식 과전류 계전기(EOCR) 등에 사용되는 회로로서, 한번 작동하면 기계적으로 작동 상태를 계속 유지하며, 회로의 복귀는 손으로 조작하는 회로이다.

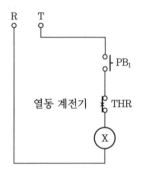

[그림 9-20] 수동 복귀 회로

※ 동작 설명

① THR 비동작 시 입력인 누름 버튼 스위치 PB₁을 눌렀을 때 릴레이 코일 X가 동작된다.

② THR 작동 시 입력인 누름 버튼 스위치 PB₁을 눌렀을 때 THR부에서 전원이 차단되어 릴레이 코일 X는 작동하지 않는다.

③ THR 트립 시 복귀시키는 법 : 열이 내려간 후 리셋(reset) 버튼을 누른다.

1.4 ○ 우선 회로

(1) 인터로크 회로

2개의 입력 중 먼저 동작시킨 쪽의 회로가 우선으로 이루어져 기기가 동작하며, 다른 쪽에 입력신호가 들어오더라도 동작하지 않는 회로로서 퀴즈 문제, 정역 회로, 기기의 보호 회로로서 많이 사용하고 있다.

(가) 선행 우선 회로

여러 개의 입력 신호 중 제일 먼저 들어오는 신호에 의해 동작하고 늦게 들어오는 신호는 동작하지 않는 회로를 선행 우선 회로라고 한다.

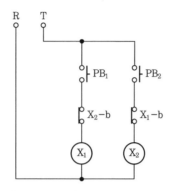

[그림 9-21] 선행 우선 회로

※ 동작 설명

① 누름 버튼 스위치 PB_1을 누르면 릴레이 코일 X_1이 동작한다. 이때 릴레이 코일 X_1의 b접점은 떨어지며, PB_2를 눌러도 X_2는 동작하지 않는다.

② X_1이 동작하지 않을 때 PB_2를 누르면 릴레이 코일 X_2의 b접점은 떨어지며, PB_1을 눌러도 릴레이 코일 X_1의 b접점에서 차단되어 릴레이 코일 X_2는 동작하지 않는다.

(나) 우선 동작 순차 회로

여러 개의 입력 조건 중 어느 한 곳의 입력에 최초의 입력이 부여되면 그 입력이 제거될 때까지는 다른 입력을 받아들이지 않고 그 회로 하나만 동작한다.

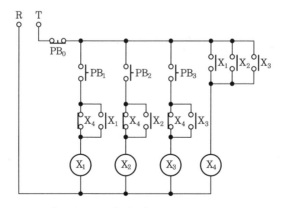

[그림 9-22] 우선 동작 순차 회로

※ 동작 설명

푸시버튼 스위치 PB_1, PB_2, PB_3 중 제일 먼저 누른 스위치에 의해 X_4의 릴레이가 동작한다. 이때 X_4의 b접점이 각각 회로에 직렬로 연결되어 있어서 다른 푸시버튼 스위치를 눌러도 릴레이는 동작하지 않는다. 즉, 제일 먼저 누른 신호가 우선이다.

⒟ 신입 동작 우선 회로

[그림 9-23]은 여러 개의 입력 중 가장 늦은 입력을 준 것이 우선 회로이며, 먼저 동작하고 있는 것이 있으면 그 회로를 제거하고 새로 부여된 입력에서만 출력을 내는 회로이다.

※ 동작 설명

① 푸시버튼 스위치 PB_1을 누르면 릴레이 코일 X_1이 동작하여 자기 유지가 이루어진다.

② PB_1을 누른 후 PB_2를 누르면 릴레이 코일 X_1이 자기 유지가 이루어져 작동하고 있었으나 입력 PB_2가 눌려지면 릴레이 코일 X_2가 동작한다. 릴레이 코일 X_2가 동작하면 릴레이 코일 X_1이 자기 유지의 b접점 X_2가 열려 릴레이 코일 X_1의 동작은 정지된다. 따라서 릴레이 코일 X_2만 동작한다.

③ 어느 입력을 준 후 다른 입력을 또 다시 주면 위와 같은 방법으로 하여 가장 늦게 준 입력의 회로에서만 출력이 나온다.

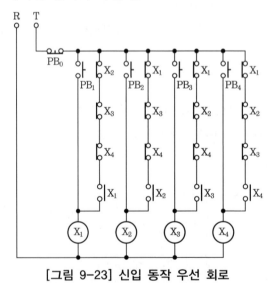

[그림 9-23] 신입 동작 우선 회로

⒠ 순위별 우선 회로

[그림 9-24]는 입력 신호에 미리 우선순위를 정하여 우선순위가 높은 입력 신호에서 출력을 내는 회로이며, 입력 순위가 낮은 곳에 입력이 부여되어 있어도 입력 순위가 높은 곳에 입력이 부여되면 낮은 쪽을 제거하고 높은 쪽에서만 출력을 낸다.

※ 동작 설명

① 푸시버튼 스위치 PB₁을 눌렀을 때 릴레이 코일 X_1이 동작한다. 릴레이 코일 X_1
이 동작하면 릴레이 코일 X_1의 b접점 X_1을 열어도 릴레이 코일 X_2, 릴레이 코일
X_3, 릴레이 코일 X_4의 회로를 차단한다.

② PB₁을 누른 후 PB₂를 눌렀을 때 먼저와 같이 되어 릴레이 코일 X_2는 동작하지 않는다.

③ PB₂를 누른 후 PB₁의 입력을 주었을 때도 릴레이 코일 X_2는 동작하지 않는다. 릴
레이 코일 X_2가 동작되면 릴레이 코일 X_2의 b접점 X_2를 열어서 릴레이 코일 X_3
릴레이 코일 X_4의 회로를 off시킨다. 그러나 입력 PB₁을 누르면 다시 릴레이 코
일 X_1은 동작되고 b접점 X_1에 의해서 릴레이 코일 X_2의 동작은 정지된다.

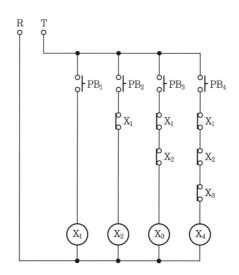

[그림 9-24] 순위별 우선 회로

1.5 ㅇ 타이머 회로

타이머는 전기적 또는 기계적 입력을 부여하면, 이미 정해진 설정 시간이 경과한 후
에 그 접점이 개로(open) 또는 폐로(close)하는 장치로서 인위적으로 시간 지연을 만들
어 내는 한시 계전기를 말한다.

타이머의 시간차를 만들어 내는 방법에 따라 전자식 타이머, 제동식 타이머, 모터식
타이머 등이 있고, 타이머의 출력 접점에는 동작 시에 시간 지연이 있는 것과 복귀 시
에 시간 지연이 있는 것이 있다.

(1) 지연 동작 회로

[그림 9-25]는 가장 기본적인 동작 회로이며, 입력이 주어진 후 설정 시간이 되어야 출력이 나오는 회로이다.

※ 동작 설명

① 스위치 PB_1을 눌렀을 때 타이머 코일 T가 동작을 시작한다. 타이머 코일 T가 동작되면 타이머의 순시 접점 a접점 T가 동작되면 타이머의 순시 a접점 T가 닫혀서 자기 유지된다.

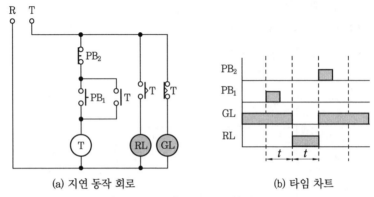

(a) 지연 동작 회로 (b) 타임 차트

[그림 9-25] 지연 동작 회로

② 입력인 누름 버튼 스위치 PB_1을 off했을 때 자기 유지 회로가 되어 타이머 동작은 계속된다.

③ 입력인 누름 버튼 스위치 PB_2를 눌렀을 때 타이머에 전원이 차단되며, 즉시 타이머는 한시 동작 순시 복귀 접점이 원래의 상태로 돌아온다.

(2) 순시 동작 한시 복귀 회로

[그림 9-26]은 입력이 주어진 순시에 출력을 내고 입력을 제거해도 설정 시간까지는 계속 출력을 유지하며, 설정 시간 후 동작이 정지되는 회로이다.

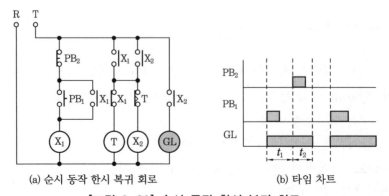

(a) 순시 동작 한시 복귀 회로 (b) 타임 차트

[그림 9-26] 순시 동작 한시 복귀 회로

※ 동작 설명

① 누름 버튼 스위치 PB_1을 눌렀을 때 릴레이 코일 X_1이 동작하여 릴레이 a접점 X_1에 의해 자기 유지된다.

② 누름 버튼 스위치 PB_2를 눌렀을 때 릴레이 코일 X_1 회로가 차단되고, 릴레이 X_1의 b접점이 닫혀서 타이머 코일 T가 동작된다. 설정 시간 후 타이머의 한시 접점 T가 열려서 릴레이 코일 X_2의 전원도 차단된다.

(3) 지연 동작 한시 복귀 회로

[그림 9-27]은 입력 신호가 설정된 후 설정 시간이 지난 다음 출력을 내고 입력이 제거 되더라도 계속 출력을 내다가 설정 시간이 지나면 정지되는 회로이다.

※ 동작 설명

① 누름 버튼 스위치 PB_1을 누르면 T_1이 동작하고, t_1초 후에 릴레이 코일 X_1이 동작하여 자기 유지된다.

② 타이머 T_2에 의해 t_2초 후에 릴레이 코일 X 가 소자된다.

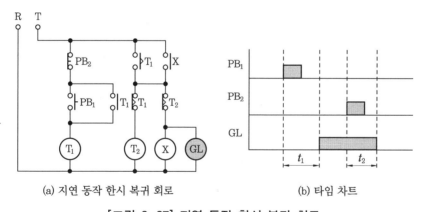

(a) 지연 동작 한시 복귀 회로   (b) 타임 차트

[그림 9-27] 지연 동작 한시 복귀 회로

(4) 지연 간격 동작 회로

[그림 9-28]은 입력 신호를 주면 설정 시간이 지난 후부터 출력을 시작하여 일정 시간 동안 출력을 내는 회로이다.

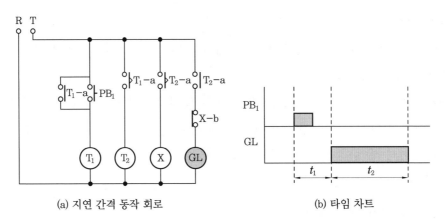

(a) 지연 간격 동작 회로   (b) 타임 차트

[그림 9-28] 지연 간격 동작 회로

(5) 주기 동작 회로

[그림 9-29]는 입력 신호에 의해서 일정 시간 동안 출력을 유지 하다가 출력이 정지되고 출력이 정지된 후 다시 일정 시간이 지나면 다시 출력을 내는 회로이다.

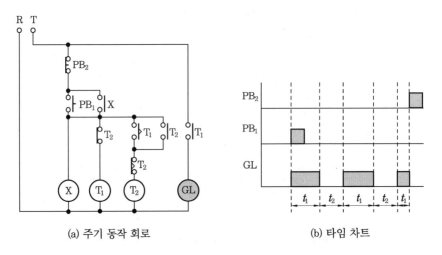

(a) 주기 동작 회로   (b) 타임 차트

[그림 9-29] 주기 동작 회로

(6) 이상 동작 검출 회로

[그림 9-30]은 입력 신호가 설정된 시간보다 길어질 경우에 작동하는 회로이며, 경보를 발생하는 회로에 많이 사용된다. 경보 회로를 만들 때에는 버저나 벨을 사용한다.

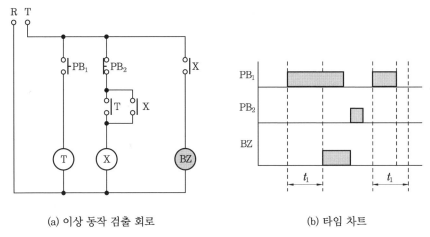

(a) 이상 동작 검출 회로　　　　　(b) 타임 차트

[그림 9-30] 이상 동작 검출 회로

1.6 ● 신호 검출 회로

기기의 동작 상태나 신호 및 출력 상태를 나타내는 회로이며, 현재의 상태를 표시하는 방법에 따라 신호 발생 검출 회로, 신호 소멸 검출 회로, 릴레이 동작 개수 검출 회로, 동작 릴레이 검출 회로 등의 여러 가지가 있다. 버저나 신호 등을 사용하여 표시할 수도 있다.

(1) 신호 발생 검출 회로

[그림 9-31]은 입력 신호를 수신하였을 때만 검출하는 회로이며 설정 시간 동안만 출력을 발생시키는 펄스 신호를 발생하는 회로이다.

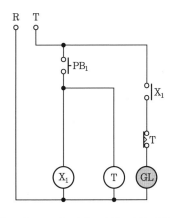

[그림 9-31] 신호 발생 검출 회로

※ 동작 설명

① 입력인 누름 버튼 스위치 PB₁의 신호가 들어오면 릴레이 X₁이 동작하여 램프 GL 이 점등된다. 타이머 T에 의해 t초 후에 자동으로 GL은 소등하게 된다.

② 입력인 누름 버튼 스위치 PB₁의 신호가 off되면 다시 원래의 상태로 돌아와서 신 호를 대기하게 된다.

③ 입력 신호가 인가되는 동시에 릴레이가 동작하고 출력을 내며, 설정 시간 후 타 이머는 on되고 출력은 소멸하게 된다.

(2) 신호 소멸 검출 회로

[그림 9-32]는 입력 신호를 수신하였을 때는 펄스 신호를 발생하지 않고, 입력 신호 수신 후 제거되었을 때만 펄스 신호를 발생하는 회로이다.

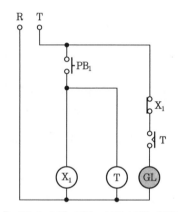

[그림 9-32] 신호 소멸 검출 회로

※ 동작 설명

① 입력인 누름 버튼 스위치 PB₁을 누르면 릴레이 코일 X₁이 동작되고, b접점 X₁이 열려 출력을 차단시킨다. 또한 off 딜레이 타이머 코일 T가 동작 상태를 대기하게 된다.

② 입력 버튼 스위치 PB₁이 눌러진 후 다시 off 되면 off 딜레이 타이머 코일 T의 동 작이 시작되어 순시 동작 한시 복귀 a접점 T가 닫힌다. 설정 시간 후에 다시 a접 점 T가 열려 회로를 차단시키고 출력이 정지된다. 입력 신호가 들어오면 릴레이 코일 X₁과 타이머 코일 T는 동시에 동작을 시작하고 출력은 나오지 않는다.

(3) 릴레이 동작 수 검출 회로

[그림 9-33]은 다수의 릴레이 중 동작하고 있는 릴레이의 접점 수를 알거나 회로 상 태를 점검하고 계수 회로의 동작 릴레이 수를 검출하는 회로이다.

L_1은 동작되는 릴레이와 동작 릴레이 개수 L_1, L_2, L_3, L_4, L_5는 표시등으로 되어 있으나 동작되는 개수를 나타낸다. 예) L_5 : 5개

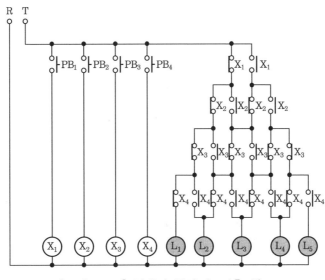

[그림 9-33] 릴레이 동작 수 검출 회로

※ 동작 설명

① 동작하는 릴레이가 없을 때 L_1인 WL이 점등된다.

② 릴레이 코일 X_1이 동작할 때 입력인 PB_1을 누르면 릴레이 코일 X_1이 동작하여 접점 동작하고 L_2인 RL이 점등된다.

③ 릴레이 코일 X_1과 릴레이 코일 X_2가 동작할 때 입력인 PB_1과 PB_2를 누르면 릴레이 코일 X_1, 릴레이 코일 X_2가 동작하여 접점 X_1, X_2가 동작되고 L_3인 GL이 점등된다.

④ 릴레이 코일 X_2, 릴레이 코일 X_3, 릴레이 코일 X_4가 동작할 때 입력인 PB_2, PB_3, PB_4를 누르면 릴레이 코일 X_2, 릴레이 코일 X_3, 릴레이 코일 X_4가 동작하여 접점 X_2, X_3, X_4가 동작되고 L_4인 OL이 점등된다.

⑤ 릴레이 코일 X_1, 릴레이 코일 X_2, 릴레이 코일 X_3, 릴레이 코일 X_4가 동작할 때 입력인 PB_1, PB_2, PB_3, PB_4를 누르면 릴레이 코일 X_1, 릴레이 코일 X_2, 릴레이 코일 X_3, 릴레이 코일 X_4가 동작하여 접점 X_1, X_2, X_3, X_4가 동작되고 L_5인 YL이 점등된다.

⑥ 같은 방법으로 릴레이 코일 X_1, 릴레이 코일 X_3이 동작되면 램프 L_3이 점등되고 릴레이 코일 X_2, 릴레이 코일 X_4가 동작되도 램프 L_3이 점등된다.

(4) 동작 릴레이 검출 회로

[그림 9-34]는 다수의 릴레이 중 어느 릴레이가 동작하고 있는가를 검출하는 회로이며, 10진 변환 회로로도 사용할 수 있는 회로이다. 동작되는 릴레이 및 10진수 : PB_1, PB_2, PB_3, PB_4의 입력이나 숫자로 생각할 수도 있다.

예) $X_1 + X_2 = L_5$, $X_2 + X_4 = L_6$ 등

※ 동작 설명

① 입력인 조작 스위치 PB_3을 눌렀을 때 릴레이 코일 X_4가 동작하여 L_4인 WL이 점등된다.

② 입력인 조작 스위치 PB_2와 PB_3를 주었을 때($X_2 + X_4 = L_6$) 릴레이 코일 X_2와 X_4가 동작하여 L_6인 OL이 점등된다.

③ 입력 1개만 주었을 때는 릴레이와 같은 숫자의 표시등이 점등되며, 2개 이상 주었을 때는 합산된 숫자와 같은 숫자의 표시등이 점등되는 회로이다.

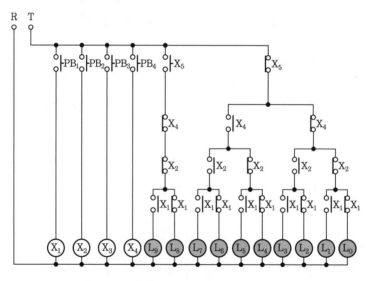

[그림 9-34] 동작 릴레이 검출 회로

2. 시퀀스 배관 실습 도면

(1) 3로 스위치 사용 회로

〈도면〉

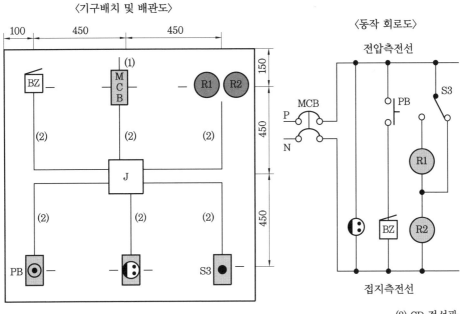

〈기구배치 및 배관도〉

〈동작 회로도〉

(2) CD 전선관

※ 전선관의 곡률 반경은 6D로 한다.
※ 박스내의 전선의 접속은 쥐꼬리 접속, 기구의 접속은 고리형으로 한다.

자재 내역						
No.	품명	규격	수량	No.	품명	규격	수량
1.	NFB	2P 15A	1ea	11.			
2.	리셉타클		2ea	12.			
3.	텀블러 S/W	3로 S/W	2ea	13.			
4.	텀블러 S/W	단로 S/W	1ea	14.			
5.	죠인트박스	4각형 10×10×5	1ea	15.			
6.	S/W박스		3ea	16.			
7.	CD 전선관	ϕ16 mm	2 m	17.			
8.	PE 전선관	ϕ16 mm	4 m	18.			
9.	전선	2.5 mm^3	15 m	19.			
10.	새들 나사못		1식	20.			

(2) 단극 스위치 사용 회로

〈도면〉

〈기구배치 및 배관도〉

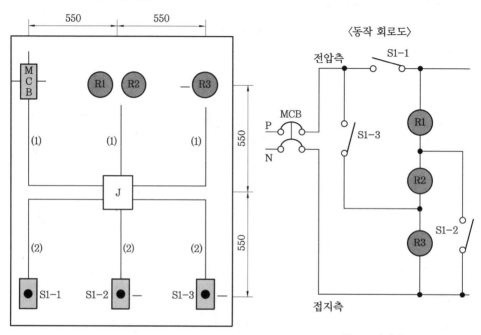

(1) CD 전선관
(2) PE 전선관

※ 전선관의 곡률 반경은 6D로 한다.
※ 박스내의 전선의 접속은 쥐꼬리 접속, 기구의 접속은 고리형으로 한다.

자재 내역							
No.	품명	규격	수량	No.	품명	규격	수량
1.	NFB	2P 15A	1ea	11.			
2.	리셉타클		3ea	12.			
3.	텀블러 S/W	단로 S/W	3ea	13.			
4.	죠인트박스	4각형 10×10×5	1ea	14.			
5.	S/W박스		3ea	15.			
6.	CD 전선관	ϕ16 mm	3 m	16.			
7.	PE 전선관	ϕ16 mm	3 m	17.			
8.	전선	2.5 mm^3	15 m	18.			
9.	새들 나사못		1식	19.			
10.				20.			

(3) 정역회로

〈도면〉

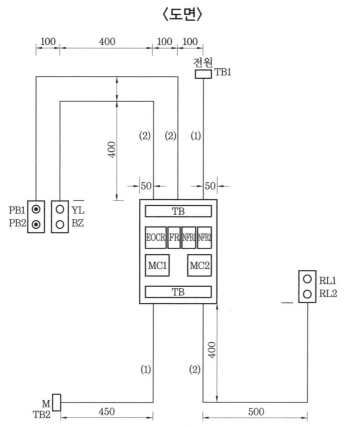

※ 전선관의 곡률 반경은 6D로 한다.
※ 박스내의 전선의 접속은 쥐꼬리 접속, 기구의 접속은 고리형으로 한다.

자재 내역							
No.	품명	규격	수량	No.	품명	규격	수량
1.	NFB	3P 15A	1ea	11.	합판	300×400×9t	1ea
2.	Power Ry.	12P Socket	2ea	12.	퓨즈 홀더		1ea
3.	단자대	4P	10ea	13.	EOCR	12P Socket	1ea
4.	콘트롤 박스	2 Hole	3ea	14.	Flicker Ry.	8P Socket	1ea
5.	Push Button	청, 적색(1a, 1b)	2ea	15.	Buzzer		1ea
6.	Pilot Lamp	청색, 적색, 황색	3ea	16.	기타		1식
7.	CD 전선관	ϕ16 mm	3 m	17.			
8.	PE 전선관	ϕ16 mm	6 m	18.			
9.	전선	2.5 mm^3 (흑, 적, 청, 녹)	15 m	19.			
10.	전선(황색)	1.5 mm^3	20 m	20.			

〈도면〉

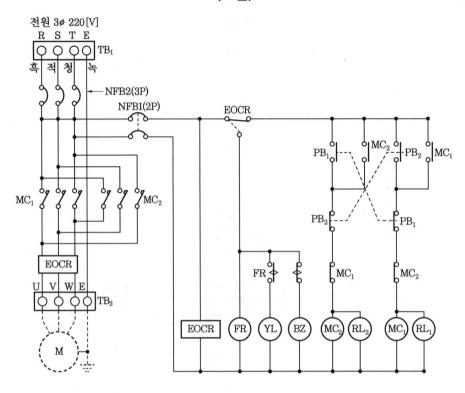

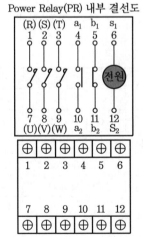

Power Relay(PR) 내부 결선도

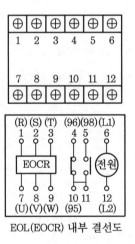

EOL(EOCR) 내부 결선도

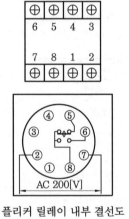

플리커 릴레이 내부 결선도

(4) 전동기 제어회로

〈도면〉

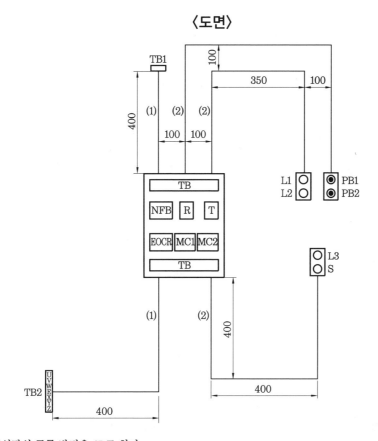

(1) CD 전선관
(2) PE 전선관

※ 전선관의 곡률 반경은 6D로 한다.
※ 박스내의 전선의 접속은 쥐꼬리 접속, 기구의 접속은 고리형으로 한다.

자재 내역							
No.	품명	규격	수량	No.	품명	규격	수량
1.	NFB	3P 15A	1ea	11.	합판	300×400×9t	1ea
2.	Power Ry.	12P Socket	2ea	12.	퓨즈 홀더		1ea
3.	단자대	4P	10ea	13.	EOCR	12P Socket	1ea
4.	콘트롤 박스	2 Hole	2ea	14.	Relay	8P Socket	2ea
5.	Push Button	청, 적색	2ea	15.	S/W	단로	1ea
6.	Pilot Lamp	청색, 적색, 황색	3ea	16.	기타		1식
7.	CD 전선관	ϕ16 mm	3 m	17.			
8.	PE 전선관	ϕ16 mm	6 m	18.			
9.	전선	2.5 mm^3 (흑, 적, 청, 녹)	15 m	19.			
10.	전선(황색)	1.5 mm^3	25 m	20.			

〈도면〉

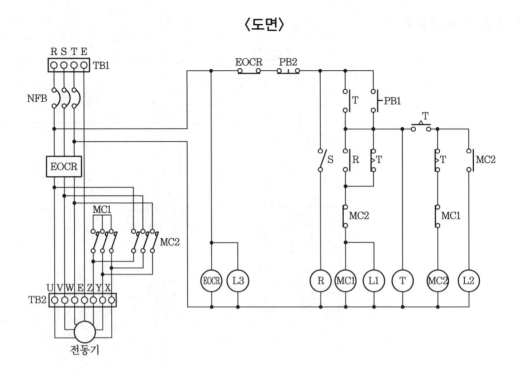

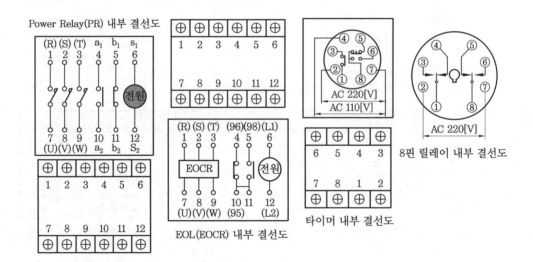

Power Relay(PR) 내부 결선도

EOL(EOCR) 내부 결선도

타이머 내부 결선도

8핀 릴레이 내부 결선도

(5) 급수설비 제어회로

〈도면〉

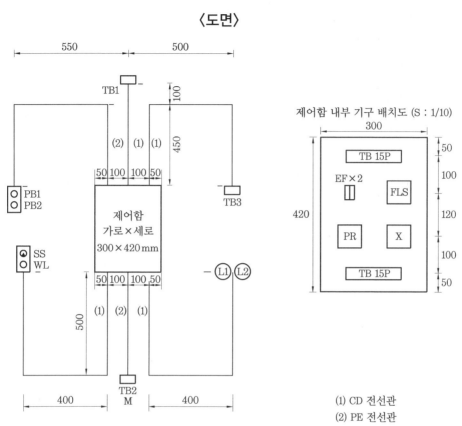

제어함 내부 기구 배치도 (S : 1/10)

(1) CD 전선관
(2) PE 전선관

※ 전선관의 곡률 반경은 6D로 한다.
※ 박스내의 전선의 접속은 쥐꼬리 접속, 기구의 접속은 고리형으로 한다.

No.	품명	규격	수량	No.	품명	규격	수량
\multicolumn{8} 자재 내역							
1.	NFB	3P 15A	1ea	11.	합판	300 × 400 × 9t	1ea
2.	Power Ry.	12P Socket	1ea	12.	퓨즈 홀더		1ea
3.	단자대	4P	10ea	13.	FLS	8P Socket	2ea
4.	콘트롤 박스	2 Hole	3ea	14.	Select. S/W		1ea
5.	Push Button	청, 적색	2ea	15.	기타		1식
6.	Pilot Lamp	청색, 적색, 흰색	3ea	16.			
7.	CD 전선관	$\phi 16\,mm$	6 m	17.			
8.	PE 전선관	$\phi 16\,mm$	4 m	18.			
9.	전선	$2.5\,mm^3$ (흑, 적, 청, 녹)	15 m	19.			
10.	전선(황색)	$1.5\,mm^3$	25 m	20.			

〈도면〉

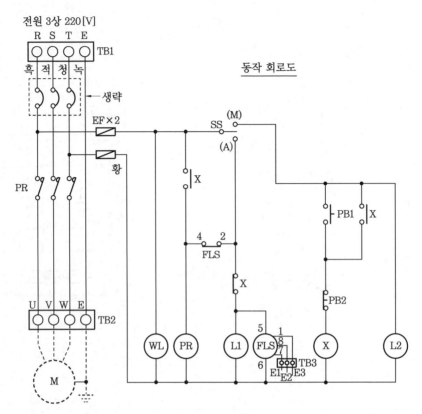

전원 3상 220[V]

동작 회로도

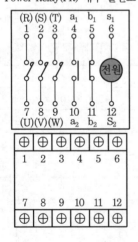

Power Relay(PR) 내부 결선도

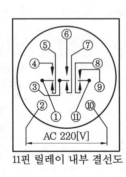

11핀 릴레이 내부 결선도

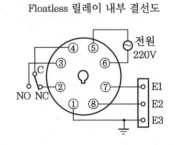

Floatless 릴레이 내부 결선도

(6) 전동기 제어회로

〈도면〉

〈배관 및 기구 배치도〉

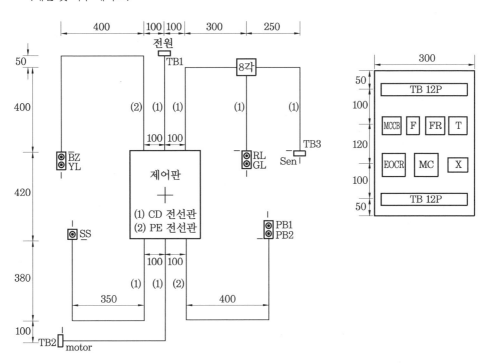

※ 전선관의 곡률 반경은 6D로 한다.
※ 박스내의 전선의 접속은 쥐꼬리 접속, 기구의 접속은 고리형으로 한다.

\multicolumn{8}{c}{자재 내역}								
No.	품명	규격	수량	No.	품명	규격	수량
1.	NFB	3P 15A	1ea	11.	합판	300×400×9t	1ea
2.	Power Ry.	12P Socket	1ea	12.	퓨즈 홀더		1ea
3.	단자대	4P	10ea	13.	EOCR	12P Socket	1ea
4.	콘트롤 박스	2 Hole	4ea	14.	Relay	8P Socket	3ea
5.	Push Button	청, 적색	2ea	15.	셀릭트 S/W	3단	1ea
6.	Pilot Lamp	청색, 적색, 흰색	3ea	16.	죠인트 박스	8각	1ea
7.	CD 전선관	$\phi16\,mm$	10 m	17.	기타		1식
8.	PE 전선관	$\phi16\,mm$	4 m	18.			
9.	전선	$2.5\,mm^3$ (흑, 적, 청, 녹)	15 m	19.			
10.	전선(황색)	$1.5\,mm^3$	25 m	20.			

〈도면〉

제어회로도

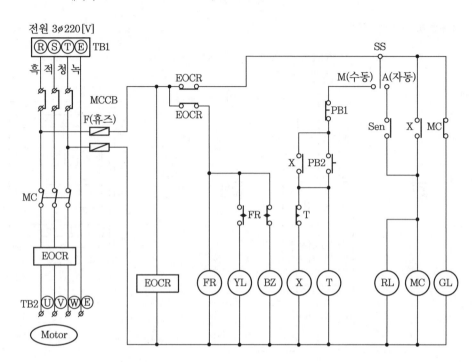

Power Relay(PR) 내부 결선도

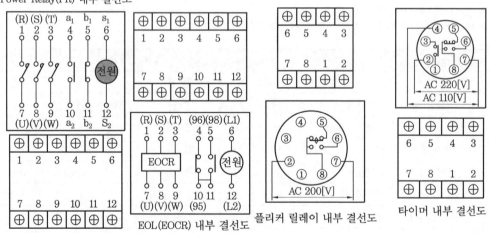

EOL(EOCR) 내부 결선도   플리커 릴레이 내부 결선도   타이머 내부 결선도

(7) 전동기 한시제어

〈도면〉

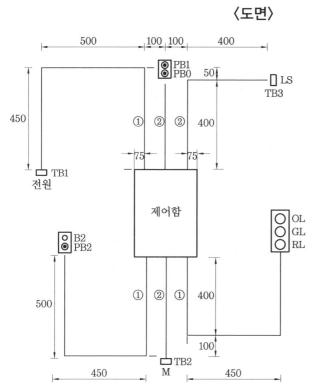

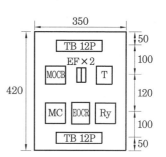

공사방법 : ① 합성수지제 가요전선관(CD)   ② PE 전선관

※ 전선관의 곡률 반경은 6D로 한다.
※ 박스내의 전선의 접속은 쥐꼬리 접속,
   기구의 접속은 고리형으로 한다.

No.	품명	규격	수량	No.	품명	규격	수량
1.	NFB	3P 15A	1ea	11.	합판	300×400×9t	1ea
2.	Power Ry.	12P Socket	1ea	12.	퓨즈 홀더		1ea
3.	단자대	4P	10ea	13.	EOCR	12P Socket	1ea
4.	콘트롤 박스	2 Hole, 3 Hole	3ea	14.	Relay	8P Socket	2ea
5.	Push Button	청, 적색	3ea	15.	기타		1식
6.	Pilot Lamp	청색, 적색, 황색	3ea	16.	Timer		
7.	CD 전선관	ϕ16 mm	6 m	17.			
8.	PE 전선관	ϕ16 mm	3 m	18.			
9.	전선	2.5 mm^3 (흑, 적, 청, 녹)	15 m	19.			
10.	전선(황색)	1.5 mm^3	25 m	20.			

<도면>

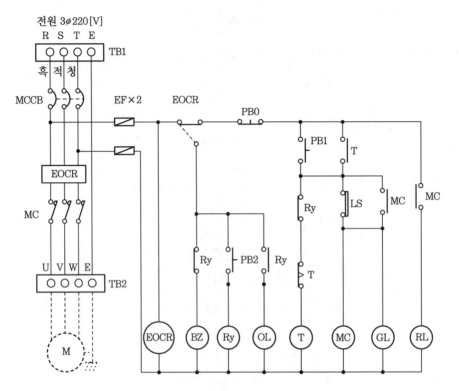

전원 3∅220[V]

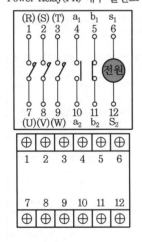

Power Relay(PR) 내부 결선도

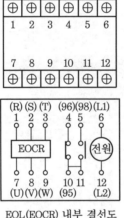

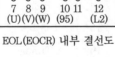

EOL(EOCR) 내부 결선도

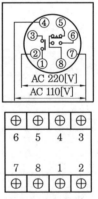

타이머 내부 결선도

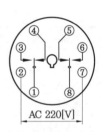

8핀 릴레이 내부 결선도

(8) 전동기 순차제어

〈도면〉

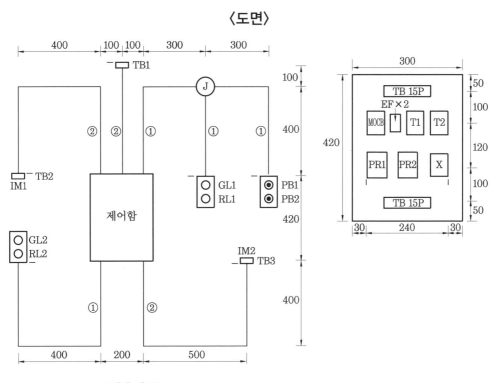

[배관 재료]

①	16 mm 가요전선관
②	16 mm PE 전선관

※ 전선관의 곡률 반경은 6D로 한다.
※ 박스내의 전선의 접속은 쥐꼬리 접속,
　기구의 접속은 고리형으로 한다.

자재 내역							
No.	품명	규격	수량	No.	품명	규격	수량
1.	NFB	3P 15A	1ea	11.	합판	300×400×9t	1ea
2.	Power Ry.	12P Socket	2ea	12.	퓨즈 홀더		1ea
3.	단자대	4P	11ea	13.	EOCR	12P Socket	1ea
4.	콘트롤 박스	2 Hole	3ea	14.	Relay	8P Socket	3ea
5.	Push Button	청, 적색	2ea	15.	죠인트 박스	8각	1ea
6.	Pilot Lamp	청, 적색	4ea	16.	기타		1식
7.	CD 전선관	$\phi 16$ mm	6 m	17.	T1	On delay Timer	
8.	PE 전선관	$\phi 16$ mm	5 m	18.	T2	Off delay Timer	
9.	전선	2.5 mm^3 (흑, 적, 청, 녹)	15 m	19.			
10.	전선(황색)	1.5 mm^3	25 m	20.			

〈도면〉

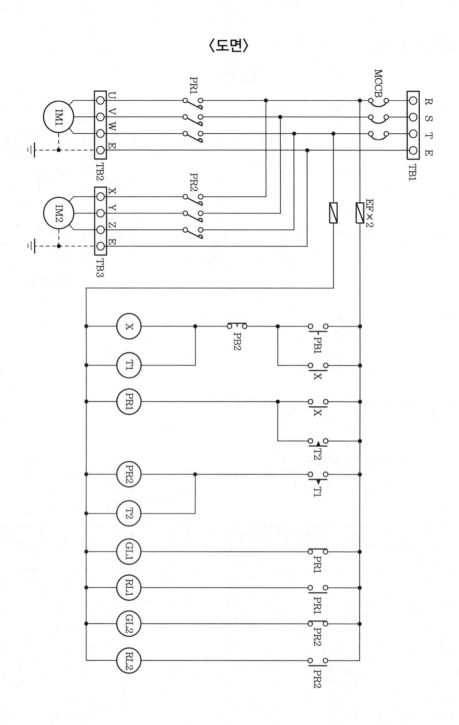

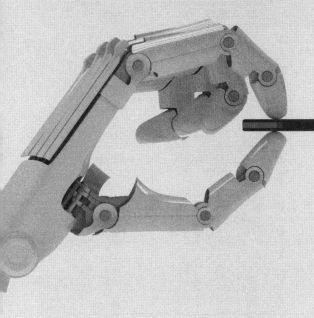

부록

1. 그리스 문자

그리스 문자		명칭	그리스 문자		명칭
A	α	alpha	N	ν	nu
B	β	beta	Ξ	ξ	xi
Γ	γ	gamma	O	o	omicron
Δ	δ	delta	Π	π	pi
E	ε	epsilon	P	ρ	rho
Z	ζ	zeta	Σ	σ	sigma
H	η	eta	T	τ	tau
Θ	θ	theta	Υ	υ	upsilon
I	ι	iota	Φ	φ	phi
K	κ	kappa	X	χ	chi
Λ	λ	lambda	Ψ	ψ	psi
M	μ	mu	Ω	ω	omega

2. SI 단위의 접두어

뜻	기호	발음	뜻	기호	발음
10^{24}	Y	yotta	10^{-1}	d	deci
10^{21}	Z	zetta	10^{-2}	c	centi
10^{18}	E	exa	10^{-3}	m	milli
10^{15}	P	peta	10^{-6}	μ	micro
10^{12}	T	tera	10^{-9}	n	nano
10^{9}	G	giga	10^{-12}	p	pico
10^{6}	M	mega	10^{-15}	f	femto
10^{3}	k	kilo	10^{-18}	a	atto
10^{2}	h	hecto	10^{-21}	z	zepto
10	da	deca	10^{-24}	y	yocto

3. 관련 공식

(1) 항등식

$a^2 - b^2 = (a+b)(a-b)$

$(a \pm b)^2 = a^2 \pm 2ab + b^2$

$a^3 \pm b^3 = (a \pm b)(a^2 \pm ab + b^2)$

$(a \pm b)^3 = a^3 \pm 3a^2 b + 3ab^2 \pm b^3)$

$(a+b+c)^2 = a^2 + b^2 + c^2 + 2ab + 2bc + 2ca$

$(a^2 + ab + b^2)(a^{-2} + ab + b^2) = a^4 + a^2 b^2 + b^4$

(2) 지수법칙

$a^m \times a^n = a^{m+n}$

$(a^m)^n = a^{mn}$

$a^m \div a^n = a^{(m+n)}$

$a^{-n} = 1/a^n$

$a^{m/n} = \sqrt[n]{a^m} = (\sqrt[n]{a})^m$

$a^0 = 1 \, (a \neq 0)$

(3) 대수

$y = \log_a x \leftrightarrow x = a^y$

$\log_a a = 1$

$\log_a 1 = 0 \, (a > 0, \ a \neq 1)$

$\log_a (xy) = \log_a x + \log_a y$

$\log_a (x/y) = \log_a x - \log_a y$

$\log_a x^n = n \log_a x$

$\log_b a \times \log_a b = 1$

$\log_a x$ 에서 $a = 10$ 일 때 상용대수라 하고 $\log x$ 로 표시하고,
$\qquad a = e$ 일 때 자연대수라 하고 $\ln x$ 로 표시한다.

$$\log x = 0.4343 \ln x$$
$$\ln x = 2.3026 \log x$$
$$e = 2.7182818284 \cdots$$

(4) 복소수

$$j = \sqrt{-1}, \ \ j^2 = -1, \ \ j^3 = -j, \ \ j^4 = 1$$
$$1/j = -j, \ \ 1/j^2 = -1, \ \ 1/j^3 = j, \ \ j^4 = 1$$

$a, \ b, \ c, \ d$를 실수라 하면
$$a \pm jb = c \pm jd \text{이면} \ \ a = c, \ \ b = d$$
$$a \pm jb = 0 \text{이면} \ \ a = 0, \ \ b = 0$$
$$(a + jb) \pm (c + jd) = (a \pm c) + j(b \pm d)$$
$$(a + jb)(c + jd) = ac - bd + j(ad + bc)$$
$$\frac{a + jb}{c + jd} = \frac{ac + bd}{c^2 + d^2} + j\frac{bc - ad}{c^2 + d^2}$$

공액 복소수 $a + jb, \ \ a - jb$ 사이에서
$$(a + jb) + (a - jb) = 2ab$$
$$(a + jb) - (a - jb) = 2jb$$
$$(a + jb)(a - jb) = a^2 + b^2$$

복소수 $z = a + jb$ 에서

절대치 $|z| = \sqrt{a^2 + b^2}$

편각 $\theta = \tan^{-1} \dfrac{b}{a}$

$$a + jb = \sqrt{a^2 + b^2} \ (\cos\theta + j\sin\theta)$$
$$a - jb = \sqrt{a^2 + b^2} \ (\cos\theta - j\sin\theta)$$
$$(a + jb)^n = \sqrt[n]{a^2 + b^2} \ (\cos\theta + j\sin n\theta)$$
$$A \angle \theta = A(\cos\theta + j\sin\theta)$$
$$e^{j\theta} = \cos\theta + j\sin\theta$$
$$e^{-j\theta} = \cos\theta - j\sin\theta$$

$$\cos \theta = \frac{1}{2}(e^{j\theta} + e^{-j\theta})$$

$$\sin \theta = \frac{1}{2}(e^{j\theta} - e^{-j\theta})$$

$$(\cos \theta + j \sin \theta)^n = \cos n\theta + j \sin n\theta$$

(5) 2차 방정식의 근

$ax^2 + bx + c = 0 \, (a, \ b, \ c: \text{실수}, \ a \neq 0)$ 이면

$$x = \frac{-b \pm \sqrt{b^2 - 4ac}}{2a}$$

(6) 근사값

$|x| \ll 1$ 에 대하여

$$(1 \pm x)^2 \fallingdotseq 1 \pm 2x$$

$$(1 \pm x)^n \fallingdotseq 1 \pm nx$$

$$\sqrt{1+x} \fallingdotseq 1 + \frac{1}{2}x$$

$$\frac{1}{\sqrt{1+x}} \fallingdotseq 1 - \frac{1}{2}x$$

$$e^x \fallingdotseq 1 + x$$

$$\ln 1 + x \fallingdotseq x$$

$$\sin x \fallingdotseq 0$$

$$\sinh x \fallingdotseq x$$

$$\cos x \fallingdotseq 0$$

$$\cosh x \fallingdotseq 1 - x$$

$$\tan x \fallingdotseq x$$

$$\tanh x \fallingdotseq x$$

$$\tanh x \fallingdotseq 1 \, (x \ll 1)$$

(7) 3각 함수

① 보각의 3각 함수

$$\sin(180° \pm \theta) = \pm \sin\theta$$

$$\cos(180° \pm \theta) = -\cos\theta$$

$$\tan(180° \pm \theta) = \pm \tan\theta$$

② 여각의 3각 함수

$$\sin(90° \pm \theta) = +\cos\theta$$

$$\cos(90° \pm \theta) = \pm\sin\theta$$

$$\tan(90° \pm \theta) = \pm\cot\theta$$

$$\cot(90° \pm \theta) = \pm\tan\theta$$

③ 같은 각의 3각 함수

$$\sin A \operatorname{cosec} A = 1$$

$$\tan A \cot A = 1$$

$$\cos A \sec A = 1$$

$$\sin^2 A + \cos^2 A = 1$$

$$\sec^2 A = 1 + \tan^2 A$$

$$\operatorname{cosec}^2 A = 1 + \cot^2 A$$

$$\tan A = \frac{\sin A}{\cos A}$$

④ 4각의 합과 차

$$\sin(A \pm B) = \sin A \cos B \pm \cos A \sin B$$

$$\cos(A \pm B) = \cos A \cos B \mp \sin A \sin B$$

⑤ 합과 적의 관계

$$\sin A + \sin B = 2\sin\frac{1}{2}(A+B)\cos\frac{1}{2}(A-B)$$

$$\sin A - \sin B = 2\cos\frac{1}{2}(A+B)\sin\frac{1}{2}(A-B)$$

$$\cos A + \cos B = 2\cos\frac{1}{2}(A+B)\cos\frac{1}{2}(A-B)$$

$$\cos A - \cos B = -2\sin\frac{1}{2}(A+B)\sin\frac{1}{2}(A-B)$$

$$\sin A \cos B = \frac{1}{2}\sin(A+B)+\sin(A-B)$$

$$\cos A \sin B = \frac{1}{2}\sin(A+B) - \sin(A-B)$$

$$\sin A \sin B = \frac{1}{2}\cos(A-B) - \sin(A+B)$$

$$\cos A \cos B = \frac{1}{2}\cos(A-B) + \cos(A+B)$$

⑥ 2배각의 3각 함수

$$\sin 2A = 2\sin A \cos A$$

$$\cos 2A = 2\cos^2 A - 1 = 1 - 2\sin^2 A = \cos^2 - \sin^2 A$$

$$\tan 2A = \frac{2\tan A}{1 - \tan^2 A}$$

⑦ 반각 및 2배각에 관한 공식

$$\sin A = 2\sin\frac{A}{2}\cos\frac{A}{2}$$

$$\cos A = \cos^2\frac{A}{2} - \sin^2\frac{A}{2}$$

$$2\sin^2 A = 1 - \cos 2A$$

$$2\cos^2 A = 1 + \cos 2A$$

$$2\sin^2\frac{A}{2} = 1 - \cos A$$

$$2\cos^2\frac{A}{2} = 1 + \cos A$$

(8) 쌍곡선 함수

$$\sinh(-x) = -\sinh x$$
$$\sinh(0) = 0$$
$$\sinh(\pm\infty) = \pm\infty$$
$$\cosh(-x) = \cosh x$$
$$\cosh(0) = 1$$
$$\cosh(\pm\infty) = \pm\infty$$
$$\tanh(-x) = -\tanh x$$
$$\tanh(0) = 0$$

$$\tanh(\pm\infty) = \pm 1$$

$$\cosh^2 x - \sinh^2 x = 1$$

$$\sinh 2x = 2\sinh x \cosh x$$

$$\cosh 2x = \cosh^2 x + \sinh^2 x$$

$$\sinh(x \pm y) = \sinh x \cosh y \pm \cosh x \sinh y$$

$$\cosh(x \pm y) = \cosh x \cosh y \pm \sinh x \sinh y$$

$$\tanh(x \pm y) = \frac{2\tanh x}{1 + \tanh^2 x}$$

$$\sinh x = \frac{1}{2}\left(e^x - e^{-x}\right)$$

$$\cosh x = \frac{1}{2}\left(e^x + e^{-x}\right)$$

$$e^x = \cosh x + j\sinh x$$

$$e^{-x} = \cosh x - j\sinh x$$

(9) 3각 함수와 쌍곡선 함수

$$\sinh jx = j\sin x$$

$$\sinh x = -j\sin x$$

$$\cosh jx = \cos x$$

$$\cosh x = \cos jx$$

$$\tanh jx = j\tan x$$

$$\sinh x = -j\tan jx$$

$$\sinh(x \pm jy) = \sinh x \cos y \pm j\cosh x \sinh y = \pm j\sin(y \pm jx)$$

$$\cosh(x \pm jy) = \cosh x \cos y \pm j\sinh x \sinh y = \cos(y \pm jx)$$

(10) 기하 공식

다음 공식에서 $r=$반경, $h=$높이, $b=$밑변, $B=$밑변의 면적, $\theta=$중심각(라디안)을 나타낸다.

① 3각형

$$면적 = \frac{1}{2}bh$$

② 직사각형

면적 $= bh$, 대각선 $= \sqrt{b^2 + h^2}$

③ 사다리꼴

면적 $= \dfrac{1}{2} h(b_1 + b_2)$

④ 원

면적 $= \pi r$, 둘레 $= 2\pi r$, 원호 $= \gamma\theta$

⑤ 부채꼴

면적 $= \dfrac{1}{2} r^2 \theta$

⑥ 직6면체

세변의 길이를 a, b, c라고 하면

체적 $= abc$, 대각선 $= \sqrt{a^2 + b^2 + c^2}$

⑦ 각주

체적 $= Bh$

⑧ 각추

체적 $= \dfrac{1}{3} Bh$

⑨ 직원주

측면적 $= 2\pi rh$, 체적 $= \pi r^2 h$

⑩ 구

표면적 $= 4\pi r^2$, 체적 $= \dfrac{4}{3} \pi r^3$

(11) 미분 공식

$\dfrac{dc}{dx} = 0$ $(c: 상수)$

$\dfrac{d}{dx}(cu) = c\dfrac{du}{dx}$ $(c: 상수)$

$$\frac{d}{dx}(u \pm v) = \frac{du}{dx} \pm \frac{dv}{dx}$$

$$\frac{d}{dx}(uv) = v\frac{du}{dx} + u\frac{dv}{dx}$$

$$\frac{d}{dx}\left(\frac{u}{v}\right) = \frac{v\dfrac{du}{dx} - u\dfrac{dv}{dx}}{v^2}$$

$$\frac{dy}{dx} = \frac{dy}{du} \cdot \frac{du}{dx}$$

$$\frac{d}{dx}x^n = nx^{n-1}$$

$$\frac{d}{dx}e^x = e^x$$

$$\frac{d}{dx}\left(\frac{1}{x}\right) = -\frac{1}{x^2}$$

$$\frac{d}{dx}\log x = \frac{1}{x}$$

$$\frac{d}{dx}\sin x = \cos x$$

$$\frac{d}{dx}\cos x = -\sin x$$

$$\frac{d}{dx}\tan x = \sec^2 x$$

$$\frac{d}{dx}\cot x = -\operatorname{cosec}^2 x$$

$$\frac{d}{dx}\sin ax = a\cos ax$$

$$\frac{d}{dx}\cos ax = -a\sin ax$$

$$\frac{d}{dx}\sinh x = \cosh x$$

$$\frac{d}{dx}\cosh x = \sinh x$$

$$\frac{d}{dx}\tanh x = \operatorname{sech}^2 x$$

$$\frac{d}{dx}\cosh^{-1}x = -\operatorname{cosech}^2 x$$

(12) 적분 공식

$\dfrac{d F(x)}{dx} = f(x)$ 라 하면 $\displaystyle\int f(x)dx = F(x) + C$ (C는 적분상수)

즉, 미분한 것을 다시 한번 적분하면 원 함수가 된다.

$$\int (u \pm v)dx = \int u\,dx \pm \int v\,dx = a\int f(x)dx\,(a\text{는 정수})$$

$$\int u\,du = uv - \int u\,du$$

$$\int x^n\,dx = \frac{x^{n+1}}{n-1} + C$$

$$\int dx = x + C$$

$$\int \frac{dx}{x} = \log x + C$$

$$\int e^x\,dx = e^x + C$$

$$\int e^{ax}\,dx = \frac{1}{a}e^{ax} + C$$

$$\int \log x\,dx = x(\log x - 1) + C$$

$$\int \sin x\,dx = -\cos x + C$$

$$\int \cos x\,dx = \sin x + C$$

$$\int \sin ax\,dx = -\frac{1}{a}\cos ax + C$$

$$\int \cos ax\,dx = \frac{1}{a}\sin ax + C$$

$$\int \tan x\,dx = -\log \cos x + C$$

$$\int \cot x\,dx = \log \sin x + C$$

$$\int \sinh x\,dx = \cosh x + C$$

$$\int \cosh x\,dx = \sinh x + C$$

$$\int \tanh x\,dx = \log \cosh x + C$$

$$\int \coth x\,dx = \log \sinh x + C$$

(13) 정적분

$$\int_a^b f(x)\,dx = F(b) - F(a)$$

$$\int_a^c f(x)\,dx = \int_a^b f(x)\,dx + \int_b^c f(x)\,dx$$

$$\int_0^x \sin^2 ax\,dx = \int_0^x \cos^2 ax\,dx = \frac{\pi}{2}$$

(14) 행렬식

$$\begin{vmatrix} a_{11} & a_{12} \\ a_{21} & a_{22} \end{vmatrix} = a_{11}a_{22} - a_{21}a_{12}$$

$$\begin{vmatrix} a_{11} & a_{12} & a_{13} \\ a_{21} & a_{22} & a_{23} \\ a_{31} & a_{32} & a_{33} \end{vmatrix} =$$

$$(a_{11}a_{22}a_{33} + a_{12}a_{23}a_{31} + a_{13}a_{21}a_{32}) + (a_{11}a_{23}a_{32} + a_{12}a_{21}a_{33} + a_{13}a_{22}a_{31})$$

(15) 행렬

$$[A] = \begin{bmatrix} a_{11} & a_{12} \\ a_{21} & a_{22} \end{bmatrix} \qquad [B] = \begin{bmatrix} b_{11} & b_{12} \\ b_{21} & b_{22} \end{bmatrix} \text{일 때}$$

① 가감법

$$[A] \pm [B] = \begin{bmatrix} a_{11} & a_{12} \\ a_{21} & a_{22} \end{bmatrix} \pm \begin{bmatrix} b_{11} & b_{12} \\ b_{21} & b_{22} \end{bmatrix} = \begin{bmatrix} a_{11} \pm b_{11} & a_{12} \pm b_{12} \\ a_{21} \pm b_{21} & a_{22} \pm b_{22} \end{bmatrix}$$

② 승법

$$[A][B] = \begin{bmatrix} a_{11} & a_{12} \\ a_{21} & a_{22} \end{bmatrix} \begin{bmatrix} b_{11} & b_{12} \\ b_{21} & b_{22} \end{bmatrix} = \begin{bmatrix} a_{11}b_{11} + a_{12}b_{21} & a_{11}b_{12} \pm a_{12}b_{22} \\ a_{21}b_{11} \pm a_{22}b_{21} & a_{21}b_{12} \pm a_{22}b_{22} \end{bmatrix}$$

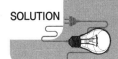

익힘 문제 정답 및 해설

제1장 ● 직류회로

1. $V = \dfrac{W}{Q}$ 에서

$W = V \cdot Q = 5 \times 600 = 3000\,\text{J}$

2. $R = \dfrac{V}{I}$ 에서

$(10 + R) = \dfrac{200}{2.5} = 80\,\Omega \quad \therefore R = 80 - 10 = 70\,\Omega$

3. $R_1 + R_2 = \dfrac{30}{6} = 5\,\Omega$

$\dfrac{R_1 R_2}{R_1 + R_2} = \dfrac{30}{25} = 1.2$ 에서

$R_1 + R_2 = \dfrac{R_1 R_2}{1.2} \;\rightarrow\; 5 = \dfrac{R_1 R_2}{1.2}$

$R_1 R_2 = 6$ 이므로 두 저항은 $R_1 = 2$ 이면 $R_2 = 3$, $R_1 = 3$ 이면 $R_2 = 2$

$\therefore$ 두 저항은 $2\,\Omega$, 3Ω

4. $200\,\text{V}$, $20\,\text{A}$일 때의 저항 $R = \dfrac{200}{20} = 10\,\Omega$

따라서 $10\,\Omega$ 의 저항에 $90\,\text{V}$의 전압을 가하면

$I = \dfrac{V}{R} = \dfrac{90}{10} = 9\,\text{A}$

5. $E = I(r + R) = I(0.5 + 8.5) = 9\,I$

$I = \dfrac{V}{R_0} = \dfrac{18}{9} = 2\,\text{A}$

$V = I R = 2 \times 8.5 = 17\,\text{V}$ 또는 $V = E - I r = 18 - (2 \times 0.5) = 17\,\text{V}$

6. $E = V + Ir$의 식에서

$E = 1.4 + 2r$ ⋯⋯⋯⋯⋯⋯⋯⋯⋯⋯⋯⋯⋯⋯⋯⋯⋯⋯⋯⋯⋯⋯ ①

$E = 1.1 + 3r$ ⋯⋯⋯⋯⋯⋯⋯⋯⋯⋯⋯⋯⋯⋯⋯⋯⋯⋯⋯⋯⋯⋯ ②

$1.4 + 2r = 1.1 + 3r$ 에서 $r = 0.3\,\Omega$

$\therefore E = 1.4 + 2 \times 0.3 = 2\,V$

7. $R_Y = \dfrac{1}{3} R_\Delta$ 에서 R_Δ 의 $3\,\Omega$ 은 R_Y 의 $1\,\Omega$ 이 되므로 이를 대입하면

$R = 1 + \dfrac{3 \times 6}{3 + 6} = 1 + \dfrac{18}{9} = 3\,\Omega$ 이므로

$I = \dfrac{V}{R} = \dfrac{6}{3} = 2\,A$

8. $R = \dfrac{V^2}{P} = \dfrac{100^2}{100} = 100\,\Omega$

직렬접속 시 합성 저항 $R_s = 200\,\Omega$

이때 전력 $P_s = \dfrac{V^2}{R} = \dfrac{100^2}{200} = 50\,W$

병렬접속 시 합성 저항 $R_p = 50\,\Omega$

이때 전력 $P_p = \dfrac{V^2}{R_p} = \dfrac{100^2}{50} = 200\,W$

9. $W = (100 \times 4 \times 5) + (300 \times 2 \times 3) + 500 = 4{,}300\,Wh = 4.3\,kWh$

10. $W = Pt = (100 \times 8 \times 160) + (60 \times 5 \times 160) + (1000 \times 5 \times 60) = 476\,kWh$

11. 단위 전류법에 의하여

$R = V_{AB} = \dfrac{1}{2}r + \dfrac{1}{4}r + \dfrac{1}{4}r + \dfrac{1}{2}r = \dfrac{3}{2}r$

12. $R_2 = R_1\{1 + \alpha_1(T_2 - T_1)\}$

$\quad = 10\{1 + 0.004(85 - 20)\}$

$\quad = 10\{1 + (0.004 \times 65)\} = 12.6\,\Omega$

13. $R_t = R_0(1 + \alpha_0 T) = 100(1 + 0.004T) = 108\,\Omega$

$\therefore T = \dfrac{8}{0.4} = 20\,℃$

제2장 ● 벡터

1. 크기 $A = \sqrt{3^2 + 4^2 + 5^2} = 7.07$

단위벡터 $a = \dfrac{A}{A} = \dfrac{3i + 4j + 5k}{7.07} = 0.424i + 0.57j + 0.71k$

2. $C = A + B = (3i + 2j - k) + (2i - 4j + 2k) = i - 2j + k$

$|C| = \sqrt{1^2 + 2^2 + 1^2} \fallingdotseq 2.45$

3. $A = 2i + 3j + 4k$, $B = 4i + 5j + 6k$

$A + B = (2i + 3j + 4k) + (4i + 5j + 6k) = 6i + 8j + 10k$

$A - B = (2i + 3j + 4k) - (4i + 5j + 6k) = -2i - 2j - 2k$

4. $A = 3i - 2j$, $B = 4i + 3j$

변위벡터

$l = B - A = (4i + 3j) - (3i - 2j) = i + 5j$

단위벡터

$a_0 = \dfrac{l}{l} = \dfrac{i + 5j}{5.1} = 0.24i + 0.98j$

5. $\begin{vmatrix} i & j & k \\ 2 & 3 & 4 \\ 4 & 5 & 6 \end{vmatrix} = i(18 - 20) + j(16 - 12) + k(10 - 12)$

$= -2i + 4j - 2k$

6. $P = 2i - 2j$, $Q = 4i + 2k$

변위 $l = Q - P = 2i + 2j + 2k$

$W = F \cdot l = (5i + 3j - 2k) \cdot (2i + 2j + 2k)$

$= 10 + 6 - 4 = 12 \text{ J}$

7. $A \cdot B = AB\cos\theta = AB\cos 90° = 0$

$(A_x i + 2j + 3k) \cdot (3i - 3j + k) = 0$

$3A_x - 6 + 3 = 0$

$\therefore A_x = \dfrac{3}{3} = 1$

8. $A \cdot B = AB\cos\theta$ 에서

$AB = 25$, $A = \sqrt{7^2 + 1^2} = 7.07$, $B = \sqrt{3^2 + 4^2} = 5$이므로

$\cos\theta = \dfrac{AB}{AB} = \dfrac{25}{7.07 \times 5} = 0.7$

$\theta = \cos^{-1} 0.7 ≒ 45°$

9. $F_1 + F_2 + F_3 = 0$

$F_3 = -(F_1 + F_2) = -(-3 + 6)i + (4 + 3)j + (-5 - 2)k$

$= -(3i + 7j - 7k) = -3i - 7j + 7k$

$|F_3| = \sqrt{3^2 + 7^2 + 7^2} ≒ 10.3$

10. $A = i - 2j + 3k$, $B = 5i + 3j - 4k$

변위벡터

$l = B - A = (5i + 3j - 4k) - (i - 2j + 3k) = 4i + 5j - 7k$

$W = F \cdot l = (i + j + k) \cdot (4i + 5j - 7k) = 4 + 5 - 7 = 2 \text{ J}$

11. $A = 4i - 2j + k, \;\; B = -2i + j + 4k$

$l = B - A = (-2i + j + 4k) - (4i - 2j + k)$

$\quad = -6i + 3j + 3k$이므로 거리는

$\quad l = |l| = \sqrt{6^2 + 3^2 + 3^2} = 7.35$

12. $\nabla V = \left(\dfrac{\partial}{\partial x} i + \dfrac{\partial}{\partial y} j + \dfrac{\partial}{\partial z} k \right)\left(\dfrac{1}{2} x^2 y z^4 \right)$

$\qquad = \dfrac{\partial}{\partial x}\left(\dfrac{1}{2} x^2 y z^4 \right)i + \dfrac{\partial}{\partial y}\left(\dfrac{1}{2} x^2 y z^4 \right)j + \dfrac{\partial}{\partial z}\left(\dfrac{1}{2} x^2 y z^4 \right)k$

$\qquad = (x\, y z^4)i + \left(\dfrac{1}{2} x^2 z^4 \right)j + (2 x^2 y z^3)k$에서

점 $(2,\, 2,\, 1)$을 대입하면

$\qquad = 4i + 2j + 16k$

13. $\nabla \cdot A = \left(\dfrac{\partial}{\partial x} i + \dfrac{\partial}{\partial y} j + \dfrac{\partial}{\partial z} k \right) \cdot (x^2 i + y^2 j + z^2 k)$

$\qquad = \dfrac{\partial}{\partial x}(x^2) + \dfrac{\partial}{\partial y}(y^2) + \dfrac{\partial}{\partial z}(z^2) = 2x + 2y + 2z$에서

점 $(1,\, 2,\, 3)$을 대입하면

$\qquad = 2 \times 1 + 2 \times 2 + 2 \times 3 = 12$

14. $\text{div rot } A = \nabla \cdot (\nabla \times A) = \nabla \cdot \begin{vmatrix} i & j & k \\ 2 & 3 & 4 \\ 4 & 5 & 6 \end{vmatrix}$

$= \left(\dfrac{\partial}{\partial x} i + \dfrac{\partial}{\partial y} j + \dfrac{\partial}{\partial z} k \right)\left(\dfrac{\partial A_z}{\partial y} - \dfrac{\partial A_y}{\partial z} \right)i + \left(\dfrac{\partial A_x}{\partial z} - \dfrac{\partial A_z}{\partial x} \right)j + \left(\dfrac{\partial A_y}{\partial x} - \dfrac{\partial A_x}{\partial y} \right)k$

$= \dfrac{\partial}{\partial x}\left(\dfrac{\partial A_z}{\partial y} - \dfrac{\partial A_y}{\partial z} \right) + \dfrac{\partial}{\partial y}\left(\dfrac{\partial A_x}{\partial z} - \dfrac{\partial A_z}{\partial x} \right) + \dfrac{\partial}{\partial z}\left(\dfrac{\partial A_y}{\partial x} - \dfrac{\partial A_x}{\partial y} \right) = 0$

15. $\text{div grad } A = \nabla \cdot \nabla \times A$이고

$\nabla \times A = \left(\dfrac{\partial A_z}{\partial y} - \dfrac{\partial A_y}{\partial z} \right)i + \left(\dfrac{\partial A_x}{\partial z} - \dfrac{\partial A_z}{\partial x} \right)j + \left(\dfrac{\partial A_y}{\partial x} - \dfrac{\partial A_x}{\partial y} \right)k$

$\nabla \cdot \nabla \times A = \dfrac{\partial}{\partial x}\left(\dfrac{\partial A_z}{\partial y} - \dfrac{\partial A_y}{\partial z} \right) + \dfrac{\partial}{\partial y}\left(\dfrac{\partial A_x}{\partial z} - \dfrac{\partial A_z}{\partial x} \right) + \dfrac{\partial}{\partial z}\left(\dfrac{\partial A_y}{\partial x} - \dfrac{\partial A_x}{\partial y} \right)$

$= \left(\dfrac{\partial^2 A_z}{\partial x \, \partial y} - \dfrac{\partial^2 A_y}{\partial x \, \partial z} \right) + \left(\dfrac{\partial^2 A_x}{\partial y \, \partial z} - \dfrac{\partial^2 A_z}{\partial y \, \partial x} \right) + \left(\dfrac{\partial^2 A_y}{\partial z \, \partial x} - \dfrac{\partial^2 A_x}{\partial z \, \partial y} \right) = 0$

제3장 ◦ 정전기

1. $F = 9 \times 10^9 \times \dfrac{Q_1 Q_2}{r^2} = 9 \times 10^9 \times \dfrac{20 \times 10^{-6} \times 30 \times 10^{-6}}{3^2} = 0.6 \text{ N}$

2. $E = 9 \times 10^9 \times \dfrac{Q}{r^2} = 9 \times 10^9 \times \dfrac{4.5 \times 10^{-6}}{0.5^2} = 162,000 \text{ V/m}$

3. 점 P에서의 위치벡터 r은

   $r = 2i + 4j + 4k$

   $r = \sqrt{2^2 + 4^2 + 4^2} = 6 \text{ m}$

   $r_0 = \dfrac{r}{r} = \dfrac{1}{3}(i + 2j + 2k)$

   점 P에서의 전계의 세기 E는

   $E = \dfrac{1}{4\pi\varepsilon_0}\dfrac{Q}{r^2} = 9 \times 10^9 \times \dfrac{36 \times 10^{-6}}{6^2} = 9 \times 10^3 \text{ V/m}$

   여기서 전계의 세기를 벡터 $\boldsymbol{E}$로 표현하면

   $\boldsymbol{E} = E r = 9 \times \dfrac{1}{3}(i + 2j + 2k) = 3(i + 2j + 2k)$

4. 평판 전극 내부의 전계는 평등 전계가 되므로

   $V_{AB} = V_A - V_B = -\displaystyle\int_B^A \boldsymbol{E} \cdot dl$

   $\qquad = -\displaystyle\int_d^0 E \cdot dl = E \int_0^d dl = Ed$

   $\therefore \ E = \dfrac{V}{d} \text{ V/m}$

5. $V_{AB} = Ed = 30 \times 0.7 = 21 \text{ V}$

   전하는 전계의 반대 방향으로 이동하였으므로 전위 V_A는 V_B보다 전위차 V_{AB}만큼 높아지게 된다.

   $V_A = V_B + V_{AB} = 50 + 21 = 71 \text{ V}$

6. 전위차 V인 전계 중에서 전하 Q가 한 일은

   $W = QV \text{[J]}$

   여기서 전위차 $V = V_2 - V_1$이므로 전하가 한 일 W는

   $W = Q(V_2 - V_1) = 3 \times 10^{-6} \times (10,000 - 6,000) = 12 \times 10^{-3} \text{ J}$

7. $W = \dfrac{1}{2}QV = \dfrac{1}{2} \times 20 \times 10^{-6} \times 200 = 2 \times 10^{-3} \text{ J}$

8. $C = \dfrac{C_1 C_2}{C_1 + C_2} = \dfrac{40 \times 60}{40 + 60} = 24 \ \mu\text{C}$

9. $C = 5.2 + \dfrac{6 \times 8}{6 + 8} ≒ 8.63\,\mu\mathrm{F}$

10. $C_0 = \dfrac{C_1\,C_2}{C_1 + C_2} = \dfrac{0.2 \times 0.2}{0.2 + 0.2} = 0.1\,\mathrm{F}$

11. $\dfrac{C_p}{C_s} = \dfrac{1 + 1}{\dfrac{1 \times 1}{1 + 1}} = 4$배

12. 9~10번부터 정리하면

$R_{12} = 1\,\mu\mathrm{F}$이므로

$V_{12} = 160\,\mathrm{V},\ \ V_{34} = 80\,\mathrm{V},\ V_{56} = 40\,\mathrm{V},\ \ V_{78} = 20\,\mathrm{V},\ V_{910} = 10\,\mathrm{V}$

13. $C = 4\pi\varepsilon_0 a = 4\pi \times 8.855 \times 10^{-12} \times 6{,}370{,}000 = 7.08 \times 10^{-4}\,\mathrm{F} = 708\,\mu\mathrm{F}$

14. 콘덴서를 병렬연결 시 $C = C_1 + C_2 = (2 + 4) \times 10^{-6} = 6 \times 10^{-6}\,\mathrm{F}$

전 전하량 Q는

$Q = Q_1 + Q_2 = 8 \times 10^{-3}\,\mathrm{C}$이 된다.

따라서 병렬 접속한 콘덴서에 축적된 에너지 W는

$W = \dfrac{Q^2}{2\,C} = \dfrac{(8 \times 10^{-3})^2}{2 \times 6 \times 10^{-6}} = \dfrac{6.4 \times 10^{-5}}{12^{-5}} ≒ 5.3\,\mathrm{J}$

15. $F_1 = \dfrac{Q^2}{4\pi\epsilon_0 r^2} = 5,\ \ F_2 = \dfrac{Q^2}{4\pi\epsilon_0\epsilon_s r^2} = 2$

$\varepsilon_s = \dfrac{F_1}{F_2} = \dfrac{5}{2} = 2.5$

16. $G = E = \dfrac{\Delta V}{\Delta r}$ 에서 $V = E \cdot r\,[\mathrm{V}]$

$\therefore\ r = \dfrac{V}{E} = \dfrac{100}{20} = 5\,\mathrm{m}$

제4장 · 자기

1. $H = \dfrac{m}{4\pi\mu_0 r^2} = 6.33 \times 10^4\,\dfrac{3 \times 10^{-4}}{0.4^2} ≒ 118.7\,\mathrm{AT/m}$

2. $F = 6.33 \times 10^4 \times \dfrac{2 \times 10^{-3} \times 3 \times 10^{-3}}{0.4^2} = 2.37\,\mathrm{N}$

3. $H = \dfrac{m}{4\pi\mu_0 r^2} = 6.33 \times 10^4 \times \dfrac{2.5 \times 10^{-4}}{0.24^2} ≒ 274.7\,\mathrm{AT/m}$

4. $B = \mu H = 4\pi \times 10^{-7} \times 900 \times 103 \fallingdotseq 0.12\,\text{Wb/m}^2$

5. $R\Phi = NI$에서

$$R = \frac{NI}{\Phi} = \frac{200 \times 2}{2 \times 10^{-3}} = 200,000\,\text{Wb/m}^2$$

6. $e = -N\dfrac{\Delta\Phi}{\Delta t} = -80 \times \dfrac{4}{0.2} = 1,600\,\text{V}$

7. 자속 쇄교수 $\Delta(N\Phi) = 400 \times \{(3 \times 10^{-3}) - (2.5 \times 10^{-3})\} = 0.2\,\text{Wb}\cdot\text{T}$

   발생 전압 $V = N\dfrac{\Delta\Phi}{\Delta t} = 400 \times \dfrac{(3 \times 10^{-3}) - (2.5 \times 10^{-3})}{0.1} = 2\,\text{V}$

8. $L = \dfrac{N\Phi}{I} = \dfrac{100 \times 10^{-4}}{0.5} = 0.02\,\text{H} = 20\,\text{mH}$

9. $V = L\dfrac{\Delta I}{\Delta t} = 20 \times 10^{-3} \times \dfrac{0.5}{2 \times 10^{-3}} = 5\,\text{V}$

10. $k = \dfrac{M}{\sqrt{L_1 L_2}} = \dfrac{100}{\sqrt{160 \times 250}} \fallingdotseq 0.65$

11. $M = \dfrac{N_2\Phi}{I_1} = \dfrac{\mu A N_1 N_2}{l}$ 에서

    $N_1 = 100$회, $N_2 = 200$회일 때

    $\dfrac{\mu A}{l} = 5 \times 10^{-3}$ 이므로

    $N_1 = 200$회, $N_2 = 300$회일 때

    $M = \dfrac{\mu A}{l} N_1 N_2 = 5 \times 10^{-3} \times 200 \times 300 = 300\,\text{mH}$

12. 가동접속 시 합성 인덕턴스

    $L_{ab} = L_1 + L_2 + 2M = 20 + 15 + 2 \times 10 = 55\,\text{mH}$

    차동접속 시 합성 인덕턴스

    $L_{ab} = L_1 + L_2 - 2M = 20 + 15 - 2 \times 10 = 15\,\text{mH}$

13. $W = \dfrac{1}{2}LI^2 = \dfrac{1}{2} \times 200 \times 10^{-3} \times 5^2 = 2.5\,\text{J}$

제5장 • 교류

1. $V = \dfrac{1}{\sqrt{2}}V_m = \dfrac{1}{\sqrt{2}} \times 200 = 141.4\,\text{V}$

$$I = \frac{1}{\sqrt{2}} I_m = \frac{1}{\sqrt{2}} \times 5 = 3.5 \, \text{A}$$

2. 평균값 $= \frac{1}{\pi} \int_0^\pi A(\omega t) d(\omega t) = \frac{1}{\pi} \left[2 \int_0^{\frac{\pi}{3}} \frac{A}{\frac{\pi}{3}} (\omega t) d(\omega t) + \int_{\frac{\pi}{3}}^{\frac{2\pi}{3}} A \, d(\omega t) \right]$

$$= \frac{1}{3} \left[\frac{6A}{\pi} \cdot \frac{1}{2} \cdot \pi^2 + \frac{\pi A}{3} \right] = \frac{2A}{3}$$

3. $V_{av} = \frac{1}{T} \int_0^T v \, dt = \frac{1}{1} \int_0^1 V_m [t]_0^1 = V_m$

4. $V_{av} = \frac{1}{\frac{t}{4}} \int_0^{\frac{T}{4}} v \, dt = \frac{4}{T} \int_0^{\frac{T}{4}} \frac{4 V_m}{T} t \, dt$

$$= \frac{16}{T^2} V_m \int_0^{\frac{t}{4}} t \, dt = \frac{16}{T^2} V_m \frac{1}{2} [t^2]_0^{\frac{t}{4}} = \frac{V_m}{2}$$

$$\therefore \ V_{av} = \frac{V_m}{2} = \frac{10}{2} = 5 \, \text{V}$$

5. $Z = \sqrt{R^2 + \left(\omega L - \frac{1}{\omega C} \right)^2} = \sqrt{5^2 + (20-15)^2} \fallingdotseq 7.07 \, \Omega$

$$I = \frac{V}{R} = \frac{9 + j12}{7.07} = 0.99 + j1.697$$

$$I = \sqrt{0.99^2 + 1.697^2} \fallingdotseq 1.96 \, \text{A}$$

6. $X_L = \frac{V}{I} = \frac{100}{2.5} = 40 \, \Omega$

$X_L = \omega L = 2\pi f L$에서

$$L = \frac{X_L}{2\pi f} = \frac{40}{2\pi \times 60} \fallingdotseq 0.1 \, \text{H}$$

7. $X_C = -j \frac{1}{\omega C} = -j \frac{1}{2\pi f C} = -j \frac{1}{2\pi \times 60 \times 100 \times 10^{-6}} \fallingdotseq j26.5 \, \Omega$

$$\fallingdotseq 26.5 \angle -\frac{\pi}{2} \, [\Omega]$$

$I = j\omega C V = j2\pi \times 60 \times 100 \times 10^{-6} \times 200 \fallingdotseq j7.54 \fallingdotseq 7.54 \angle \frac{\pi}{2} \, \text{A}$

8. $Z = \sqrt{R^2 + (\omega L)^2} = \sqrt{8^2 + 6^2} = 10 \, \Omega$

9. $Z = R - jX_C = \sqrt{R^2 + X_C^2} = \sqrt{5^2 + 4^2} \fallingdotseq 6.4 \, \Omega$

10. $Z = \sqrt{R^2 + (X_L - X_C)^2} = \sqrt{80^2 + (80-20)^2} = 100 \, \Omega$

$$I = \frac{V}{Z} = \frac{100}{100} = 1 \, \text{A}$$

$$V_R = IR = 1 \times 80 = 80 \angle 0 \, [\text{V}]$$

$$V_L = IX_L = 1 \times 80 = 80 \angle \frac{\pi}{2} \, [\text{V}]$$

$$V_C = IX_C = 1 \times 20 = 20 \angle -\frac{\pi}{2} \, [\text{V}]$$

11. 공진 주파수

$$f_0 = \frac{1}{2\pi\sqrt{LC}} = \frac{1}{2\pi\sqrt{1.5 \times 5 \times 10^{-6}}} \fallingdotseq 58.15 \, \text{Hz}$$

공진 시 $Z = R$ 이므로

$$I = \frac{V}{Z} = \frac{220}{100} = 2.2 \, \text{A}$$

선택도

$$Q = \frac{1}{R}\sqrt{\frac{L}{C}} = \frac{1}{100}\sqrt{\frac{1.5}{5 \times 10^{-6}}} = 5.48$$

제6장 ● 3상 교류 회로

1. $V_a = V \angle 0 = 200 \angle 0 = 200 \, \text{V}$

$$V_b = 200 \angle \varepsilon^{-j\frac{2\pi}{3}} = 200 \angle -\frac{2\pi}{3} = 200\left(\cos\frac{2\pi}{3} - j\sin\frac{2\pi}{3}\right)$$

$$= 200\left(-\frac{1}{2} - j\frac{\sqrt{3}}{2}\right) = -100 - j17.3 \, \text{V}$$

$$V_c = 200 \angle \varepsilon^{-j\frac{4\pi}{3}} = 200 \angle -\frac{4\pi}{3} = 200\left(\cos\frac{4\pi}{3} - j\sin\frac{4\pi}{3}\right)$$

$$= 200\left(-\frac{1}{2} + j\frac{\sqrt{3}}{2}\right) = -100 + j17.3 \, \text{V}$$

2. $V_l = \sqrt{3}\, V_p \angle \frac{\pi}{6}$ 에서

$$V_p = \frac{V_l}{\sqrt{3}} = \frac{380}{\sqrt{3}} \fallingdotseq 219 \, \text{V}$$

3. $Z = \sqrt{8^2 + 6^2} = 10 \, \Omega$

① 상전압 : $V_p = \dfrac{V_l}{\sqrt{3}} = \dfrac{200}{\sqrt{3}} \fallingdotseq 115 \, \text{V}$

② $I_p = \dfrac{V_p}{Z} = \dfrac{115}{10} \fallingdotseq 11.5 \, \text{A}$

$\quad I_l = I_p \fallingdotseq 11.5 \, \text{A}$

4. 임피던스 크기 $Z = \sqrt{8^2 + 6^2} = 10\,\Omega$

① 상전압 : $V_p = V_l = 100\,V$

② 상전류 : $I_p = \dfrac{V_p}{Z} = \dfrac{100}{10} = 10\,A$

③ 선전류 : $I_l = \sqrt{3}\,I_p = \sqrt{3} \times 10 ≒ 17.3\,A$

5. $Z_Y = \dfrac{Z_\Delta}{3} = \dfrac{1}{3}(60 + j30) = 20 + j10\,\Omega$

6. $Z_\Delta = 3\,Z_Y = 3(50 + j80) = 150 + j240\,\Omega$

7. $Z_{ab} = \dfrac{Z_{ab} \cdot Z_{bc}}{Z_{ab} + Z_{bc} + Z_{ca}} = \dfrac{30 \times 40}{30 + 40 + 30} = 12\,\Omega$

8. $Z = \sqrt{8^2 + 6^2} = 10\,\Omega$ 이고, 상전압 $V_p = V_l = 100\,V$,

상전류 $I_p = \dfrac{V_p}{Z} = \dfrac{100}{10} = 10\,A$, 선전류 $I_l = \sqrt{3}\,I_p = \sqrt{3} \times 10 = 17.3\,A$

① 피상전력 : $P_a = \sqrt{3}\,V_l I_l = \sqrt{3} \times 100 \times \sqrt{3} \times 10 = 3,000\,VA$

② 역률 : $\cos\theta = \dfrac{R}{Z} = \dfrac{8}{10} = 0.8$

③ 유효전력 : $P = \sqrt{3}\,V_l I_l \cos\theta = P_a \cos\theta = 3,000 \times 0.8 = 2,400\,W$

④ 무효율 : $\sin\theta = \dfrac{X}{Z} = \dfrac{6}{10} = 0.6$ 또는 $\sin\theta = \sqrt{1 - \cos^2\theta} = 0.6$

⑤ 무효전력 : $P_r = \sqrt{3}\,V_l I_l \sin\theta = P_a \sin\theta = 3,000 \times 0.6 = 1,800\,Var$

9. ① 소비전력 : $P = P_1 + P_2 = 400 + 200 = 600\,W$

② 역률 : $\cos\theta = \dfrac{P_1 + P_2}{2\sqrt{P_1^2 + P_2^2 - P_1 P_2}}$

$= \dfrac{400 + 200}{2\sqrt{400^2 + 200^2 - 400 \times 200}} ≒ 0.87$

10. $V_p = \dfrac{220}{\sqrt{3}} = 127\,V$

① 부하전류 $I = \dfrac{V_p}{Z} = \dfrac{127}{\sqrt{16^2 + 12^2}} = 6.35\,A$

② $\cos\theta = \dfrac{R}{Z} = \dfrac{16}{\sqrt{16^2 + 12^2}} = 0.8$

11. 부하 임피던스 $Z = 8 + j6 = 10\angle 36.9°\,[\Omega]$

① 상전류 $I_{ab} = \dfrac{220\angle 0°}{10\angle 36.9°} = 22\angle -36.9°\,[A]$

I_{bc}, I_{ca} 는 I_{ab} 보다 위상이 $120°$씩 늦으므로

$I_{bc} = 22 \angle -156.9°\,[\text{A}], \ I_{ca} = 22 \angle -276.9°\,[\text{A}]$

② 선전류 $I_a = \sqrt{3}\,I_{ab} \angle -30° = \sqrt{3} \times 22 \angle -36.9° -30° = 22\sqrt{3} \angle -66.9°\,[\text{A}]$

$I_b = 22\sqrt{3} \angle -186.9°\,[\text{A}]$

$I_c = 22\sqrt{3} \angle -306.9°\,[\text{A}]$

12. $E_a = \dfrac{V_{ab}}{\sqrt{3}} \angle -30° = \dfrac{220}{\sqrt{3}} \angle -30°\,[\text{V}], \ Z = 4 + j3 = 5 \angle 36.9°\,[\Omega]$

전원을 Y 결선 등가회로로 변환하여 선전류 I_a를 구하면

$I_a = \dfrac{E_a}{Z \angle \theta} = \dfrac{\dfrac{220}{3} \angle -30°}{5 \angle 36.9°} = 25.4 \angle -66.9°\,[\text{A}]$

$I_b = 25.4 \angle -186.9°\,[\text{A}]$

$I_c = 25.4 \angle -306.9°\,[\text{A}]$

13. 상전류 $I_{ab} = \dfrac{E_{ab}}{Z \angle \theta} = \dfrac{440 \angle 0°}{100 \angle 36.9°} = 4.4 \angle -36.9°\,[\text{A}]$

$I_{bc} = 4.4 \angle -156.9°\,[\text{A}]$

$I_{ca} = 4.4 \angle -276.9°\,[\text{A}]$

선전류 $\text{I}_a = \sqrt{3}\,\text{I}_{ab} \angle -\dfrac{\pi}{6} = 4.4 \angle -36.9° - \angle -30° = 4.4 \angle -66.9°\,[\text{A}]$

$I_b = 4.4 \angle -186.9°\,[\text{A}]$

$I_c = 4.4 \angle -306.9°\,[\text{A}]$

제7장 ● 회로망

1. $I = \dfrac{V}{R} = \dfrac{100}{2000} = 50\,\text{mA}, \ R = 2\,\text{k}\Omega$

2. ① 전류원 개방 시 a, b 단자에 걸리는 전압 V_1은

$V_1 = \dfrac{2}{2+2} \times 4 = 2\,\text{V}$

② 전압원 단락 시 R_2에 흐르는 전류 I는

$I = \dfrac{2}{2+2} \times 6 = 3\,\text{A}$ 이므로 R_2에 걸리는 전압 V_2는

$V_2 = IR_2 = 3 \times 2 = 6\,\text{V}$

$\therefore \ V_{ab} = V_1 + V_2 = 2 + 6 = 8\,\text{V}$

3. $V_{cd} = \dfrac{\dfrac{V_1}{R_1} + \dfrac{V_2}{R_2}}{\dfrac{1}{R_1} + \dfrac{1}{R_2}} = \dfrac{\dfrac{9}{3} + \dfrac{12}{6}}{\dfrac{1}{3} + \dfrac{1}{6}} = \dfrac{\dfrac{30}{6}}{\dfrac{9}{18}} = 10 \text{ V}$

4. ① 단자 c–d의 14 V 단락 시

합성저항 $R' = \dfrac{2 \times 4}{2 + 4} + 1 = \dfrac{7}{3} \ \Omega$

$I_T' = \dfrac{V}{R'} = \dfrac{21 \text{ V}}{\dfrac{7}{3} \ \Omega} = 9 \text{ A}$

② 단자 a–d의 21 V 단락 시

합성저항 $R'' = \dfrac{1 \times 2}{1 + 2} + 4 = \dfrac{14}{3} \ \Omega$

$I_T'' = \dfrac{V}{R''} = \dfrac{14 \text{ V}}{\dfrac{14}{3} \ \Omega} = 3 \text{ A}$

$I = I_T' + I_T'' = 9 + 3 = 12 \text{ A}$

5. $\dot{I} = \dfrac{V_{ab}}{Z_{ab} + Z} = \dfrac{50}{6 + j8 + 2 - j1} = \dfrac{50}{8 + j7} = \dfrac{50(8 - j7)}{64 + 49} = \dfrac{400 - j350}{113} \fallingdotseq 3.5 - j3.1$

$\therefore \ I = \sqrt{3.5^2 + 3.1^2} \fallingdotseq 4.7 \text{ A}$

6. $V_{ab} = 50 \times \dfrac{120}{120 + 80} = 30 \text{ V}$

$R_{ab} = \dfrac{120 \times 80}{120 + 80} = 48 \ \Omega$

따라서 테브난 등가회로는 다음과 같다.

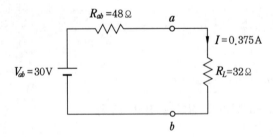

$I = \dfrac{V_{ab}}{R_{ab} + R_L} = \dfrac{30}{48 + 32} = 0.375 \text{ A}$

7. $\dot{Z}_{ab} = \dfrac{(6 + j8)(12 - j8)}{(6 + j8) + (12 - j8)} = \dfrac{136 + j48}{20} = 6.8 + j2.4 = 7.2 \angle 19.44° \ [\Omega]$

$\dot{E}_{ab} = 20 \times \dfrac{(12 - j8)}{(6 + j8) + (12 - j8)} = \dfrac{240 - j160}{20} = 12 - j8 = 14.42 \angle -33.7° \ [\text{V}]$

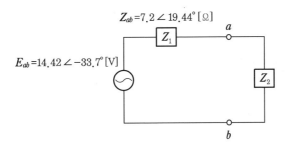

8. 회로망에서 4단자 상수를 구하면 다음과 같다.

$$A = 1 + \frac{Z_1}{Z_2} = 1 + \frac{4}{2} = 3$$

$$B = Z_1 = 4$$

$$C = \frac{1}{Z_2} = \frac{1}{2}$$

$$D = 1 이므로$$

$$Z_{01} = \sqrt{\frac{AB}{CD}} = \sqrt{\frac{3 \times 4}{\frac{1}{2} \times 1}} \fallingdotseq 4.9$$

$$Z_{02} = \sqrt{\frac{DB}{CA}} = \sqrt{\frac{1 \times 4}{\frac{1}{2} \times 3}} \fallingdotseq 1.6$$

9. 회로망에서 4단자 상수를 구하면 다음과 같다.

$$A = 1 + \frac{Z_1}{Z_2} = \frac{3}{2}$$

$$B = \frac{Z_1 Z_2 + Z_2 Z_3 + Z_3 Z_1}{Z_2} = \frac{13}{2}$$

$$C = \frac{1}{Z_2} = \frac{1}{4}$$

$$D = 1 + \frac{Z_3}{Z_2} = \frac{7}{4} 이므로$$

$$Z_{01} = \sqrt{\frac{AB}{CD}} = \sqrt{\frac{\frac{3}{2} \times \frac{13}{2}}{\frac{1}{4} \times \frac{7}{4}}} \fallingdotseq 4.7$$

$$Z_{02} = \sqrt{\frac{DB}{CA}} = \sqrt{\frac{\frac{7}{4} \times \frac{13}{2}}{\frac{1}{4} \times \frac{3}{2}}} \fallingdotseq 5.5$$

10. 회로망에서 4단자 상수를 구하면 다음과 같다.

$$A = 1 + \frac{Z_2}{Z_3} = 1 + \frac{8}{10} = 1.8$$

$$B = Z_2 = 8$$

$$C = \frac{Z_1 + Z_2 + Z_3}{Z_1 Z_3} = \frac{7 + 8 + 10}{7 \times 10} \fallingdotseq 0.357$$

$$D = 1 + \frac{Z_2}{Z_1} = 1 + \frac{8}{7} \fallingdotseq 2.143$$

11. 회로망에서 4단자 상수를 구하면 다음과 같다.

$$A = 1 + \frac{Z_2}{Z_3}$$

$$B = Z_2$$

$$C = \frac{Z_1 + Z_2 + Z_3}{Z_1 Z_3}$$

$$D = 1 + \frac{Z_2}{Z_1}$$

찾아보기

전기이론 & 시퀀스제어

2022년 1월 10일 인쇄
2022년 1월 15일 발행

저 자 : 황의천 · 김정호
펴낸이 : 이정일

펴낸곳 : 도서출판 **일진사**
      www.iljinsa.com
(우) 04317 서울시 용산구 효창원로 64길 6
전화 : 704-1616 / 팩스 : 715-3536
등록 : 제1979-000009호 (1979.4.2)

값 15,000 원

ISBN : 978-89-429-1682-5